国家中等职业教育改革发展示范学校建设系列教材

电力电子技术

主　编　方　翔

副主编　王　鹏

参　编　杨　越　黄清锋

何锦军　盛继华

朱智洪　汪　晓

主　审　吴兰娟

中南大学出版社

www.csupress.com.cn

国家中等职业教育改革发展示范学校建设系列教材

编 委 会

名誉主任　仉贻鸿

主　　任　周金奎

副 主 任　陈爱华

委　　员　项　薇　　王志泉　　兰景贵　　鲍国荣

　　　　　吴　钧　　洪在有　　石其富　　巫惠林

　　　　　王丁路　　何耀明　　朱孝平　　余晓春

　　　　　金尚昶　　范秀芳

本书编审人员

主　编　方　翔

副主编　王　鹏

参　编　杨　越　　黄清锋　　何锦军　　盛继华

　　　　朱智洪　　汪　晓

审　稿　吴兰娟

前　言

职业教育是为经济社会发展提供基础性技能型人才的重要阵地，是我国教育体系的重要组成部分。多年以来，我国职业教育培养了大量具有专业理论知识、熟练操作技能和良好教育素质的劳动者，为社会发展做出了重要贡献。国家中等职业教育改革发展示范学校项目建设，将大大加强技能人才培养的力度，加快技能人才培养的步伐，使项目建设单位在我国职业教育发展中发挥更为显著的引领、示范和辐射作用。为了深度推进示范学校项目建设，进一步提升学校综合办学实力、核心竞争力，使学校成为全国中等职业学校教育改革的示范、教学质量的示范、育人的示范，金华市高级技工学校在课程体系与教学内容等方面进行了改革。根据维修电工技能鉴定标准，结合学校实际，组织编写了《电力电子技术》教材。

本书分五个模块：模块一是相控整流电路，主要介绍了部分电力电子器件和单相、三相整流电路；模块二是逆变电路，这部分介绍了几种常用全控型电力电子器件、有源逆变电路及无源逆变电路；模块三是一些常见的直流变换电路；模块四介绍了交流电力控制电路的原理及常见应用电路；模块五是 PWM 控制技术。

本书的编写思路符合高技能人才培养目标，适用于电气类高级技能人才培训，也可作为相关行业人员的学习参考书。

吴兰娟老师主审了本书，王鹏、杨越、黄清锋、何锦军、盛继华等老师和企业专家朱智洪、汪晓参与了本书的资料整理和校稿等工作，本书编写中还得到了金华市高级技工学校副校长陈爱华老师的热情帮助和指正，在此一并表示感谢。

限于编者水平，书中难免会有疏漏和不妥之处，恳请读者批评指正。

编　者
2014 年 6 月

目　录

0　绪　论

　　什么是电力电子技术？它的发展经历了哪些阶段？目前主要应用在哪些领域？对这些问题的初步说明将使读者对电力电子技术有一个大致的了解。本教材编写指导思想和基本内容的说明有助于读者更好地学习这门课程。

一、电力电子学科的形成

　　电力电子技术是利用电力电子器件实现工业规模电能变换的技术，有时也称为功率电子技术。一般情况下，它是将一种形式的工业电能转换成另一种形式的工业电能，是建立在电子学、电工原理和自动控制三大学科上的新兴学科。

　　在人类文明历史中，能源和动力，尤其是电能的开发以及电力和电子技术的应用具有重要意义。从原始社会到机器出现之前漫长的历史时期中，人类利用手工工具直接改造自然，使用工具的主要动力是人力。此后人类逐步学会利用畜力、风力、水力等自然力，进而以机器代替手工工具，技术进步极大地推动了人类社会的发展。

　　人类近代历史上的第一次技术革命的主要标志是 1769 年瓦特（J. Watt, 1736—1819）发明蒸汽机。蒸汽机取代自然力成为机器制造、采矿、冶金、铁路、纺织等行业的主要动力，蒸汽机的广泛应用大大促进了社会生产力的发展，从此人类开始从农业社会跨入了工业社会。第一次技术革命所引发的产业革命为资本主义社会的发展奠定了物质基础，在不到一百年的时间里所创造的物质财富超过了以往历史时代的总和。

　　人类近代历史上第二次技术革命起源于 19 世纪初英国物理学家法拉第（M. Faraday, 1791—1867）等人发现的电磁感应现象和发现电磁学基本原理。19 世纪末以后，三相交流发电机、变压器、电动机、远距离输电以及有线电、无线电通信技术的发明和应用，是第二次技术革命的主要标志。发电机、变压器和远距离输电技术的发明，给工业、农业和交通运输提供了全新的廉价动力，电动机取代蒸汽机成为机械的原动力，社会生产力得到更迅猛的发展。电能在工农业、交通运输和人类生活中的广泛应用以及电子技术、通信和自动化技术的发展，使人类逐步摆脱了繁重的体力劳动。到 20 世纪中期，各类电子器件（电子管器件、半导体器件、集成电路、微处理器等）、电报、电话、无线电通信、广播、收音机、电视、电子计算机、电子录像机、传真机等一系列与电有关的发明大量涌现，这不仅促进了社会生产力的发展，同时也极大地提高了人类的物质、文化生活水平。第二次技术革命所引发的产业革命使人类的生产能力在半个多世纪期间又提高了 10 倍以上，其主要推动力是电力技术和电子技术。

1. 电力技术

　　电力技术是一门涉及发电、输电、配电及电力应用的科学技术。发电设备将其他形态的能源变为电能，再通过输电配电网络将电能送至用电设备（负载），用电设备再将电能转变为其他形态的能源。如照明设备将电能转变为光能，电动机将电能转变为机械能用以驱动机械运动，电热设备将电能转变为热能供生活取暖或金属加热冶炼，电化学设备将电能转变为化学能实现电解、电镀或给蓄电池充电等。电能是现代社会最重要的能源，电能可以由自然界中各种一次能源（煤、石油、天然气、风力、水力、核能、太阳光、化学能等）转变得到。电能既可以经济地远距离传输和配送，又可以方便、无污染地转化为其他形态的能源。现代社会中各个领域的技术设备几乎都是用电设备，都需要由一定类型的电源供电。

发电、输配电及电力应用技术的理论基础是电磁学（电路、磁路、电场、磁场的基本原理），利用电磁学基本原理处理发电、输配电及电力应用的技术统称电力技术。

2. 电子技术（电子学）

1865 年英国物理学家麦克斯韦尔（J. C. Maxwell, 1831—1874），系统总结了 19 世纪中期以前电磁学研究的成果，归纳出完整、严谨的电磁场基本方程，为随后的电气工程，特别是为电子工程技术的发展奠定了理论基础。1887 年德国物理学家赫兹（H. R. Hertz, 1857—1894）发表了有关电磁波存在的实验论文，1897 年意大利马可尼（G. Marconl, 1874—1937）发明了无线电报并建成世界上第一座无线电台。到 20 世纪 40 年代，在民用通信及军事装备需求的推动下，逐步形成了一个与电力技术并行发展的电子技术领域。电子技术又称为电子学，它是与电子器件、电子电路（在 L、C、R 电路中引入电子器件的电路）以及由各种电子电路所组成的电子设备和系统有关的科学技术。最早期的电子器件是 1904 年出现的电子管，它能控制电路的通、断和电路中电流的大小。随后发展到晶体管、晶体管集成电路（简称集成电路）和微处理器。

电力技术研究的是发电机、变压器、电动机、输配电线路等电力设备，以及利用电力设备来处理电力电路中电能的产生、传输、分配和应用问题；而电子技术则是研究电子器件，以及利用电子器件来处理电子电路中电信号的产生、变换、处理、存储、发送和接收问题。研究信号的产生、变换、处理、存储、发送和接收的电子技术（电子学）又称为信息电子技术或信息电子学。

电力技术的发展依赖于发电机、变压器、电动机、输配电系统，而电子技术的发展依赖于各种电子器件。20 世纪 50 年代以前的电子器件是电子管。1946 年，世界上第一台电子计算机就使用了 18000 个电子管，重 30 t，占地 167 m^2，耗电 156 kW，运算速度为每秒 5000 次加法。1948 年，美国贝尔实验室的肖克莱（W. B. Shockley）等人在半导体 PN 结（二极管）单向导电的基础上，加进了第三个电极——控制极，发明了能放大电信号的晶体管（三极管，NPN 或 PNP 结构），开创了现代电子学——固体电子学或晶体管电子学的新时代。在体积、重量、耗电、可靠性等方面，晶体管比电子管优越得多。1952 年，英国雷达研究所的达默提出了一个设想：能否按电子电路功能的要求，将一个电子电路中包含的二极管、晶体管以及电阻、电容、电感等元件全部制作在一块半导体晶片上，从而构成一块具有一定的信号变换、处理功能的完整电路——集成电路？达默的这一设想引发了人类历史上具有划时代意义的微电子技术革命。20 世纪 50 年代占满一个房间的电子电路系统现在已可以由一块拇指大小的集成电路芯片替代。至今，具有各种信息处理功能的集成电路芯片和电子装置系统，其集成密度、运算速度仍在急剧上升，而成本价格则不断下降，使其在任何领域都能广泛应用。微电子技术的成就为现代电子技术的发展和广泛应用奠定了基础。

3. 电力电子技术(电力电子学)

早期的电力技术并不涉及电子器件,也不应用电子技术。例如,20 世纪 20 年代法国建成的一套直流输电系统(125 kV、输送功率 20 MW、输电距离 225 km)。采用交流电动机拖动直流发电机在直流输电线首端实现交流－直流交换(简称整流)。在直流输电线末端采用直流电动机拖动交流发电机实现直流－交流变换(简称逆变),并不像现在的直流输电系统,采用电力电子开关实现整流和逆变。虽然到 20 世纪 40 年代,发电机励磁系统、电动机调速系统以及直流输电系统等领域已出现应用电子管器件的试验研究,但由于电子管器件的固有缺陷,在 20 世纪 60 年代以前,电子技术并未在电力技术领域中得到广泛应用。

1957 年,美国通用电气公司在晶体管的基础上发明了晶体闸流管。晶闸管是一个固态开关器件,它体积小、重量轻,电压电流额定值高,导通时压降小、阻断时漏电流小,开关速度快,控制简便,工作可靠。晶闸管具有可控的单向导电性,因此首先被用于可控整流电路,实现交流－直流变换,又由于使用硅半导体材料,因此初期曾被称为可控硅整流器 SCR(slilicon controlled rectifier)。不久,晶闸管的开关功能又被用于逆变(实现直流－交流电源变换)、交流－交流电压调节和直流－直流电压变换。随后国际电工委员会正式将其命名为 thristor——晶体闸流管,简称晶闸管。

图 0－1 描述电力电子学的倒三角形

晶闸管是从二极管、晶体管发展起来的高压、大电流半导体电力开关器件。20 世纪 60 年代以后,以晶闸管为代表的各类高电压、大电流半导体开关器件(简称半导体电力开关器件)相继研制成功并得到广泛应用。最近十几年,以微电子技术精细加工为基础的高频、高压、大电流、全控型半导体电力开关器件的研制工作发展很快,多种新器件都已得到广泛应用。电压、电流额定值更高,特性更优良,开关速度更快的新器件在 21 世纪初得到广泛应用。利用半导体电力开关器件组成电力开关电路,利用晶体管集成电路和微处理器芯片构成信号处理和控制系统,对电力开关电路进行实时、适式的控制,可以经济有效地实现开关模式的电力变换和电力控制,包括电压(电流)的大小、频率、相位和波形的变换和控制。将现代电子技术和控制技术引入传统的电力技术领域实现电力变换和控制,即电力电子变换和控制技术,是一门综合了电子技术、控制技术和电力技术的新兴交叉学科。这种电力电子变换和控制技术,被国际电工委员会命名为电力电子学(Power Electronics),或称为电力电子技术。可以用图 0－1 所示的倒三角形来表征电力电子技术学科的构成:电力电子学,即电力电子变换和控制技术是电力技术、电子技术与控制技术三者结合的交叉学科。

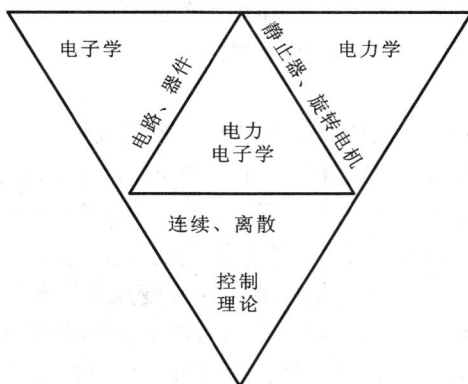

二、电力电子技术的经济意义

在电力系统中,公用电网提供的电源是频率固定的某一标准等级的单相或三相交流电源。但是用电设备的类型、功能千差万别,对电能的电压、频率要求各不相同。机械加工中的感应加热设备适宜用中频或高频交流电源供电;化学工业中的电解、电镀需要低压直流电源供电；通信设备大都需要 48 V 低压直流电源；而要求调速的直流电动机则需要由可变直流电压供电；许多高技术设备要由恒频、恒压的正弦波交流不间断电源 UPS（uninteruptible power supply）供电；而现在已得到广泛应用的交流电机变频调速则要由三相交流变频、变压电源供电。有的设备要求电源是非常好的正弦波，而发射机、快速充电设备等则要求有大功率脉冲电源。为了满足一定的生产工艺和流程的要求，确保产品质量，提高劳动生产率，降低能源消耗，提高经济效益，供电电源的电压、频率甚至波形都必须满足各种用电设备的不同要求。凡此种种，都要求能将发电厂生产的单一频率和电压的电能变换为各个用电设备最佳工作情况所需要的另一种特性和参数（频率、电压、相位和波形）的电能，再供负载使用。公用电网的恒频、恒压电能经过适当的变换、控制和处理后再供负载使用，可使用电设备获得更好的技术特性和更大的经济效益。

例如：

（1）驱动风机、水泵的三相交流异步电动机总计消耗电厂发电总量的 1/3 以上。在直接由公用交流电网恒频、恒压供电时，当需要减少风量、水流量时，以往是利用挡板、阀门加大风阻、水阻来减少风量、水量，电能的利用效率很低。如果采用电力变换装置，将公用电网 50 Hz 恒频、恒压交流电源变换成变频、变压电源后，再对风机、水泵电动机供电，通过改变供电频率调节电动机速度来改变风量、水量，则电能的利用效率可维持在 90% 左右，这将节省大量的能源。如果风机、水泵全都采用这种先进的变频调速技术，每年全国节省的能源将超过几千万吨煤燃料，或者可以少兴建上千万千瓦的发电站（历经十多年建成的我国三峡水电站总发电容量为 1.82×10^6 kW），经济效益极为可观。

（2）电厂发电总量的 10% ~ 15% 消耗在电气照明上。如果采用高频电力变换器（又称为电子镇流器）对荧光灯供电，不仅电 - 光转换效率进一步提高，光质显著改善，灯管寿命延长 3 ~ 5 倍，可节电 50%，而且其重量仅为工频电感式镇流器的 10%。电子镇流器的技术关键就是高频电力电子变换器。

（3）将工频 50 Hz 交流电升频后，再给用电设备中的变压器、电抗器供电，则变压器、电抗器的重量、体积将大大减小。例如频率为 20 kHz 的变压器，其重量、体积比普通 50 Hz 的变压器小 10 ~ 20 倍，钢、铜原材料的消耗量也大大减小。

（4）精密机械加工以及造纸机、高速高性能轧钢机、高速电力机车等电力传动，由变频器或高性能直流 - 直流变换器等供电时，产品精度、质量、运行速度、稳定性都能得到保证，劳动生产率也可大幅提高，效益十分突出。

（5）在幅员辽阔的国家里大功率远距离输电是不可避免的，为了提高输电能力、效率，确保系统稳定性，现今各国广泛采用远距离直流输电。发电站的发电机是三相交流同步发电机，产生频率固定为 50 Hz 或 60 Hz 的交流电，用电设备也大多是交流电负载。这就需要在发电站处先将交流电变换为直流电，经远距离直流传输后再将直流电变换成 50 Hz 或 60 Hz 的交流电。电力经过交流变直流，又经过直流变交流，当然要增加变流设备投资。但采用高压直流输电时，输电线路造价低，线路只有较小的电阻压降而无电抗压降，同时直流输电又不存在电力系统的稳定问题而能增大输电功率。所以尽管增加了电力变换环节，但远距离高压直流输电在技术经济上仍是当今远距离输电的最佳方案。

在现代工业、交通、国防、生活等领域中，除变比固定的交流变压器以外，大量需要的是各种类型的电力变换装置和变换系统，将一种频率、电压、波形的电能变换为另一种频率、电压、波形的电能，使用电设备处于各自理想的最佳工作情况，或满足用电负载的特殊工作情况要求，以获得最大的技术经济效益。经过变换处理后再供用户使用的电能，占全国总发电量的百分比值的高低，已成为衡量一个国家技术进步的主要标志之一。预计到 21 世纪二三十年代，美国发电站生产的全部电能都将经变换和处理后再供负载使用。

当今世界环境保护问题日趋严重，应用高频电力电子技术可以使电气设备重量减轻、体积变小，节省大量铜、钢等原材料。广泛采用电力电子技术以后，还可以节省大量的电力，这就可以节约大量资源和一次能源，从而改善人类的生活环境。

此外，如果在电力系统的适当位置设置电力变换器或电力补偿控制器，并进行实时、适式的控制，就可以改变电力系统中节点电压的大小和相位，补偿电力网路的阻抗，减小甚至消除电力系统中的谐波，优化电力系统中的有功、无功潮流，并对正常运行和故障时电力系统的功率平衡要求予以快速补偿，这将能显著提高输电系统的极限传输功率能力，改善电力系统运行的技术特性、安全可靠性和经济性。

因此，电力电子技术——电力电子变换和控制技术具有巨大的技术、经济意义。

三、电力电子技术的应用

1. 优化电能使用

电力电子技术对电能的处理，使电能的使用达到合理、高效和节约，实现了电能使用最佳化。例如，在节电方面，针对风机水泵、电力牵引、轧机冶炼、轻工造纸、工业窑炉、感应加热、电焊、化工、电解等 14 个方面的调查，潜在节电总量相当于 1990 年全国发电量的16%，所以推广应用电力电子技术是节能的一项战略措施，一般节能效果可达 10% ~ 40%，我国已将许多装置列入节能的推广应用项目。

2. 改造传统产业和发展机电一体化等新兴产业

据发达国家预测，今后将有95%的电能要经电力电子技术处理后再使用，即工业和民用的各种机电设备中，有95%与电力电子产业有关，特别是，电力电子技术是弱电控制强电的媒体，是机电设备与计算机之间的重要接口，它为传统产业和新兴产业采用微电子技术创造了条件，成为发挥计算机作用的保证和基础。

3. 突破传统

电力电子技术高频化和变频技术的发展，将使机电设备突破工频传统，向高频化方向发展。实现最佳工作效率，将使机电设备的体积减小几倍、几十倍，响应速度达到高速化，并能适应任何基准信号，实现无噪音且具有全新的功能和用途。

4. 电力电子智能化

电力电子智能化的进展，在一定程度上将信息处理与功率处理合一，使微电子技术与电力电子技术一体化，其发展有可能引起电子技术的重大改革。

有人甚至提出，电子学的下一项革命将发生在以工业设备和电网为对象的电子技术应用领域，电力电子技术将把人们带到第二次电子革命的边缘。

四、电力电子技术的发展

1. 电力电子器件

电力电子技术的发展离不开电力电子器件的发展，可以说电力电子器件的发展史也就是电力电子技术的发展史。

1902 年出现了第一个玻璃的汞弧整流器，1910 年出现了铁壳汞弧整流器，用汞弧整流器代替机械式开关和换流器，这是电力电子技术的发端。

1920 年试制出氧化铜整流器，1923 年出现了硒整流器。20 世纪 30 年代，这些整流器开始大量用于电力整流装置中，40 年代末出现了晶体管。

20 世纪 50 年代初，晶体管向大功率化发展，同时用半导体单晶材料制成的大功率二极管也得到发展。1954 年，瑞典通用电机公司（ASEA 公司）首先将汞弧管用于高压整流和逆变，并在 ±100 kV 直流输电线路上应用，传输 20 MW 的电力。1956 年，美国人 J. 莫尔制成晶闸管雏形。

1957 年，美国人 R. A. 约克制成实用的晶闸管。20 世纪 50 年代末晶闸管被用于电力电子装置，60 年代以来得到迅速推广，并开发出一系列派生器件，拓展了电力电子技术的应用领域。

2. 电力电子电路

随着晶闸管应用的推广，开发出许多电力电子电路，按其功能可分为：①将交流电能转换成直流电能的整流电路；②将直流电能转换成交流电能的逆变电路；③将一种形式的交流电能转换成另一种形式的交流电能的交流变换电路；④将一种形式的直流电能转换成另一种形式的直流电能的直流变换电路。

这些电路都包含晶闸管，而每个晶闸管都需要相应的触发器。于是配合这些电力电子电路出现了许多的触发控制电路。根据所用的器件，这些控制电路大体上可以分为 3 代。第一代的控制电路主要由分立的电子元件（如晶体管、二极管）组成。直到 20 世纪 80 年代后期，还用得不少。第二代由集成电路组成。自从 1958 年美国出现了世界上第一个集成电路以来，发展异常迅速。它应用到电力电子装置的控制电路中，使其结构紧凑，功能和可靠性得到提高。第三代由微机进行控制。

20 世纪 70 年代以来，由于微机的发展使电力电子装置进一步朝实现智能化的方向进步。

3. 电力电子装置

随着电力电子电路的发展和完善，由晶闸管组成的许多类型的电力电子装置不断出现，如大功率的电解电源、焊接电源、电镀用的直流电源；直流和交流牵引、直流传动、交流串级调速、变频调速等传动用电源；励磁、无功静止补偿、谐波补偿等电力系统用的电力电子装置；低频、中频、高频电源等各种非工频电源，尤其是感应加热的中高频电源；不停电电源、交流稳压电源等各种工业用电力电子电源；各种调压器等。这些电力电子装置，与传统的电动机—发电机组比，有较高的电效率（以容量 10 kW 至数百千瓦、频率为 1000 Hz 的电动机—发电机组为例，在额定负载下，效率 $\eta = 80\%$，并随负载减小而显著降低，若用晶闸管电源，$\eta \geq 92\%$，且随负载变化不大），因此，有明显的节能效果。电力电子装置是静止式装置，占地面积小，重量轻，安装方便（以焊接电源为例，与旋转焊机相比，重量减轻 80%，节能 15%）。同时，电力电子装置往往对频率、电压等的调节比较容易，响应快，功能多，自动化程度高，因此在工业应用上不但明显节能，还往往能提高生产率和产品质量，节省原材料，并常能改善工作环境。但电力电子装置大多为电子开关式装置，它往往对电网和负载产生谐波干扰，有时还对周围环境引起一定的高频干扰，这是在设计这些装置和系统时必须妥善解决的（见高次谐波抑制）。

4. 电力电子技术的发展前景

从 20 世纪 50 年代中到 70 年代末，以大功率硅二极管、双极型功率晶体管和晶闸管应用为基础(尤其是晶闸管)的电力电子技术发展比较成熟。

20 世纪 70 年代末以来，两个方面的发展对电力电子技术引起了巨大的冲击。其一为微机的发展对电力电子装置的控制系统、故障检测、信息处理等起了重大作用，今后还将继续发展；其二为微电子技术、光纤技术等渗透到电力电子器件中，开发出更多的新一代电力电子器件。其中除普通晶闸管向更大容量(6500 V、3500 A)发展外，门极可关断晶闸管(GTO)电压已达 4500 V，电流已达 2500 ~ 3000 A；双极型晶体管也向着更大容量发展，80 年代中后期其工业产品最高电压达 1400 V，最大电流达 400 A，工作频率比晶闸管高得多，采用达林顿结构时电流增益可达 75 ~ 200。

随着光纤技术的发展，美国和日本于 1981—1982 年间相继研制成功光控晶闸管并用于直流输电系统。这种光控管与电触发的晶闸管相比，简化了触发电路，提高了绝缘水平和抗干扰能力，可使变流设备向小型、轻量方向发展，既降低了造价，又提高运行的可靠性。

同时，场控电力电子器件也得到发展，如功率场效应晶体管(power MOSFET)和功率静电感应晶体管(SIT)已达千伏级和数十至数百安级的电压、电流等级，中小容量的工作频率可达兆赫兹级。由场控和双极型合成的新一代电力电子器件，如绝缘栅双极型晶体管(IGT 或 IGBT)和 MOS 控制晶闸管(MCT)也正在兴起，容量也已相当大。这些新器件均具有门极关断能力，且工作频率可以大大提高，使电力电子电路更加简单，电力电子装置的体积、重量、效率、性能等各方面指标不断提高，它将使电力电子技术发展到一个更新的阶段。与此同时，电力电子器件、电力电子电路和电力电子装置的计算机模拟和仿真技术也在不断发展。

模块一　　相控整流电路

任务一　电力电子器件的检测

　　在电力电子变换和控制电路中，各种电力半导体器件，例如电力二极管、晶闸管、电力晶体管、P – MOSEET 管和 IGBT 等，都只是作为电路中的开关使用，这种由半导体电力开关器件构成的实现电力变换和控制的电路被称为半导体电力开关电路。半导体电力开关电路连同其输出、输入滤波器等辅助元件和控制系统，就构成了电力电子变换器，也被称为变流器。本章以半导体 PN 结基本原理为基础，介绍各类半导体开关器件最基本的工作原理、外部特性和使用中的一些问题。

　　广义上电力电子器件可分为电真空器件和半导体器件两类。

　　两类中，自 20 世纪 50 年代以来，真空管仅在频率很高（如微波）的大功率高频电源中还在使用，而电力半导体器件已取代了汞弧整流器、闸流管等电真空器件，成为绝对主力。因此，电力电子器件目前也往往专指电力半导体器件。

　　电力半导体器件所采用的主要材料仍然是硅。

　　1. 电力电子器件与传统电子器件的比较

　　同处理信息的电子器件相比，电力电子器件的一般特征：

　　(1)能处理电功率的大小，即承受电压和电流的能力是最重要的参数。其处理电功率的能力小至毫瓦级，大至兆瓦级，大多都远大于处理信息的电子器件。

　　(2)电力电子器件一般都工作在开关状态。

　　电力电子器件一般导通时阻抗很小，接近于短路，管压降接近于零，而电流由外电路决定。阻断时阻抗很大，接近于断路，电流几乎为零，而管子两端电压由外电路决定。电力电子器件的动态特性(开关特性)和参数，也是电力电子器件特性很重要的方面，有些时候甚至上升为第一位的重要问题。作电路分析时，为简单起见往往用理想开关来代替。

　　(3)电力电子器件往往需要由信息电子电路来控制。

　　在主电路和控制电路之间，需要一定的中间电路对控制电路的信号进行放大，这就是电力电子器件的驱动电路。

　　(4)为保证不至于因损耗散发的热量导致器件温度过高而损坏，不仅在器件封装上讲究散热设计，在其工作时一般都要安装散热器。

　　导通时器件上有一定的通态压降，形成通态损耗。阻断时器件上有微小的断态漏电流流过，形成断态损耗。在器件开通或关断的转换过程中产生开通损耗和关断损耗，总称开关损耗。对某些器件来讲，驱动电路向其注入的功率也是造成器件发热的原因之一。通常电力电子器件的断态漏电流极小，因而通态损耗是器件功率损耗的主要成因。器件开关频率较高时，开关损耗会随之增大而可能成为器件功率损耗的主要因素。

2. 电力电子器件的分类

按照器件能够被控制电路信号所控制的程度，分为以下三类：

（1）半控型器件——通过控制信号可以控制其导通而不能控制其关断。

（2）全控型器件——通过控制信号既可控制其导通又可控制其关断，又称自关断器件。

（3）不可控器件——不能用控制信号来控制其通断，因此也就不需要驱动电路。

知识点 1　电力二极管

在电力电子装置中，常使用不可控的电力二极管。这种电力电子器件常被用于为不可控整流、电感性负载回路的续流、电压源型逆变电路提供无功路径以及电流源型逆变电路换流电容与反电势负载的隔离等场合。由于电力二极管的基本工作原理和特性与一般电子线路中使用的二极管相同，本节着重在大功率、快恢复等特点上进行阐述。

一、PN 结与功率二极管的工作原理

1. 半导体 PN 结

自然界中的物质按其导电性能可分为三大类：

（1）导体：铜、银、铝等金属物质，其原子模型外层电子受束缚力较弱，在外电场的作用下可自由运动形成电流，因此这类金属材料都是良好的导体，具有很强的导电能力。

（2）绝缘体：橡皮、陶瓷、塑料和石英等物质其原子模型外层没有自由电子，因而其导电能力很差，都是很好的绝缘体。

（3）半导体：半导体材料，如硅、锗等，其导电性能介于导体和绝缘体之间。纯净的硅（或锗）原子构成的晶体称为本征半导体。半导体材料虽既不能像导体材料那样用于传导电流，又不能像绝缘材料那样隔离带电体，但由于它具有一些宝贵的特性而获得了广泛应用。例如：现已广泛应用的半导体材料大都是由掺入了微量杂质的硅元素（或锗元素）材料研制得到的。硅（或锗）在化学元素周期表中属第Ⅳ族元素，其原子结构模型的最外层有 4 个电子，每个电子都与邻近的另一个硅原子的外层电子形成共价键电子对结构，这种处于共价键结构中的价电子受共价键的束缚而不易自由运动。因此纯净的硅（或锗），即本征半导体由于缺乏能自由运动的带电粒子——载流子，其导电性并不好。

本征半导体中处于共价键上的某些价电子在接受外界能量激发后也可能脱离共价键的束缚成为自由电子。由于原子的正负电荷是相等的，价电子脱离束缚成为自由电子（电子带负电荷）的同时，又出现一个带正电、可运动的粒子"空穴"。在本征半导体内，自由电子和空穴是成对出现的。自由电子带负电，空穴带正电，二者所带电量相等，符号相反。自由电子和空穴都是运载电荷的粒子，称为载流子，它们在电场力作用下的运动称为漂移运动，载流子定向的漂移运动就形成了电流。本征半导体内价电子要挣脱共价键束缚是很困难的，因此载流子（自由电子、空穴）漂移运动形成的电流很小。

如果在Ⅳ族元素本征半导体硅中掺入一个Ⅴ族元素（原子结构最外层有 5 个电子，比硅原子多一个电子）砷（或磷）原子，砷取代硅原子位置后，其 5 个外层电子中有 4 个与邻近的硅原子外层电子组成共价键电子对，则半导体硅中就出现未被组成共价键电子对的一个自由电子。自由电子移开后，Ⅴ族的掺杂元素砷原子就变成一个不能移动的带正电的离子。只要

掺入少量的Ⅴ族杂质元素砷，即可使硅半导体中产生大量的在电场作用下能形成电流的带负电的载流子——自由电子，显著地增强半导体的导电性，这种主要靠带负电的(negative)电子导电的半导体被称为N型半导体。N型半导体中主要的导电载流子是电子，其中只有很少的受光、热激发而产生的空穴，因此N型半导体中电子是多数载流子(简称多子)，空穴是少数载流子(简称少子)。

如果在Ⅳ族元素本征半导体硅中掺入一个Ⅲ族元素(原子结构最外层只有3个电子，比硅原子少一个)硼(或铝)原子，硼原子的外层电子与硅原子外层电子组成共价键时缺少一个电子，即多了一个空位——空穴。邻近硅原子的价电子填补掺杂原子硼的这个空位后，掺杂元素硼原子的外层就多一个电子而成为负离子，同时又使邻近原子处有了一个带正电的空穴，因此，半导体硅中就出现一个可运动的带正电的空穴粒子和一个不能移动带负电的硼离子。只要掺入少量的Ⅲ族杂质元素硼即可使硅半导体中产生大量的在电场作用下可形成电流的带正电的载流子——空穴粒子，显著地增强半导体的导电性。这种主要靠带正电(positive)空穴导电的半导体被称为P型半导体。P型半导体中主要的导电载流子是空穴，其中只有很少的受光、热激发而产生的自由电子，因此P型半导体中空穴是多数载流子(简称多子)，自由电子是少数载流子(简称少子)。

电力二极管基本结构和工作原理与信息电子电路中的二极管一样，由一个面积较大的PN结和两端引线以及封装组成的。

2. 电力二极管的结构

电力二极管的内部结构是一个具有P型及N型两层半导体、一个PN结和阳极A、阴极K的两层两端半导体器件，其外形如图1－1所示，其符号表示如图1－2所示。从外部构成看，可分成管芯和散热器两部分。这是由于二极管工作时管芯中要通过强大的电流，而PN结又有一定的正向电阻，管芯会因损能而发热。为了管芯的冷却，必须配备散热器。一般情况下，200 A以下的管芯采用螺旋式，200 A以上则采用平板式。

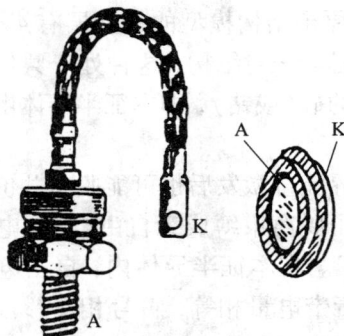

図1－1　电力二极管外形　　　　　　　图1－2　电力二极管符号

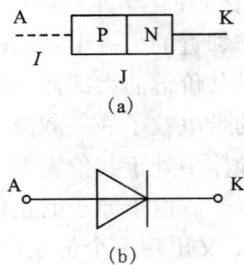

二、电力二极管的特性

1. 电力二极管的伏安特性

二极管阳极和阴极间的电压U_{ak}与阳极电流i_a间的关系称为伏安特性，如图1－3所示。

第Ⅰ象限为正向特性区,表现为正向导通状态。当加上小于0.5 V的正向阳极电压时,二极管只流过微小的正向电流。当正向阳极电压超过0.5 V时,正向电流急剧增加,曲线呈现与纵轴平行趋势。此时阳极电流的大小完全由外电路决定,二极管只承受一个很小的管压降$U_F = 0.4 \sim 1.2$ V。

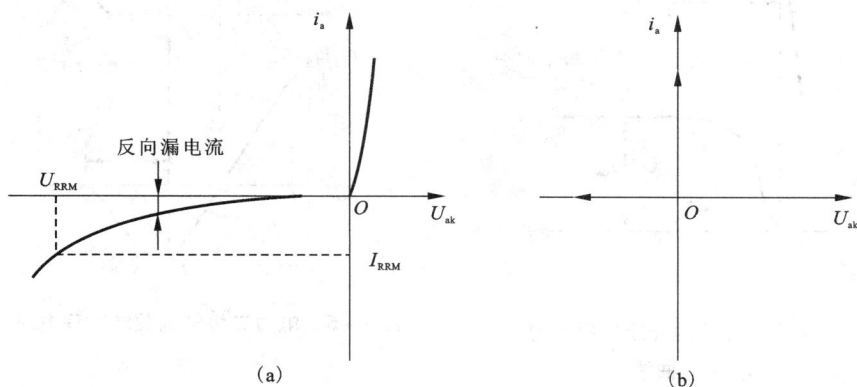

图 1 - 3　电力二极管的伏安特性

(a)实际特性;(b)理想特性

第Ⅲ象限为反向特性区,表现为反向阻断状态。当二极管加上反向阳极电压时,开始只有极小的反向漏电流,特性平行横轴。随着电压增加,反向电流有所增大。当反向电压增加到一定程度时,漏电流就开始急剧增加,此时必须对反向电压加以限制,否则二极管将因反向电压击穿而损坏,如图1 - 3(a)所示。由于电力二极管的通态压降和反向漏电流数值都很小,忽略通态压降和反向漏电流后的电力二极管的理想伏安特性如图1 - 3(b)所示。

2. 电力二极管的开通、关断特性

电力二极管的工作原理和一般二极管一样都是基于PN结的单向导电性,即加上正向阳极电压时,PN结正向偏置,二极管导通,呈现较小的正向电阻;加上反向阳极电压时,PN结反向偏置,二极管阻断,呈现极大的反向电阻。半导体变流装置就是利用了电力二极管的这种单向导电性。电力二极管有别于普通二极管的地方是具有延迟导通和延迟关断的特征,关断时会出现瞬时反向电流和瞬时反向过电压。

(1)电力二极管的开通过程

电力二极管的开通需一定的过程,初期出现较高的瞬态压降,过一段时间后才达到稳定,且导通压降很小。上述现象表明电力二极管在开通初期呈现出明显的电感效应,无法立即响应正向电流的变化。图1 - 4为电力二极管开通过程中的管压降u_D和正向电流i_D的变化曲线。由图1 - 4可见,在正向恢复时间t_{fr}内,正在开通的电力二极管上承受的峰值电压U_{DM}比稳态管压降高得多,在有些二极管中的峰值电压可达几十伏。

电力二极管开通时呈现的电感效应与器件内部机理、引线长度、器件封装所采用的磁性材料有关。在高频电路中作为快速开关器件使用时,应考虑大功率二极管的正向恢复时间等因素。

(2)电力二极管的关断过程

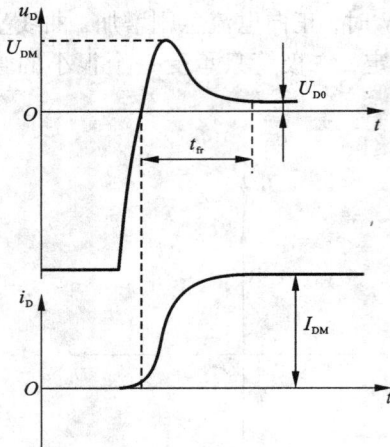

图1-4 电力二极管的开通过程中的
u_D 和 i_D 变化曲线

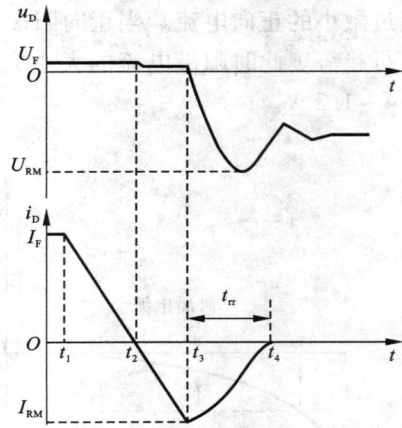

图1-5 电力二极管的关断过程电压、电流波形

图1-5为电力二极管关断过程电压、电流波形。t_1 时刻二极管电流 I_F 开始下降，t_2 时刻下降至零，此后反向增长，这个时间段内二极管仍维持一个正向偏置的管压降 U_{D0}。t_3 时刻反向电流达其峰值 I_{RM}，然后突然衰减，至 t_4 时为零。图中 $t_{rr} = t_4 - t_3$ 为反向恢复时间。这样的电流、电压波形是电力二极管内载流子或电荷分布与变化的结果。t_2 时刻后，尽管流过的电流已反向，但二极管仍正向偏置，决定了管内 PN 结存储的电荷仍是一个正向分布。从正的电荷分布到能承受、反压时，需要花时间来改变这个电荷分布，也就产生了关断时延。电荷变化的大小决定了反向恢复电流的峰值 I_{RM}，所以正向电流 I_F 越大，总的电荷变化也大，I_{RM} 也大。随着载流子或电荷的消失，二极管电阻增大，到一定阻值就阻断了反向恢复电流。如果反向电流很快下降至零，将会在带电感的电路中感应出一个危险的过电压，危及二极管的安全，必须采用适当的吸收电路来加以保护。

当电力二极管应用在低频整流电路时可不考虑其动态过程，但在高频逆变器、高频整流器、缓冲电路等频率较高的电力电子电路中就要考虑电力二极管的开通、关断等动态过程。在上述频率较高的电路中通常使用快恢复二极管。反向恢复时间很短的电力二极管称为快恢复二极管，简称快速二极管。快速二极管在结构上可分为 PN 结型结构和改进的 PIN 型结构，在同等容量下，PIN 型结构具有导通压降低，反向快速恢复性能好的优点。普通电力二极管的反向恢复时间 $t_{rr} = 2 \sim 5\ \mu s$，快速恢复二极管的反向恢复时间 $t_{rr} = 200 \sim 500\ ns$。

普通电力二极管的特点是：漏电流小、通态压降较高（0.7～1.8 V）、反向恢复时间较长、可获得很高的电压和电流定额，多用于牵引、充电、电镀等对转换速度要求不高的电力电子装置中。较快的反向恢复时间是快恢复二极管的显著特点，但是它的通态压降却很高（1.6～4 V），它常应用于斩波、逆变等电路中充当旁路二极管或阻塞二极管。以金属和半导体接触形成的势垒为基础的二极管，称为肖特基二极管，肖特基整流管兼有快的反向恢复时间和低的通态压降（0.3～0.6 V）的优点，但其漏电流较大、耐压能力小，常用于高频低压仪表和开关电源。

三、电力二极管的主要参数

1. 正向平均电流(额定电流)I_F

正向平均电流是指在规定 +40℃ 的环境温度和标准散热条件下,元件结温达到额定且稳定时,容许长时间连续流过工频正弦半波电流的平均值。将此电流整化到等于或小于规定的电流等级,则为该二极管的额定电流。在选用大功率二极管时,应按元件允许通过的电流有效值来选取。对应额定电流 I_F 的有效值为 $1.57I_F$。

2. 反向重复峰值电压(额定电压)U_{RRM}

在额定结温条件下,元件反向伏安特性曲线(第Ⅲ象限)急剧拐弯处所对应的反向峰值电压称为反向不重复峰值电压 U_{RSM}。反向不重复峰值电压值的 80% 称为反向重复峰值电压 U_{RRM}。再将 U_{RRM} 整化到等于或小于该值的电压等级,即为元件的额定电压。

3. 正向平均电压 U_F

在规定的 +40℃ 环境温度和标准的散热条件下,元件通以工频正弦半波额定正向平均电流时,元件阳、阴极间电压的平均值,有时也称为管压降。元件发热与损耗和 U_F 有关,一般应选用管压降小的元件,以降低元件的导通损耗。

4. 电力二极管的型号

普通型电力二极管型号用 ZP 表示,其中 Z 代表整流特性,P 为普通型。普通型电力二极管型号可表示如下:

$$ZP[电流等级]-[电压等级/100][通态平均电压组别]$$

如型号为 ZP50 – 16 的电力二极管表示:普通型电力二极管,额定电流为 50 A,额定电压为 1600 V。

知识点 2　晶闸管及其派生元件

晶闸管(SCR)也称可控硅,属半控型功率半导体器件。晶闸管能承受的电压、电流在功率半导体器件中均为最高,价格便宜、工作可靠,尽管其开关频率较低,但在大功率、低频的电力电子装置中仍占主导地位。

一、晶闸管的结构

晶闸管是大功率的半导体器件,从总体结构上看,可区分为管芯及散热器两大部分,分别如图 1 – 6 及图 1 – 7 所示。

管芯是晶闸管的本体部分,由半导体材料构成,具有三个与外电路连接的电极:阳极 A、阴极 K 和门极(或称控制极)G,其电路图中符号表示如图 1 – 6 所示。散热器则是为了将管芯在工作时由损耗产生的热量带走而设置的冷却器。按照晶闸管管芯与散热器间的安装方式,晶闸管可分为螺栓型与平板型两种。螺栓型依靠螺栓将管芯与散热器紧密连接在一起,并靠相互接触的一个面传递热量。显然,螺旋形结构散热效果差,用于 200 A 以下容量的元件;平板型结构散热效果较好,可用于 200 A 以上的元件。冷却散热片的介质可以是空气,有自冷与风冷之分。自冷[图 1 – 7(a)]是利用空气的自然流动进行热交换带走传递到散热片表面的热量；风冷[图 1-7(b)]则是采用强迫通风设备来吹拂散热器表面带走热量，显然强迫风冷的效果比自冷效果好，由于水作为散热介质时其热容量比空气大，故在大容量或者相当容量却需要缩小散热器体积的情况下，可以采用水冷结构。水冷是用水作散热介质，使它流过平板型管芯的两个面，带走器件工作时产生的热量[图 1-7(c)]。

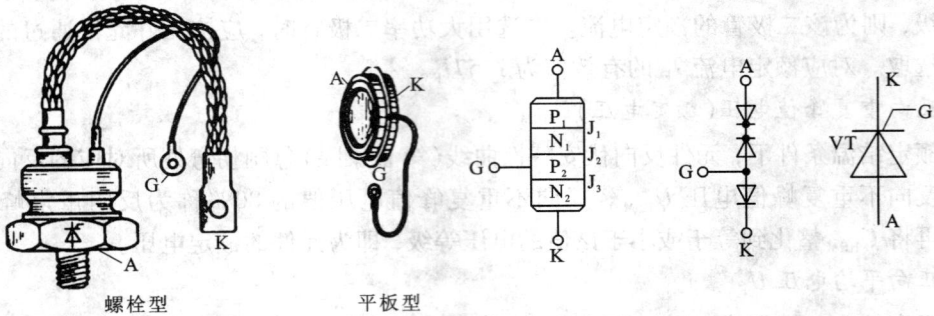

螺栓型　　　　　　　　　平板型

图 1-6　晶闸管管芯及电路符号表示

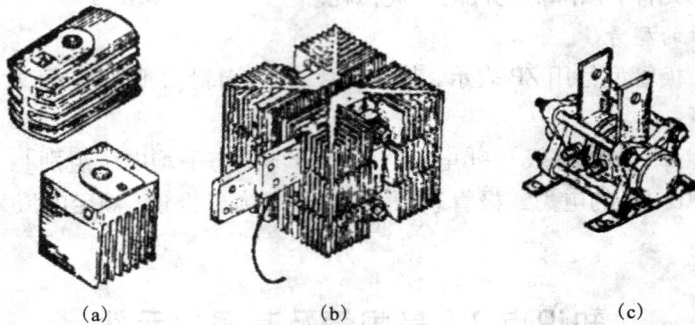

(a)　　　　　　　　(b)　　　　　　　　(c)

图 1-7　晶闸管的散热器

(a)自冷；(b)风冷；(c)水冷

二、晶闸管的工作原理

晶闸管管芯的内部结构是一个四层(P_1－N_1－P_2－N_2)三端(A、K、G)的功率半导体器件。它是在 N 型的硅基片(N_1)的两边扩散 P 型半导体杂质层(P_1、P_2)，形成了两个 PN 结J_1、J_2。再在P_2层内扩散 N 型半导体杂质层N_2又形成另一个 PN 结J_3。然后在相应位置放置铝片作电极，引出阳极 A、阴极 K 及门极 G，形成了一个四层三端的大功率电子元件。这个四层半导体器件由于有三个 PN 结的存在，决定了它的可控导通特性。

三、晶闸管的工作原理

晶闸管内部结构上有三个 PN 结。当阳极加上负电压、阴极加上正电压时(晶闸管承受反向阳极电压)，J_1、J_3结上反向偏置，管子处于反向阻断状态，不导通；当阳极加上正电压、阴极加上负电压时(晶闸管承受正向阳极电压)，J_2结又处于反向偏置，管子处于正向阻断状态，仍然不导通。那么晶闸管在什么条件下才能从阻断变成导通，又在什么条件下才能从导通恢复为阻断呢？

当阳极电源使晶闸管阳极电位高于阴极电位时，晶闸管承受正向阳极电压，反之承受反向阳极电压。当门极控制电源使晶闸管门极电位高于阴极电位时，晶闸管承受正向门极电压，反之承受反向门极电压。通过理论分析和实验验证表明：

（1）只有当晶闸管同时承受正向阳极电压和正向门极电压时晶闸管才能导通，两者缺一不可。

（2）晶闸管一旦导通后门极将失去控制作用，门极电压对管子随后的导通或关断均不起作用，故使晶闸管导通的门极电压不必是一个持续的电平，只要是一个具有一定宽度的正向脉冲电压即可，脉冲的宽度与晶闸管的开通特性及负载性质有关。这个脉冲常称为触发脉冲。

（3）要使已导通的晶闸管关断，必须使阳极电流降低到某一数值之下（约几十毫安）。这可以通过增大负载电阻，降低阳极电压至接近于零或施加反向阳极电压来实现。这个能保持晶闸管导通的最小电流称为维持电流，是晶闸管的一个重要参数。

晶闸管为什么会有以上导通和关断的特性，这与晶闸管内部发生的物理过程有关。晶闸管是一个具有 $P_1 - N_1 - P_2 - N_2$ 四层半导体的器件，内部形成三个 PN 结 J_1、J_2、J_3，晶闸管承受正向阳极电压时，其中 J_1、J_3 承受正向阻断电压，J_2 承受反向阻断电压。晶闸管可以看成是一个 PNP 型三极管 VT_1（$P_1 - N_1 - P_2$）和一个 PNP 型三极管 VT_2（$N_1 - P_2 - N_2$）组合而成，如图 1 - 8 所示。

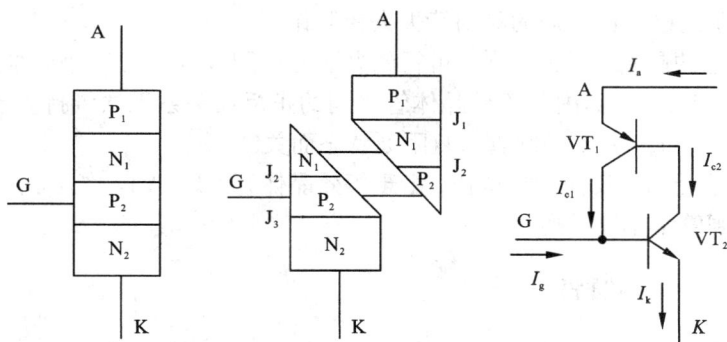

图 1 - 8　晶闸管的等效复合三极管效应

可以看出，两个晶体管连接的特点是一个晶体管的集电极电流是另一个晶体管的基极电流，当有足够的门极电流 I_g 流入时，两个相互复合的晶体管电路就会形成强烈的正反馈，导致两个晶体管饱和导通，也即晶闸管的导通。

设流入 VT_1 管的发射极电流 I_{e1} 即晶闸管的阳极电流 I_g，它就是 P_1 区内的空穴扩散电流。这样流过 J_2 结的电流应为 $I_{c1} = \alpha_1 I_a$，其中 $\alpha_1 = I_{c1}/I_{e1}$ 为 VT_1 管的共基极电流放大倍数。同样流入 VT_2 管的发射极电流 I_{e2} 即晶闸管的阴极电流 I_k，它就是 N_2 区内的电子扩散电流。这样流过 J_2 结的电流为 $I_{c2} = \alpha_2 I_k$，其中的 $\alpha_2 = I_{c2}/I_{e2}$ 为 VT_2 管的共基极电流放大倍数。流过 J_2 结的电流除 I_{c1}、I_{c2} 外，还有在正向阳极电压下处于反压状态下 J_2 结的反向漏电流 I_{c0}，如果把两

个晶体管分别看成两个广义的节点，则晶闸管的阳极电流应为

$$I_a = I_{c1} + I_{c2} + I_{c0} = \alpha_1 I_a + \alpha_2 I_k + I_{c0} \quad\quad\quad (1-1)$$

晶闸管的阴极电流为

$$I_k = I_a + I_g \quad\quad\quad (1-2)$$

从以上两式中可求出阳极电流表达式为

$$I_a = \frac{I_{c0} + \alpha_2 I_g}{1 - (\alpha_1 + \alpha_2)} \quad\quad\quad (1-3)$$

两个等效晶体管共基极电流放大倍数 α_1、α_2 是随其发射极电流 I_a、I_c 非线性变化的；当 I_a、I_c 很小时，α_1、α_2 也很小；α_1、α_2 随电流 I_a、I_c 增大而增大。

当晶闸管承受正向阳极电压但门极电压为零时，$I_g = 0$。由于漏电流很小，I_a、I_c 也很小，致使 α_1、α_2 很小。由式（1-3）可见，此时 $I_a \approx I_{c0}$ 为正向漏电流，晶闸管处于正向阻断状态，不导通。

当晶闸管承受正向阳极电压而门极电流为 I_g 时，特别是当 I_g 增大到一定程度的时候，等效晶体管 VT$_2$ 的发射极电流 I_{e2} 也增大，致使电流放大系数的随之增大，产生足够大的集电极电流 $I_{c2} = \alpha_2 I_{e2}$。由于两等效晶体管的复合接法 I_{c2} 即为 VT$_1$ 的基极电流，从而使 I_{c1} 增大，α_1 也增大，α_1 的增大将导致产生更大的集电极电流 I_{c1} 流过 VT$_2$ 管的基极，这样强烈的正反馈过程将导致两等效晶体管电流放大系数迅速增加。当 $\alpha_1 + \alpha_2 \approx 1$ 时，式（1-3）表达的阳极电流 I_a 将急剧增大，变得无法从晶闸管内部进行控制，此时的晶闸管阳极电流 I_a 完全由外部电路条件来决定，晶闸管此时已处于正向导通状态。

正向导通以后，由于正反馈的作用，可维持 $1 - (\alpha_1 + \alpha_2) \approx 0$。此时即使 $I_g = 0$ 也不能使晶闸管关断，说明门极对已导通的晶闸管失去控制作用。

为了使已导通的晶闸管关断，唯一可行的办法是使阳极电流 I_a 减小到维持电流以下。因为此时 α_1、α_2 已相应减小，内部等效晶体管之间的正反馈关系无法维持。当 α_1、α_2 减小到 $1 - (\alpha_1 + \alpha_2) \approx 1$ 时，$I_a \approx I_{c0}$，晶闸管恢复阻断状态而关断。

如果晶闸管承受的是反向阳极电压，由于等效晶体管 VT$_1$、VT$_2$ 均处于反压状态，无论有无门极电流，晶闸管都不能导通。

四、晶闸管的基本特性

1. 静态特性

静态特性又称伏安特性，指的是器件端电压与电流的关系。这里介绍阳极伏安特性和门极伏安特性。

（1）阳极伏安特性

晶闸管的阳极伏安特性表示晶闸管阳极与阴极之间的电压 U_{ak} 与阳极电流 i_a 之间的关系曲线，如图 1-9 所示。

阳极伏安特性可以划分为两个区域：第Ⅰ象限为正向特性区，第Ⅲ象限为反向特性区。第Ⅰ象限的正向特性又可分为正向阻断状态及正向导通状态。正向阻断状态随着不同的门极电流 I_g 呈现不同的分支。在 $I_g = 0$ 的情况下，随着正向阳极电压 U_{ak} 的增加，由于 J_2 结处于反压状态，晶闸管处于断态，在很大范围内只有很小的正向漏电流，特性曲线很靠近并与横轴平行。当 U_{ak} 增大到一个称为正向转折电压 U_{B0} 时，漏电流增大到一定数值，J_1、J_3 结内电

场削弱很多,两等效晶体管的共基极电流放大系数 α_1、α_2 随之增大,使电子扩散电流的 $\alpha_2 I_k$ 与空穴扩散电流 $\alpha_1 I_n$ 分别与 J_2 结中的空穴和电子相复合,使得 J_2 结的电势壁垒消失。这样,晶闸管就由阻断突然变成导通,反映在特性曲线上就从正向阻断状态的高阻区①(高电压、小电流),经过虚线所示的负阻区②(电流增大、电压减小),到达导通状态的低阻区③(低电压、大电流)。

正向导通状态下的特性与一般二极管的正向特性一样,此时晶闸管流过很

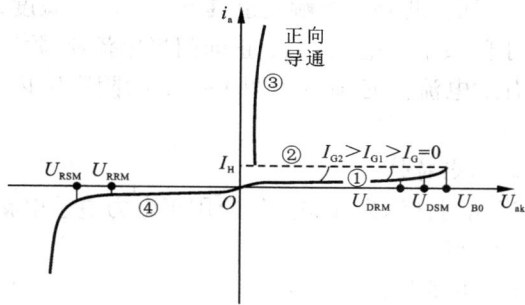

图 1-9　晶闸管阳极伏安特性
①正向阻断高阻区;②负阻区;
③正向导通低阻区;④反向阻断高阻区

大的阳极电流而管子本身只承受约 1 V 的管压降。特性曲线靠近并几乎平行于纵轴。在正常工作时,晶闸管是不允许采取使阳极电压高过转折电压 U_{B0} 而使之导通的工作方式,而是采用施加正向门极电压,送入触发电流 I_g 使之导通的工作方式,以防损伤元件。当加上门极电压使 $I_g > 0$ 后,晶闸管的正向转折电压就大大降低,元件将在较低的阳极电压下由阻断变为导通。当 I_g 足够大时,晶闸管的正向转折电压很小,相当于整流二极管一样,一加上正向阳极电压管子就可导通。晶闸管的正常导通应采取这种门极触发方式。

晶闸管正向阻断特性与门极电流 I_g 有关,说明门极可以控制晶闸管从正向阻断至正向导通的转化,即控制管子的开通。然而一旦管子导通,晶闸管就工作在与 I_g 无关的正向导通特性上。要关断管子,就只得像关断一般二极管一样,使阳极电流 I_a 减小。当阳极电流减小到 $I_a < I_H$(维持电流)时,晶闸管才能从正向导通的低阻区③返回到正向阻断的高阻区①,管子关断阳极电流 $I_a \approx 0$ 后并不意味着管子已真正关断,因为管内半导体层中的空穴或电子载流子仍然存在,没有复合。此时重新施加正向阳极电压,即使没有正向门极电压也可使这些载流子重新运动,形成电流,管子再次导通,这称为未恢复正向阻断能力。为了保证晶闸管可靠而迅速关断,真正恢复正向阻断能力,常在管子阳极电压降为零后再施加一段时间的反向电压,以促使载流子经复合而消失。晶闸管在第Ⅲ象限的反向特性与二极管的反向特性类似。

(2)门极伏安特性

晶闸管的门极与阴极间存在着一个 PN 结 J_3,门极伏安特性就是指这个 PN 结上正向门极电压 U_g 与门极电流 I_g 间的关系。由于这个结的伏安特性很分散,无法找到一条典型的代表曲线,只能用一条极限高阻门极特性和一条极限低阻门极特性之间的一片区域来代表所有元件的门极伏安特性,如图 1-10 阴影区域所示。

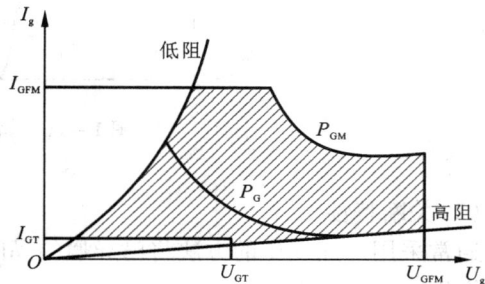

图 1-10　晶闸管门极伏安特性

在晶闸管的正常使用中,门极 PN 结不能承受过大的电压、电流及功率,这是门极伏安特性区的上界限,它们分别用门极正向峰值电压 U_{GFM}、门极正向峰值电流 I_{GFM}、门极峰值功率

P_{GF}来表征。此外门极触发也具有一定的灵敏度，为了能可靠地触发晶闸管，正向门极电压必须大于门极触发电压 U_{GT}，正向门极电流必须大于门极触发电流 I_{GT}。U_{GT}、I_{GT} 规定了门极上的电压、电流值必须位于图 1 – 11 的阴影区内，而平均功率损耗也不应超过规定的平均功率 P_G。

　　2. 动态特性

　　当晶闸管作为开关元件应用于电力电子电路时，应考虑晶闸管的开关特性，即开通特性和关断特性。

　　(1) 开通特性

　　晶闸管开通方式一般有：①主电压开通：门极开路，将主电压 u_{ak} 加到断态不重复峰值电压 U_{B0}，使晶闸管导通，这也称为硬导通，这种开通方式会损坏晶闸管，在正常工作时不能使用。②门极电流开通：在正向阳极电压的条件下，加入正向门极电压，使晶闸管导通。一般情况下，晶闸管都采用这种方式开通。③du/dt 开通：门极开路，晶闸管阳极正向电压变化率过大而导致器件开通，这种开通属于误动作，应该避免。另外还有场控、光控、温控等开通方式，分别适用于场控晶闸管、光控晶闸管和温控晶闸管。

　　晶闸管由截止转为导通的过程为开通过程。图 1 – 11 给出了晶闸管的开关特性。在晶闸管处于正向阻断的条件下突加门极触发电流，由于晶闸管内部正反馈过程及外电路电感的影响，阳极电流的增长需要一定的时间。从突加门极电流时刻到阳极电流上升到稳定值 I_T 的10% 所需的时间称为延迟时间 t_d，而阳极电流从10% I_T 上升到90% I_T 所需的时间称为上升时间 t_r，延迟时间与上升时间之和为晶闸管的开通时间 $t_{gt} = t_d + t_r$，普通晶闸管的延迟时间为 $0.5 \sim 1.5~\mu s$，上升时间为 $0.5 \sim 3~\mu s$。延迟时间随门极电流的增大而减少，延迟时间和上升时间随阳极电压上升而下降。

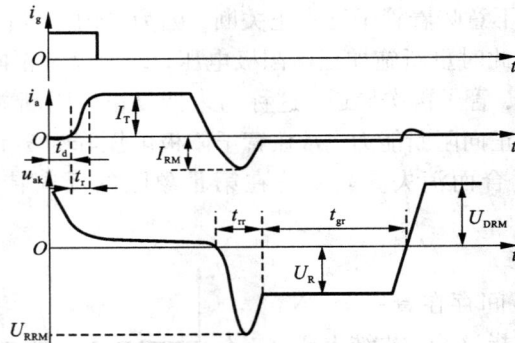

图 1 – 11　晶闸管的开关特性

　　(2) 关断特性

　　通常采用外加反压的方法将已导通的晶闸管关断。反压可利用电源、负载和辅助换流电路来提供。

　　要关断已导通的晶闸管，通常给晶闸管加反向阳极电压。晶闸管的关断就是要使各层区内载流子消失，使元件对正向阳极电压恢复阻断能力。突加反向阳极电压后，由于外电路电感的存在，晶闸管阳极电流的下降会有一个过程，当阳极电流过零时，也会出现反向恢复电流，反向电流达最大值 I_{RM} 后，再朝反方向快速衰减接近于零，此时晶闸管恢复对反向电压的阻断能力。电流过零到反向电流接近于零所经历的时间称反向阻断恢复时间 t_{rr}。由于载流子复合仍需一定的时间，反向电流接近于零到晶闸管恢复正向电压阻断能力所需的时间称为正向阻断恢复时间 t_{gr}。晶闸管的关断时间 $t_q = t_{rr} + t_{gr}$。普通晶闸管的关断时间为几百微秒。要使已导通的晶闸管完全恢复正向阻断能力，加在晶闸管上的反向阳极电压时间必须大于 t_q，否则晶闸管无法可靠关断。为缩短关断时间可适当加大反压，并保持一段时间，以使载流子充分复合而消失。

五、晶闸管的主要参数

要正确使用一个晶闸管，除了了解晶闸管的静态、动态特性外，还必须定量地掌握晶闸管的一些主要参数。下面介绍经常使用的几个晶闸管的参数。

1. 电压参数

（1）断态重复峰值电压 U_{DRM}

门极开路，元件额定结温时，从晶闸管阳极伏安特性正向阻断高阻区（图 1 – 10 中的曲线①）漏电流急剧增长的拐弯处所决定的电压称为断态不重复峰值电压 U_{DRM}，"不重复"表明这个电压不可长期重复施加。取断态不重复峰值电压的 80% 定义为断态重复峰值电压 U_{DRM}，"重复"表示这个电压可以以每秒 50 次、每次持续时间不大于 10 ms 的重复方式施加于元件上。

（2）反向重复峰值电压 U_{RRM}

门极开路，元件额定结温时，从晶闸管阳极伏安特性反向阻断高阻区（图 1 – 10 中曲线④）反向漏电流急剧增长的拐弯处所决定的电压称为反向不重复峰值电压 U_{RRM}。这个电压是不能长期重复施加的。取反向不重复峰值电压的 80% 定义为反向重复峰值电压 U_{RRM}，这个电压允许重复施加。

（3）晶闸管的额定电压 U_N

取 U_{DRM} 和 U_{RRM} 中较小的一个，并整化至等于或小于该值的规定电压等级。电压等级不是任意决定的，额定电压在 1000 V 以下是每 100 V 一个电压等级，1000 ~ 3000 V 则是每 200 V 一个电压等级。

由于晶闸管工作中可能会遭受到一些意想不到的瞬时过电压，为了确保管子安全运行，在选用晶闸管时应使其额定电压为正常工作电压峰值 U_m 的 2 ~ 3 倍，以作安全裕量，即

$$U_N = (2 \sim 3)U_m \tag{1-4}$$

（4）通态平均电压 $U_{T(AV)}$

通态平均电压指在晶闸管通过单相工频正弦半波电流，额定结温、额定平均电流下，晶闸管阳极与阴极间电压的平均值，也称为管压降。在晶闸管型号中，常按通态平均电压的数值进行分组，以大写英文字母 A ~ I 表示。通态平均电压影响元件的损耗与发热，应该选用管压降小的元件。

2. 电流参数

（1）通态平均电流 $I_{T(AV)}$

在环境温度为 +40℃ 及规定的冷却条件下，晶闸管元件在电阻性负载的单相、工频、正弦半波、导通角不小于 170° 的电路中，当结温稳定在额定值 125℃ 时所允许的通态最大平均

电流称为额定通态平均电流 $I_{T(AV)}$。将这个电流整化至规定的电流等级，则为该元件的额定电流。从以上定义可以看出，晶闸管是以电流的平均值而不是有效值作为它的电流定额。然而规定平均值电流作为额定电流不一定能保证晶闸管的安全使用，原因是排除电压击穿的破坏外，影响晶闸管工作安全的主要因素是管芯 PN 结的温度。结温的高低决定于元件的发热与冷却两方面的平衡。在规定的冷却条件下，结温主要取决于管子的 $I_T^2 R$ 损糙，这里 I_T 应是流过晶闸管电流的有效值而不是平均值。因此，选用晶闸管时应根据有效电流相等的原则来确定晶闸管的额定电流。由于晶闸管的过载能力小，为保证安全可靠工作，所选用晶闸管的额定电流 $I_{T(AV)}$ 应使其对应有效值电流为实际流过电流有效值的 1.5~2 倍。按晶闸管额定电流的定义，一个额定电流为 100 A 的晶闸管，其允许通过的电流有效值为 157 A。晶闸管额定电流的选择可按下式计算

$$I_{T(AV)} = \frac{1.5 \sim 2}{1.57} I_T \qquad\qquad (1-5)$$

（2）维持电流 I_H

维持电流是指晶闸管维持导通所必需的最小电流，一般为几十到几百毫安。维持电流与结温有关，结温越高，维持电流越小，晶闸管越难关断。

（3）擎住电流 I_L

晶闸管刚从阻断状态转变为导通状态并撤除门极触发信号时，维持元件导通所需的最小用极电流称为擎住电流。一般擎住电流比维持电流大 2~4 倍。

3. 其他参数

（1）断态电压临界上升率 du/dt

在额定结温和门极断路条件下，使元件从断态转入通态最低电压上升率称断态电压临界上升率。晶闸管使用中要求断态下阳极电压的上升速度要低于此值。提出 du/dt 这个参数是为了防止晶闸管工作时发生误导通。这是由于阻断状态下 J_2 结相当于一个电容，虽依靠它阻断了正向阳极电压，但在施加正向阳极电压过程中，却会有充电电流流过结面，并流到门极的 J_3 结上，起类似触发电流的作用。如果 du/dt 过大，则充电电流足以使晶闸管误导通。为了限制断态电压上升率，可以在晶闸管阳极与阴极间并上一个 RC 阻容支路，利用电容两端电压不能突变的特点来限制电压上升率。电阻 R 的作用是防止并联电容与阳极主回路电感产生串联谐振。

（2）通态电流临界上升率 di/dt

通态电流临界上升率是指在规定的条件下，晶闸管由门极进行触发导通时，管子能够承受而不致损坏的通态平均电流的最大上升率。当门极输入触发电流后，首先是在门极附近形成小面积的导通区，随着时间的增长，导通区逐渐向外扩大，直至全部结面变成导通为止。如果电流上升过快，而元件导通的结面还未扩展至应有的大小，则可能引起局部过大的电流密度，使门极附近区域过热而烧毁晶闸管。为此规定了通态电流上升率的极限值，应用时晶闸管所允许的最大电流上升率要小于这个数值。

为了限制电路的电流上升率，可以在阳极主回路中串入小电感，以对增长过快的电流进行阻塞。

（3）门极触发电流 I_{GT} 与门极触发电压 U_{GT}

在室温下，晶闸管施加 6 V 的正向阳极电压时，元件从阻断到完全开通所需的最小门极

电流称门极触发电流 I_{GT}。对应于此 I_{GT} 的门极电压为门极触发电压 U_{GT}。由于门极的 PN 结特性分散性大，造成同一型号元件 I_{GT}、U_{GT} 相差很大。

一般来说，元件的触发电流、触发电压如果太小，则容易接受外界干扰引起误触发；若触发电流、触发电压太大，则容易引起元件触发导通上的困难。此外环境温度也是影响门极触发参数的重要因素。当环境温度或元件工作温度升高时，I_{GT}、U_{GT} 会显著降低；环境温度降低时，I_{GT}、U_{GT} 会有所增加。这就造成了同一晶闸管往往夏天易误触发导通，而冬天却可能出现不开通的不正常状态。

为了使变流装置的触发电路对同类晶闸管都有正常触发功能，要求触发电路送出的触发电流、电压值适当大于标准所规定的 I_{GT}、U_{GT} 上限值，但不应该超过门极正向峰值电流 I_{GFM}、门极正向峰值电压 U_{GFM}，功率也不能超过门极峰值功率 P_{GM} 和门极平均功率 P_{G}。

六、晶闸管的型号

普通型晶闸管型号可表示如下

$$KP[电流等级]-[电压等级/100][通态平均电压组别]$$

式中：K 代表闸流特性，P 为普通型。如 KP500－15 型号的晶闸管表示其通态平均电流（额定电流）$I_{T(AV)}$ 为 500 A，正反向重复峰值电压（额定电压）U_{R} 为 1500 V，通态平均电压组别以英文字母标出，小容量的元件可不标。

七、晶闸管的派生器件

1. 快速晶闸管

快速晶闸管（Fast Switching Thyristor，FST）的外形、基本结构、伏安特性及符号均与普通型晶闸管相同，但开通速度快、关断时间短，可使用在频率大于 400 Hz 的电力电子电路中，如变频器、中频电源、不停电电源、斩波器等。

快速晶闸管的特点是：①开通时间和关断时间短，一般开通时间为 1 ~ 2 μs，关断时间为数微秒。②开关损耗小。③有较高的电流上升率和电压上升率。通态电流临界上升率 $di/dt \geqslant 100$ A/μs，断态电压临界上升率 $du/dt \geqslant 100$ V/μs。④允许使用频率范围广，几十至几千赫兹。

快速晶闸管使用中要注意：①为保证关断时间，运行结温不能过高，且要施加足够的反向阳极电压。②为确保不超过规定的通态电流临界上升率 di/dt，门极须采用强触发脉冲。③在高频或脉冲状态下工作时，必须按厂家规定的电流－频率特性和脉冲工作状态有关的特性来选择元件的电流定额，而不能简单地按平均电流的大小来选用。

快速晶闸管的型号与普通晶闸管类似，只是用 KK 来代替 KP。

2. 双向晶闸管

双向晶闸管（Tiode AC Switch，TRIAC）是一个 NPNPN 五层结构的三端器件，有两个主电极 T_1、T_2，一个门极 G。它正、反两个方向均能用同一门极控制触发导通，所以它在结构上可以看成一对普通晶闸管的反并联，其特性也反映了反并联晶闸管的组合效果，即在第 I、第 III 象限具有对称的阳极伏安特性，如图 1－12 所示。

双向晶闸管主要应用在交流调压电路中，因而通态时的额定电流不是用平均值而是用有效值表示，这点必须与其他晶闸管的额定电流定义加以区别。当双向晶闸管在交流电路中使

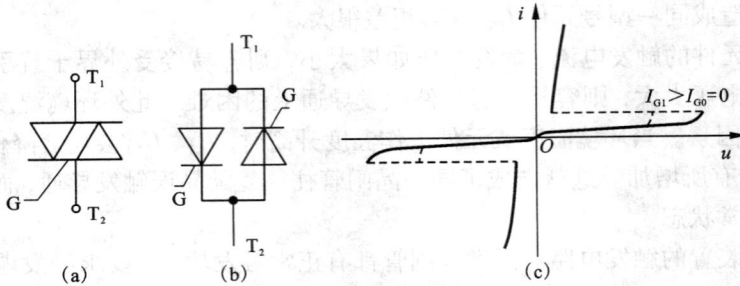

图 1 – 12　双向晶闸管
(a)符号；(b)等效电路；(c)阳极伏安特性

用时，须承受正、反两个方向半波的电流和电压。当元件在一个方向导通刚结束时，管芯各半导体层内的载流子还没有回复到阻断时的状态，马上就承受反向电压会使载流子重新运动，构成元件反向电压状态下的触发电流，引起元件反向误导通，造成换流失败。为了保证正、反向半波交替工作时的换流能力，必须限制换流电流、换流电压的变化率在小于规定的数值范围内。

双向晶闸管的型号用 KS 表示。

3. 逆导晶闸管

在逆变电路和斩波电路中，经常有晶闸管与电力二极管反并联使用的情况。根据这种复合使用的要求，人们将两种器件制作在同一芯片上，派生出了另一种晶闸管元件逆导晶闸管（reverse conducting thyristor，RCT）。所以，逆导晶闸管元论从结构上还是特性上都反映了这两种功率半导体器件的复合效果，其符号、等效电路及阳极伏安特性如图 1 – 13 所示。

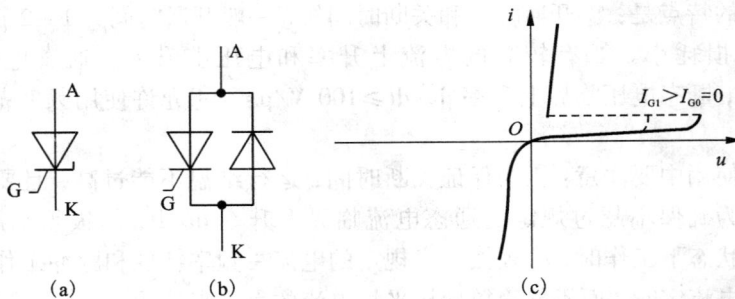

图 1 – 13　逆导晶闸管
(a)符号；(b)等效电路；(c)阳极伏安特性

可以看出，当逆导晶闸管承受正向阳极电压时，元件表现出普通晶闸管的特性，阳极伏安特性位于第 I 象限。当逆导晶闸管承受反向阳极电压时，反向导通（逆导），元件表现出了导通二极管的低阻特性，阳极伏安特性位于第 III 象限。

由于逆导晶闸管在管芯构造上是反并联的晶闸管和电力二极管的集成，它具有正向管压降小、关断时间短、高温特性好、结温高等优点，构成的变流装置体积小、重量轻且成本低。

特别是由于简化了元件间的接线，消除了大功率二极管的配线电感，晶闸管承受反压的时间增加，有利于快速换流，从而可提高变流装置的工作频率。逆导晶闸管的型号用 KN 表示。

实操训练

一、晶闸管的测试

晶闸管的测试如图 1 - 14 ~ 图 1 - 16 所示。

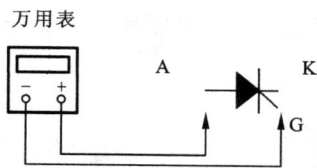

图 1 - 14　晶闸管的测试

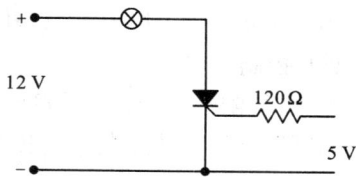

图 1 - 15　晶闸管导通条件实验电路

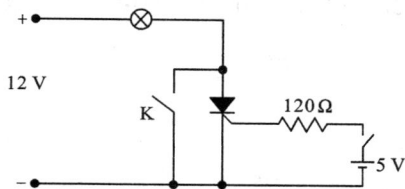

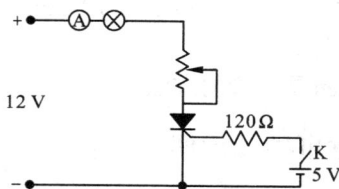

图 1 - 16　晶闸管的测试实验电路

二、鉴别晶闸管的好坏

用万用表 $R \times 1 \text{ k}\Omega$ 的电阻挡测试两只晶闸管的阳极（A）—阴极（K），门极（G）—阳极（A）之间的正反向电阻，再用万用表 $R \times 1 \text{ k}\Omega$ 的电阻挡测量两只晶闸管的门极（G）—阴级（K）之间的正反向电阻，将测量数据填入表 1 - 1，并鉴别晶闸管的好坏。

表 1 - 1　测量数据表

被测晶闸管	R_{AK}	R_{KA}	R_{AG}	R_{GA}	R_{GK}	R_{KG}	结论
VT$_1$							
VT$_2$							

三、晶闸管的导通条件

1.12 V 正向阳极电压，门极开路或接 - 5 V 电压，观察灯泡是否亮，判断晶闸管是否导通。

2. 加 12 V 反向阳极电压，门极开路或接 – 5 V 电压或接 + 5 V 电压，观察灯泡是否亮，判断晶闸管是否导通。

3. 阳极加 12 V 正向电压，门极加 + 5 V 正向电压，观察灯泡是否亮，判断晶闸管是否导通。

4. 灯亮后去掉控制极电压，看灯泡是否亮，再加 – 5 V 反向门极电压，看灯泡是否继续亮。

5. 写出导通条件，说明控制极作用。

四、晶闸管关断条件实验

1. 按图 1 – 16 接线，接通 12 V 电源电压，再在门极接通 + 5 V 电压使晶闸管导通，灯泡亮，接着断开控制极电压。

2. 去掉 12 V 阳极电压，观看灯泡是否亮。

3. 使晶闸管导通，然后断开门极电压，即打开 K2，接着闭合 K1，再打开 K1，观察灯泡是否熄灭。

4. 再使晶闸管导通，断开门极电压，逐渐减小阳极电压，当电流表指针有某值穿梭降到零时，记下该值，即被测晶闸管的维持电流，此时若再升高阳极电源电压，灯泡也不再发亮，说明晶闸管已关断。

5. 总结关断晶闸管的方法。

五、注意事项及说明

用万用表测试闸管门极与阴极正反高电阻时，发现有的晶闸管正反向电阻很接近，这种现象并不能说明晶闸管已经损坏，只要正向电阻比反向电阻小些，该晶闸管就是好的。注：用万表表测试晶闸管门极与阴极电阻时，不能用 $R \times 10 \ \Omega$ 档，以防损坏门极，一般用 $R \times 10 \ k\Omega$ 挡。

习题及思考

1. 使晶闸管导通的条件是什么？

2. 维持晶闸管导通的条件是什么？怎样才能使晶闸管由导通变为关断？

3. 图 1 – 17 中阴影部分为晶闸管处于通态区间的电流波形，各波形的电流最大值均为 I_m，试计算各波形的电流平均值 I_{d1}、I_{d2}、I_{d3} 与电流有效值 I_1、I_2、I_3。

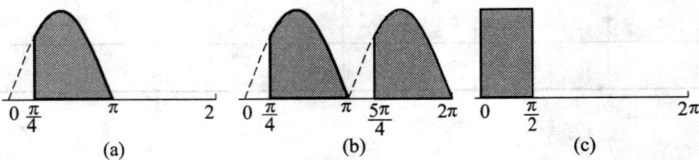

图 1 – 17 晶闸管导电波形

4. 上题中如果不考虑安全裕量，问 100 A 的晶闸管能送出的平均电流 I_{d1}、I_{d2}、I_{d3} 各为多少？这时，相应的电流最大值 I_{m1}、I_{m2}、I_{m3} 各为多少？

任务二　常用的触发电路

晶闸管触发电路的作用是将控制信号 U_k 转变成控制角 α（或 β）信号，向晶闸管提供门极电流，决定各个晶闸管的导通时刻。因此，触发电路与主电路一样是晶闸管装置中的重要部分。两者之间既相对独立，又相互依存。正确设计的触发电路可以充分发挥晶闸管装置的潜力，保证运行的安全可靠。触发电路在晶闸管变流装置中的地位如图 1-18 所示，可把触发电路和主电路看成一个功率放大器，以小功率的输入信号直接控制大功率的输出。

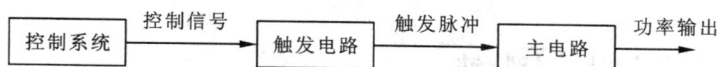

控制系统　→　控制信号　→　触发电路　→　触发脉冲　→　主电路　→　功率输出

图 1-18　触发电路在晶闸管装置中的地位

晶闸管装置种类很多，工作方式也不同，故对触发电路的要求也不同。下面介绍对触发电路的基本要求。

（1）触发信号可以是交流、直流或脉冲形式。由于晶闸管触发导通后，门极即失去控制作用，为减少门极损耗，一般触发信号采用脉冲形式。

（2）触发脉冲信号应有一定的功率和宽度。触发电路的任务是提供控制晶闸管的门极触发信号。由于晶闸管门极参数的分散性以及其触发电压、电流随温度变化的特性，为使各合格元件在各种条件下均能可靠触发，触发电流、电压必须大于门极触发电流 I_{GT} 和触发电压 U_{GT}，即脉冲信号触发功率必须保证在各种工作条件下都能使晶闸管可靠导通。触发脉冲信号应有一定的宽度，脉冲前沿要陡，保证触发的晶闸管可靠导通。如果触发脉冲过窄，在脉冲终止时主电路电流还未上升到晶闸管的擎住电流，则晶闸管会重新关断。

（3）为使并联晶闸管元件能同时导通，触发电路应能产生强触发脉冲。在大电流晶闸管并联电路中，要求并联元件能同时导通，各元件的 di/dt 都应在允许范围之内。由于元件特性的分散性，先导通元件的 di/dt 就会超过允许值而损坏，故应采取图 1-19 所示的强触发脉冲。强触发电流幅值为触发电流值的 5 倍左右，前沿陡度应不小于 0.5 A/μs，最好大于 1 A/μs；强触发宽度对应时间 t_2 应大于 50 μs，脉冲持续时间 t_3 应大于 550 μs。

（4）触发脉冲的同步及移相范围。为使晶闸管在每个周期都在相同的控制角 α 下触发导通，触发脉冲必须与电源同步，也就是说触发信号应与电源保持固定的相位关系。同时，为了使电路在给定的范围内工作，应保证触发脉冲能在相应范围内进行移相。

（5）隔离输出方式及抗干扰能力。触发电路通常采用单独的低压电源供电，因此应采用某种方法将其与主电路电源隔离。常用的是在触发电路与主电路之间连接脉冲变压器。此类脉冲变压器需做专门设计。触发电路正确可靠的运行是晶闸管设备的安全运行极为重要的环节。引起触发电路误动作的主要原因之一是由主电路或安装在触发电路附近的继电器和接触器引起的干扰。主电路的干扰常通过触发电路的输出级而进入触发电路，常用的抗干扰措施为：脉冲变压器采用静电屏蔽、串联二极管、并联电容等。

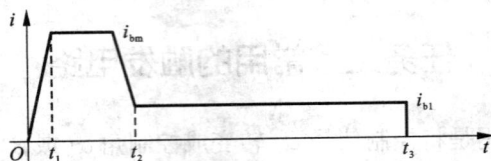

图 1 – 19　强触发脉冲波形

知识点 1　单结晶体管触发电路

一、单结晶体管的结构与特性

　　单结晶体管又称双基极二极管，其结构示意图和符号见图 1 – 20。单结晶体管共有三个极：第一基极 b_1，第二基极 b_2 和发射极 e。如图 1 – 20 所示，在一块高电阻率的 N 型硅片两端，引入两个欧姆接触电极，分别称为第一基极 b_1 和第二基极 b_2；硅片另一侧靠近 b_2 处，用合金法或扩散法掺入 P 型杂质，引出电极 e，称发射极。e 对 b_1 和 b_2 均为一个 PN 结，具有二极管导电性能，所以称为双基极二极管。

　　两个基极 b_1 和 b_2 间的 N 型区域电阻 R_{bb} 称为基区电阻。R_{bb} 可看成由第一基极 b_1 和发射极 e 之间的硅片电阻 R_{b1} 以及 b_2 与 e 之间的硅片电阻 R_{b2} 串联而成。正常工作时，R_{b1} 的阻值随发射极电流 I_e 变化而变化（见下面分析），故可等效成一个可变电阻。PN 结相当于一只二极管 VD。单结晶体管的等效电路和图形符号如图 1 – 20(b)、图 1 – 20(c) 所示。

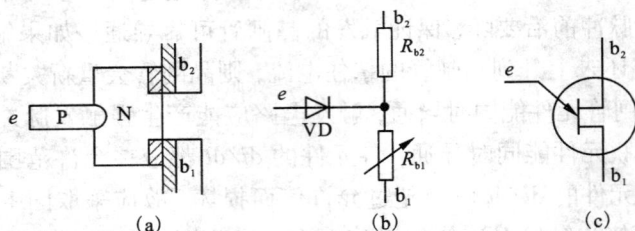

图 1 – 20　单结晶体管的结构、等效电路及符号
(a)结构示意图；(b)等效电路；(c)符号

　　图 1 – 21 示出了单结晶体管的实验电路，由图可说明单结晶体管的特性。

　　当发射极断开时，在 b_1 和 b_2 间加电压 U_{bb}，则电流由 b_2 流向 b_1，如以 b_1 为参考点，则图中 A 点电位为

$$U_A = U_{bb}\frac{R_{b1}}{R_{bb}} = \eta U_{bb} \tag{1-6}$$

式中：$\eta = \dfrac{R_{b1}}{R_{bb}}$，称为单结晶体管的分压比，是单结晶体管的主要参数之一。其数值一般为 0.3~0.9，由管子的内部结构决定。

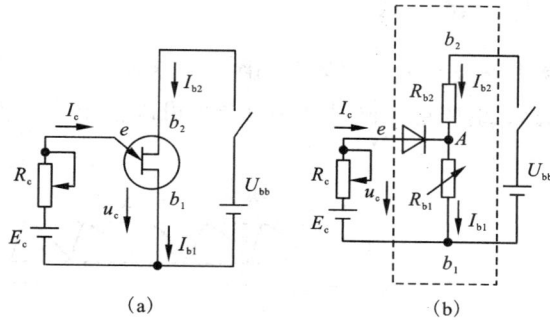

图 1-21　单结晶体管实验电路及等效电路

(a)实验电路；(b)等效电路

如果在 e、b_1 之间加一可调电压 E_e，此时 e 和 b_1 间就等效于一个二极管，调节 E_e 或 R_e，可改变 U_e 的大小，U_e 的变化会使等效二极管 VD 的导通情况发生变化。U_e 从零增加但小于 ηU_{bb} 时，二极管 VD 反偏，只有很小的反向电流，VD 处于截止状态。当 $U_e = \eta U_{bb}$ 时，VD 处于零偏置，$I_e = 0$，VD 仍处于截止状态。当 $\eta U_{bb} + U_D > U_e > \eta U_{bb}$ 时，VD 虽已处于正偏，但仍小于 VD 正向导通时的管压降 U_D，故 VD 仍处于截止状态。当 U_e 增加到 $U_e \geqslant \eta U_{bb} + U_D$ 时，管子导通，由于发射极 P 区的空穴不断注入 N 区，N 区载流子大量增加，阻值迅速减小，从而有

$$R_{b1} \downarrow \to U_A = \eta U_{bb} \downarrow \to \text{PN 结正偏} \uparrow \to I_e \uparrow$$

尽管 $U_e = E_e - I_e R_e$，当 I_e 增加时 U_e 要减小，但 U_A 下降得更多，即 PN 结正偏更大，故形成强烈的正反馈，I_e 不断增大，U_e 却不断减小，动态电阻为负值，这就是单结晶体管的负阻特性，如图 1-22 中的 PV 段曲线所示。P 点称为峰点，对应的电流称为峰点电流 I_P，I_P 即为使管子导通的最小电流；V 点称为谷点，对应的发射极电压称为谷点电压 U_V。

随着 I_e 继续增大，即空穴注入量增大，使部分空穴不能与基区中的电子复合，出现空穴过

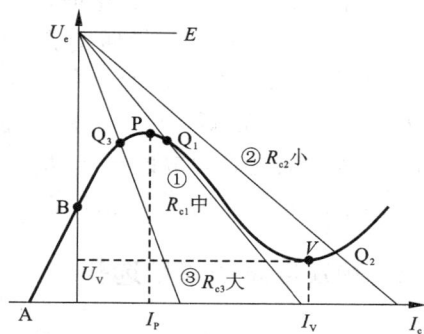

图 1-22　单结晶体管的伏安特性

剩。这样，P 区空穴继续注入 N 区遇到的阻力增大，相当于 R_{b1} 变大，此时 U_e 将随 I_e 的增加而逐渐增加，元件又恢复了正阻特性，这个区域称为饱和区。由负阻区到饱和区的转折点即为谷点。谷点电压 U_V 为单结晶体管维持导通的最小发射极电压，$U_e < U_V$ 时，管子 A 将重新截止。

在单结晶体管触发电路中，常希望选用图 1-22 单结晶体管的 η、I_V 较大，U_V 较小的单结晶体管，这样能使输出脉冲幅值大，调节电阻范围大。

二、单结晶体管弛张振荡电路

单结晶体管弛张振荡电路及其电压波形图如图 1-23 所示。其原理是利用单结晶体管的负阻特性和 R_eC 充放电电路，组成自激振荡电路以产生可以移相的脉冲。现分析如下。

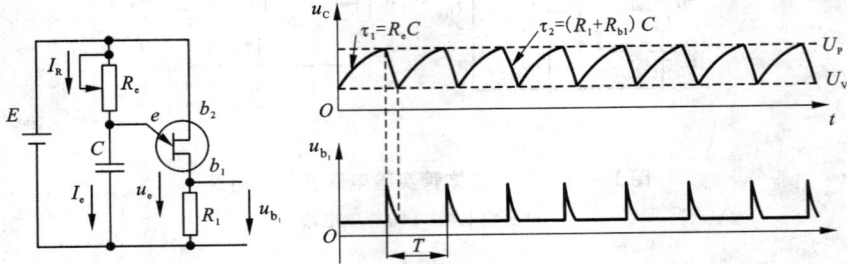

图 1-23　单结晶体管弛张振荡电路及电压被形图

接上电源 E 后，经 R_e 向电容 C 充电，其时间常数为 R_eC，电容电压 u_c 逐渐增大，单结晶体管的工作点由图 1-23 中 U_V 点逐渐向上移动。当 u_c 增加到 $u_c = \eta U_{bb}$ 时，单结晶体管的 PN 结处于零偏置，相应于特性中的 U_P 点。电容继续充电，$u_c > \eta U_{bb}$，管子的 PN 结正偏置，但正偏电压小于 PN 结的开放电压 U_D 时，单结晶体管仍处于截止状态。当 $u_c = \eta U_{bb} + U_D$ 时，即伏安特性上 P 点，PN 结上的正偏电压等于 U_D，PN 结开始导通，也就是 e、b_1 导通，单结晶体管进入负阻状态，电容 C 通过 eb_1 结向 R_1 放电，时间常数为 $(R_1 + R_{b1})C$，与此同时，随着 I_e 的增加，R_{b1} 迅速减小，电流 I_{b2} 迅速增大，并随同 R_{b1} 流过 R_1，从而在 R_1 上得到正向电压 u_{R1}。当电容电压 u_c 降至谷点 U_V 时，电容放电结束。由于 R_e 较大，由电源 E 经 R_e 提供的电流小于谷点电流，不能满足导通要求，eb_1 结间的电阻 R_{b1} 迅速增大，图 1-21（b）中 U_V 点的电压 U_A 上升，PN 结处于反偏，单结晶体管恢复截止状态。此时，R_1 上电压 u_{R1} 为零。电容电压 u_c 从 U_V 开始重新充电，重复上述过程。由于 $R_e \gg R_1 + R_{b1}$，电容 C 的充电时间常数 $\tau_1 = R_eC$ 远大于放电时间常数 $\tau_2 = (R_1 + R_{b1})C$，故电容 C 上的电压波形 u_c 为锯齿波，而 R_1 上的输出电压波形 u_{R1} 为正向脉冲波。

三、触发电路的参数选择

为使单结晶体管触发电路能正常工作，必须对电路中各电阻、电容元件数值做出适当选择。

1. R_e 的确定

选择电阻 R_e 数值时要保证单结晶体管工作状态在截止区和负阻区来回变化，保证触发电路能够振荡。在图 1-22 单结晶体管伏安特性上作负载线 $E = I_eR_e + U_e$。由图 1-22 可见，R_e 数值不同，负载线斜率也不同。R_{e3} 最大，对应的负载线③与伏安特性截止区段交于 Q_3，R_{e1} 数值次之，对应负载线①与负阻区段伏安特性交于 Q_1，R_{e2} 数值最小，对应负载线②与饱和区伏安特性交于 Q_2。若 R_e 选得较大，$R_e = R_{e3} > \dfrac{E - U_P}{I_P}$，则静态工作点为图 1-23 中的 Q_3

点，在伏安特性峰点 P 的左侧，故无法使单结晶体管从截止区进入负阻区，输出脉冲也就不能生成。当 $R_e < \dfrac{E - U_V}{I_V}$ 之时，在 u_c 达到 U_P 时，通过的电流能大于 I_P，即能使管子工作在负阻区，静态工作点为 Q_2。当 R_e 选得过小，如 $R_e = R_{e_1} \ll \dfrac{E - U_V}{I_V}$ 时，一旦单结晶体管导通，R_e 提供的电流大于谷点电流 I_V，管子进入饱和区而不能截止，即图 1 - 23 中的静态工作点 Q_2，电路停止振荡，也就无法输出脉冲，因此要求 $R_e > \dfrac{E - U_V}{I_V}$。

由上述分析可得出如下结论：

保证电路振荡的条件为

$$\frac{E - U_P}{I_P} > R_e > \frac{E - U_V}{I_V} \qquad (1 - 7)$$

如用改变 R_e 来进行移相控制，则要保证 R_e 满足上述不等式。

2. R_1 的确定

输出脉冲 u_{R_1} 幅值的大小直接与 R_1 阻值的大小有关。R_1 阻值越大，u_{R_1} 的幅值就越大。但如果 R_1 阻值过大，单结晶体管未导通前的漏电流 I_b 也有可能使晶闸管误触发。因此 R_1 阻值应满足下列不等式

$$R_1 < \frac{U_{GD}}{I_b} \qquad (1 - 8)$$

式中：U_{GD} 为额定结温、额定阳极正向阻断电压时不能使晶闸管触发的最大门极电压。

3. R_2 阻值的选择

R_2 在电路中可起温度补偿作用。由于电路中 U_D 具有负电阻系数，R_{bb} 具有正温度系数，而单结晶体管的峰值电压 $U_P = U_D + \eta U_{bb} = U_D + \dfrac{R_{b_1}}{R_{bb}} U_{bb}$，其大小受温度影响，温度升高时，$U_P$ 将减小。在第二基极 b_2 上串联具有零温度系数的电阻 R_2 后，如温度升高，由于 R_{bb} 增大，R_2 上的压降就略为减小，则加在单结晶体管 b_1、b_2 上的电压略为升高，从而可补偿 U_D 的减小，使峰点电压 U_P 数值基本不变。

4. 电容 C 的选择

输出脉冲的宽度取决于电容 C 的放电时间常数 $(R_1 + R_{b_1})C$。如果 C 取得太小，则放电脉冲就可能过窄，不易顺利触发晶闸管。但 C 的电容量过大时，会与 R_e 的选择发生矛盾。当振荡频率 f 一定时，C 越大，R_e 就越小，这样有可能不满足式（1 - 7）的振荡条件，使单结晶体管工作在饱和区，管子将持续导通而无法振荡。电容 C 的电容值可选 $0.1 \sim 1.0\ \mu\mathrm{F}$。

单结晶体管触发电路结构简单，便于调试，但管子的参数差异大，在多相电路中不易使用。且其输出功率小，脉冲宽度窄，控制的线性度差，实际移相范围一般小于 150°，常用于小功率的单相晶闸管电路中。

四、单结晶体管触发电路实例

单结晶体管触发电路应解决与主电源的同步问题，采用同步方式的振荡电路称为同步振荡电路。图 1 - 24 为采用单结晶体管同步振荡电路为触发电路的单相桥式半控整流电路。变

压器 TB 初级接主回路电源，变压器副边电压经整流后，再由稳压管 VW 进行限幅削波，从而得到梯形波，将此梯形波作为触发电路电源。由于梯形波是由主电源得出的，故与主电源同步。当主电路电压为零时，触发电路电压也为零，原先已充好电的电容 C 通过单结晶体管的 eb_1 结很快放电完毕。如果忽略放电时间，则电容 C 在下一个半波的过零点处重新开始充电，这样就使得每个半周内触发脉冲出现的时间都相等，也就是达到了同步作用。

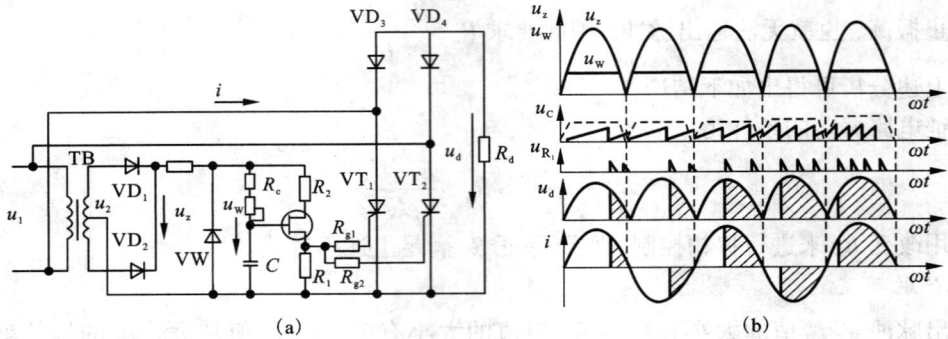

图 1－24　单结晶体管同步振荡电路

(a)电路图；(b)波形图

由图 1－24(b)可知，电容 C 充电速度越快，触发电路的脉冲波越密，则第一个脉冲出现的时间就越提前，即控制角 α 越小。从而可知改变电阻 R_e，可以改变电容 C 的充电速度，即可控制振荡周期 T 的大小，达到控制触发脉冲移相的目的。触发脉冲的周期 T 可由下式进行计算

$$T = R_e C \ln \frac{1}{1-\eta} \qquad (1-9)$$

在实际电路中，采用直接改变电阻 R_e 的移相方法不方便，为此可采用图 1－25(a)所示的由三极管代替电位器来实现自动移相。

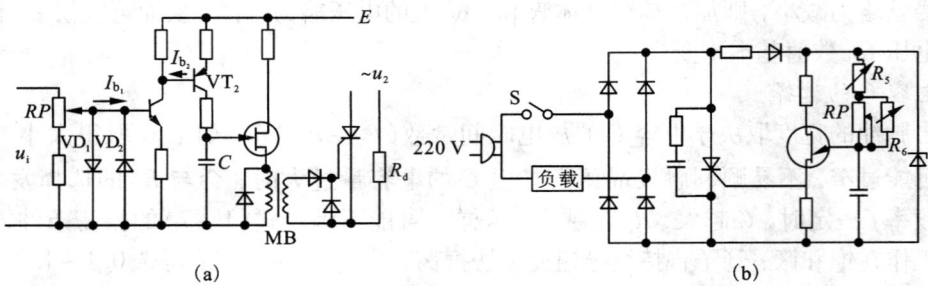

图 1－25　单结晶体管触发电路实例

(a)实用单结晶体管触发电路；(b)使用单结晶体管触发的调压电路

其自动移相的作用是由 u_i 通过 VT_1、VT_2 而实现的。当 $u_i = 0$ 时，VT_1、VT_2 均截止，等效电阻很大，电容 C 的充电时间常数就很大，在半周内无法充电到峰点电压 U_P，故无触发脉冲输出，晶闸管就不导通。而当 u_i 由零增加时，VT_1 基极电位上升，I_{b_1} 增加，VT_1 工作在放

大区,从而使 VT$_2$ 基极电位下降,I_{b_2} 增加,VT$_2$ 也工作在放大区,使得 VT$_2$ 的等效电阻减小,从而使电容 C 的充电时间常数也减小,控制角 α 就可减小。由此,改变输入电压 u_i 的大小,即可实现改变控制角 α 的目的。图 1-25 中的 VD$_1$、VD$_2$ 对输入电压 u_i 起限幅作用。触发电路输出采用脉冲变压器 MB 输出,将主电路和触发电路隔离。

图 1-25(b)所示为使用单结晶体管触发的调压电路。此电路可用作电灯的调光,电烙铁、电炉的调温之用。电位器 RP 为调节旋钮,在 R_5、R_5 进行了调节范围预调整后,调节 RP 即可调整晶闸管的导通角。晶闸管导通时,负载通电;晶闸管关断时,负载断电,从而实现调光或调温。晶闸管两端并联阻容吸收电路,对晶闸管进行保护。

知识点2 同步信号为锯齿波的触发电路

一、锯齿波同步移相触发器

常用的触发电路有正弦波同步触发电路和锯齿波同步触发电路,由于锯齿波同步触发电路具有较好的抗电路干扰、抗电网被动的性能及有较宽的调节范围,因此得到了广泛的应用。该电路由同步检测环节、锯齿波形成环节、同步移相控制环节及脉冲形成与放大环节等组成。图 1-26 为锯齿波同步移相触发电路。

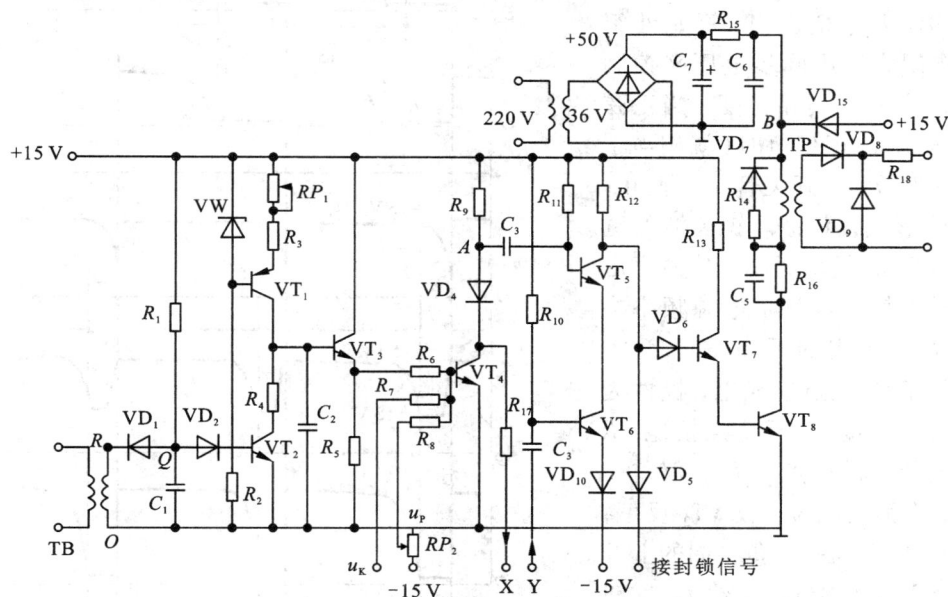

图 1-26 锯齿波同步移相触发电路

1. 锯齿波形成环节

锯齿波形成环节由 VW、RP$_1$、R_3、VT$_1$ 组成的恒流源电路及 VT$_2$、VT$_3$、C_2 等元件组成,其中 VT$_2$ 是交流电源的同步开关,起同步检测作用。

当 VT₂ 截止时，恒流源电流 I_{C_1} 对 C_2 进行充电，C_2 两端的电压为

$$u_C = \frac{1}{C_2}\int i\,dt = \frac{1}{C_2}\int I_{C_1}\,dt = \frac{1}{C_1}I_{C_1}t \qquad (1-10)$$

可见 u_c 随时间作线性增长，而 $u_{b_3} = u_c$，故 u_{b_3} 形成了锯齿波的上升部分。调节电位器 RP_1 的大小可改变充电电流 I_{C_1}，从而也就调节了锯齿波的斜率。VT_3 的接法为一射极跟随器，其射极输出电压 u_{e_3} 与 u_{b_3} 仅差一 PN 结的正向压降，即叫波形也为一锯齿波。当 VT_2 饱和导通时，R_4 阻值较小，C_2 通过 R_4、VT_2 迅速放电，形成锯齿波电压陡峭的下降部分。只要 VT_2 能周期性地关断和导通，就能使 u_{e_3} 成为周期性的电压波形。

2. 同步检测环节

同步检测环节由变压器 TB、VD_1、VD_2、R_1、C_1、VT_2 等元件组成，其作用为利用同步电压来控制锯齿波产生的时刻和宽度。当正弦同步电压 u_{TB} 由正变负时（就相当于电角度180°处），开关管 VT_2 截止，此时开始形成锯齿波。锯齿波的宽度等于 VT_2 的截止时间，其频率由 VT_2 的开关频率也就是电源频率决定。u_{TB} 在负半周的下降段时，VD_1 导通，电容 C_1 被迅速充电，极性为上（-）下（+）。由于 O 点接地，R 点为负电位，而 Q 点与 R 点仅差一管压降，也为负电位，故 VT_2 反偏，处于截止状态。在 u_{TB} 负半周的上升段，+15 V 电源通过 R_1 给 C_1 反向充电，极性为上（+）下（-）。Q 点电压 C_1 的反向充电电压波形，其上升速度比 R 点的同步电压波形慢，故 VD_1 截止。当 Q 点电位上升到1.4 V（两个 PN 结压降）时，VT_2 导

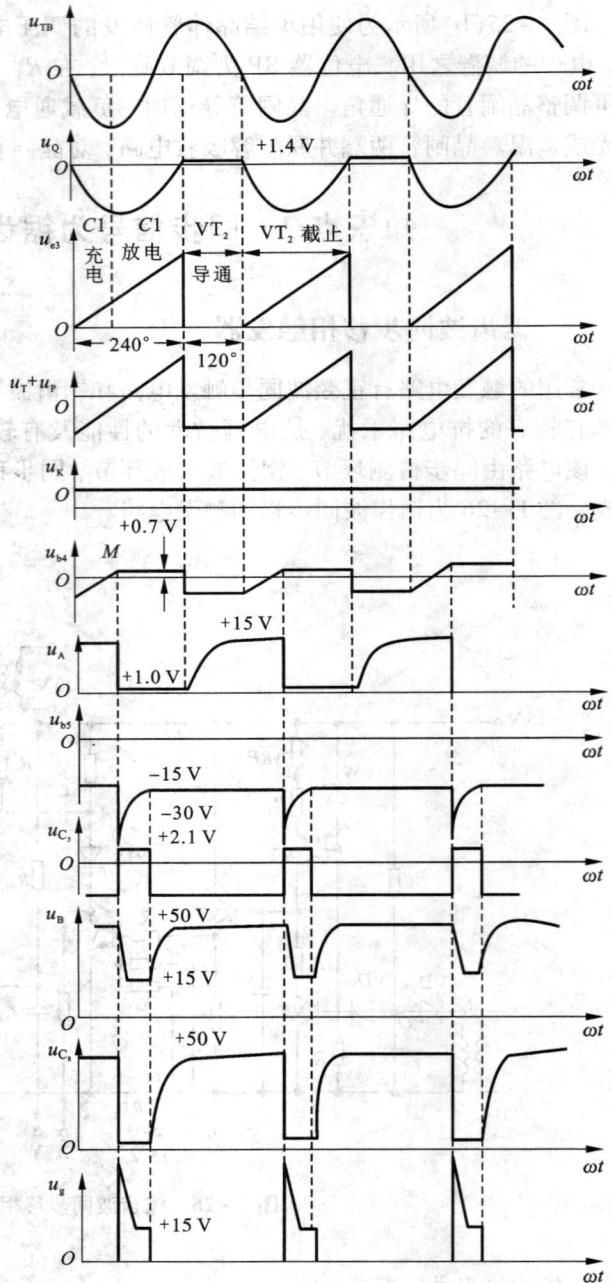

图 1-27　锯齿波移相触发电路电压波形

通并将 Q 点电位箝制在 1.4 V。到下一个 u_{TB} 负半周开始时，VD_1 再次导通，VT_2 截止，如此周而复始。各点的电压波形如图 1-27 所示。锯齿波的宽度由 VT_2 的截止时间决定，也就是说由充电时间常数 R_1C_1 决定。考虑到锯齿波两端的非线性，一般将 R_1C_1 调整到使宽度为 240°。

3. 移相控制环节

图 1-28 为移相控制电路，输入控制电压 u_k、初相位调整电压 u_P（u_P 为负值）和锯齿波形成环节产生的锯齿波 u_T 分别通过 R_7、R_8、R_6 共同接到 VT_4 管的基极上，由三个电压综合后来控制 VT_4 的截止与导通。

根据叠加原理，在分析 VT_4 基极电位 u_{b4} 时，可看成 u_T、u_k、u_P 三者单独作用的叠加，其等效电路见图1-29（a）。为分析方便，将 VT_4 管基极断开。只考虑锯齿波电压 u_T 时，作用在 b_4 上的电压为

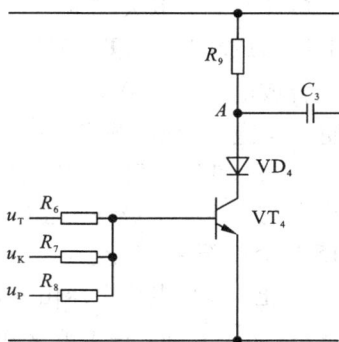

图 1-28　移相控制电路

$$u'_T = u_T \frac{R_7/R_8}{R_6 + R_7/R_8} \qquad (1-11)$$

可见 u'_T 为锯齿波，只是斜率比 u_T 小。

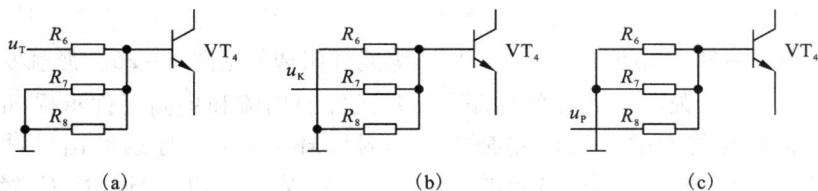

图 1-29　移相控制环节的等效电路

同样，只考虑 u_k 和 u_P 时，见图 1-29（b）、图 1-29（c）可得

$$u'_K = u_K \frac{R_6/R_8}{R_7 + R_6/R_8} \qquad (1-12)$$

$$u'_P = u_P \frac{R_6/R_7}{R_8 + R_6/R_7} \qquad (1-13)$$

可见，u'_k 和 u'_P 分别为与 u_k 和 u_P 平行的一直线，只是数值较 u_k 和 u_P 小。这样可得 VT_4 的基极电流

$$I_{b4} = \frac{u'_T}{R_{be4}} + \frac{u'_K}{R_{be4}} + \frac{u'_P}{R_{be4}} = \frac{u'_T + u'_K + u'_P}{R_{be4}} = \frac{u'_{b4}}{R_{be4}} \qquad (1-14)$$

式中：R_{be4} 为 VT_4 管发射结正向电阻；u_{b4} 为 u'_T、u'_K 和 u'_P 叠加的合成电压。当 u_{b4} 由负变正过零点时，VT_4 由截止变为饱和导通，而叫波形则被箝制在 0.7 V。u_k 和 u_P 的作用分别叙述如下。

当 $u_k = 0$ 时，改变 u_P 数值的大小，则 VT_4 开始导通的时刻就会根据 u_P 的增大或减小而前、后移动，也就是移动了输出脉冲的相位。因此适当调整 u_P 数值的大小，可使 $u_k = 0$ 时的脉冲初相位满足各主电路的需要。如对于三相可控桥式整流电路，电阻性负载时，脉冲初始

相位为 120°，而大电感负载时，初始相位为 90°。

u_P 电压确定后固定不变。改变 u_K 的大小同样可以移动输出脉冲的相位。当 $u_K = 0$ 时，输出脉冲相位为 α_0，u_K 增大时，输出脉冲相位逐渐前移，即 α 逐渐减小，从而达到了移相控制的目的。

4. 脉冲形成与放大环节

脉冲形成环节由 VT_4、VT_5、R_6、R_7、R_8、C_3 等元件组成，脉冲放大环节由 VT_7、VT_5 等组成。当合成电压 $u_{b_4} < 0$ 时，VT_4 截止。+15 V 电源通过 R_{11} 为 VT_5 管提供了足够大的基极电流，使 VT_5 饱和导通(假定 VT_6 也饱和导通，详见双脉冲形成环节)，VT_5 的集电极电压接近 -15 V，VT_7 和 VT_8 截止，没有脉冲输出。与此同时，C_3 通过 R_9、VT_5 充电，充满电后的 C_3 两端电压约为 30 V，极性为左(+)右(-)。当 u_{b_4} 电压为 0.7 V 时，VT_4 饱和导通，A 点电位由 +15 V 突降至 +1 V 左右。由于 C_3 两端电压不能突变，VT_5 基极电位突降至 -30 V 左右，使 VT_5 截止，其集电极电压由 -15 V 迅速上升到 VD_6、VT_7、VT_5 三个 PN 结压降之和 2.1 V，从而 VT_7、VT_5 导通，输出触发脉冲。VT_4 导通的同时，C_3 经 +15 V 电源、R_{11}、VD_4 及 VT_4 反向充电，使 VT_5 基极电位由 -30 V 逐渐升至 -15 V，则 VT_5 重新导通。VT_5 集电极电位突降至 -15 V 左右，使 VT_7、VT_5 截止，输出脉冲终止。VT_4 导通瞬间是脉冲发出的时刻，而 VT_5 持续截止时间即为脉冲的宽度，此宽度与 C_3 的反向充电时间常数 $R_{11}C_3$ 有关。

R_{11} 和 R_{16} 是 VT_7、VT_5 的限流电阻，以防止 VT_5 长期截止时 VT_7 和 VT_5 管被烧坏。

5. 强触发环节

强触发环节由 +50 V 电源、C_6、R_{15}、VD_{15} 等元件组成，见图 1 - 26。强触发环节可缩短晶闸管的开通时间，改善串联元件的均压、并联元件的均流和提高元件承受 di/dt 的能力。大、中容量的晶闸管装置的触发电路都带有强触发环节。VT_5 导通输出脉冲前，强触发 +50 V 电源已通过 R_{15} 向 C_6 充电，B 点的电位升至 +50 V。当 VT_5 导通时，C_6 经脉冲变压器 MB、C_{16} 和 C_5 的并联支路迅速放电。由于放电回路电阻较小，电容 C_6 两端电压衰减得很快，B 点电位迅速下降。当 u_B 稍低于 +15 V 时，VD_{15} 导通，此时由于 +50 V 电源向 VT_5 提供较大的负载电流，在 R_{15} 上压降很大，不能使 C_6 两端电压超过 +15 V，故 B 点电位被箝制在 +15 V。VT_5 截止后，C_6 两端电压又补充至 +50 V，为下次强触发做准备。电容 C_5 能提高强触发脉冲前沿陡度。

6. 双窄脉冲形成环节

对三相桥式全控整流电路，要求提供宽度大于 60°小于 120°的宽脉冲，或间隔 60°的双窄脉冲。前者要求触发电路输出功率大，所以很少采用，一般都采用双窄脉冲。双窄脉冲的实现是 1 号触发器提供元件 1 的第一个脉冲。落后 60°的 2 号触发器脉冲除供给元件 2 外，再对元件 1 提供第二个滞后第一个脉冲 60°的补脉冲。

图 1 - 26 中 VT_5、VT_6 两管构成"或"门电路，无论哪个管子截止都会使 VT_7、VT_5 导通，输出触发脉冲。1 号触发器内由 VT_4 送来的负脉冲信号使 VT_5 截止，VT_7、VT_5 导通，对元件 1 输出第一个触发窄脉冲。经过 60°后，2 号触发器同样对元件 2 送出第一个窄脉冲，与此同时，由该触发器中 VT_4 集电极经 R_{17} 的 X 端，接至 1 号触发器的 Y 端。这样，2 号触发器 G_4 产生的负脉冲将使 1 号触发器 VT_6 截止，VT_7、VT_5 导通一次，从而对元件 1 补上了一个落后 60°的第二个窄脉冲。以此类推，3 号触发器给元件 2 送去补脉冲，4 号触发器给元件 3 送补脉冲……这样循环下去，6 个元件都得到了相隔 60°的补脉冲，其连接见图 1 - 30。VD_4、R_{17}

能防止双脉冲信号互相干扰。

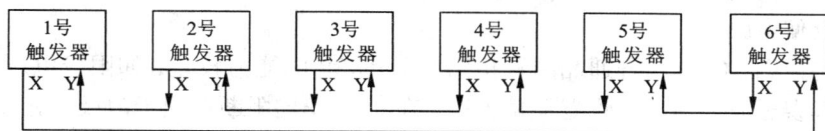

图 1 - 30　全控桥式整流电路各触发器补脉冲接线图

7. 锯齿波触发电路的特点

锯齿波触发电路的优点是锯齿波同步触发电路不受电网电压波动与波形畸变的直接影响，抗干扰能力强，且移相范围宽。其缺点是该电路相对比较复杂，且整流装置的输出电压 U_d 和控制电压间不满足线性关系。

知识点 3　电力电子器件的驱动与保护

一、电流型全控型器件的驱动

1. 门极可关断晶闸管的驱动

（1）基本要求

门极可关断晶闸管（GTO）可以用正门极电流开通和负门极电流关断。在工作机理上，开通时与一般晶闸管基本相同，关断时则完全不一样，因此需要具有特殊的门极关断功能的门极驱动电路。理想的门极驱动电流波形如图 1 - 31 所示，驱动电流波形的上升沿陡度、波形的宽度和幅度及下降沿的陡度等对 GTO 的特性有很大影响。GTO 门极驱动电路包括门极开通电路、门极关断电路和门极反偏电路。对 GTO 而言，门极控制的关键是关断。

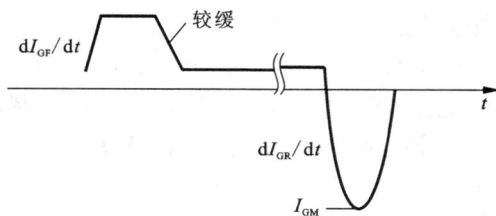

图 1 - 31　理想的 GTO 门极驱动电流波形

①门极开通电路

GTO 的门极触发特性与普通晶闸管基本相同，驱动电路设计也基本一致。要求门极开通控制电流信号具有前沿陡、幅度高、宽度大、后沿缓的脉冲波形。脉冲前沿陡有利于 GTO 的快速导通，一般 dI_{GF}/dt 为 5 ~ 10 A/μs；脉冲幅度高可实现强触发，有利于缩短开通时间，减少开通损耗；脉冲有足够的宽度则可保证阳极电流可靠建立；后沿缓一些可防止产生振荡。

②门极关断电路

已导通的 GTO 用门极反向电流来关断，反向门极电流波形对 GTO 的安全运行有很大影响。要求关断控制电流波形为前沿较陡、宽度足够、幅度较高、后沿平缓。一般关断脉冲电流的上升率 dI_{GF}/dt 取 10 ~ 50 A/μs，这样可缩短关断时间，减少关断损耗，但 dI_{GF}/dt 过大时会使关断增益下降，通常的关断增益为 3 ~ 5，可见关断脉冲电流要达到阳极电流的 1/5 ~ 1/3

才能将 GTO 关断。当关断增益保持不变，增加关断控制电流幅值可提高 GTO 的阳极可关断能力。关断脉冲的宽度一般为 120 μs 左右。

③门极反偏电路

由于结构原因，GTO 与普通晶闸管相比承受 du/dt 的能力较差，如阳极电压上升率较高时可能会引起误触发。为此可设置反偏电路，在 GTO 正向阻断期间于门极上施加负偏压，从而提高承受电压上升率 du/dt 的能力。

（2）实例

图 1 - 32 是一种直接耦合的多信号电容储能驱动电路，电路包括门极开通、门极关断及门极反偏等环节，其中 u_1 是 GTO 的开通信号，u_2 是关断信号，u_3 是反偏控制信号。

当 $u_1 > 0$，而 $u_2 = u_3 = 0$ 时，VT_1 导通。GTO 正向门极电流有两部分，即 $i_g = i_R + i_C$，其中 i_R 是流经 R_1、R_2 支路上的电流，i_C 是由 L_1、

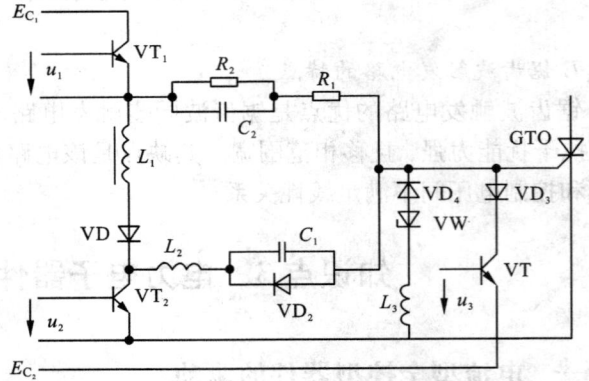

图 1 - 32　直接耦合式电容储能驱动电路

L_2、C_1 组成的串联振荡电路中的电流。C_2 是加速电容，在 GTO 导通初期提高 U_g 陡度和幅度，R_2 是 C_2 的放电电阻，VD_1 可防止反向电压由 C_1 加到 VT_1 上。

当 $u_1 = 0$，而 $u_2 > 0$，$u_3 > 0$ 时，VT_1 截止，VT_2 导通。C_1 经 L_2、VT_2 及 GTO 门极放电，产生反向关断电流，使 GTO 关断。L_2 用来限制反向关断电流的负向上升率。GTO 关断之后，L_2 中的电流改为由 VT_2、L_3、VW、VD_4 中流过，形成较缓慢的脉冲后沿，保持关断电流必要的脉宽。

当 VT_2 导通时，VT_3 也同时导通，且在 GTO 阻断期间 VT_3 保持导通，使 GTO 门极加有 5 V 的反向偏压。

图 1 - 33 所示的是由 GTO 构成的单管斩波主电路及其驱动保护电路的原理图。电路由 ±5 V 双极性直流电源供电，来自 PWM 信号发生电路的 PWM 脉冲由"2"端经光耦隔离后送入驱动电路，比较器 N1 将正脉冲变为正负脉冲。当 N1 输出高电平时，VT_2 导通，VT_4 也导通，-5 V 电源经 L_1、R_{15}、VT_4 提供反向关断电流，关断 GTO 后，再给门极提供反向偏压；当 N1 输出低电平时，VT_2、VT_3 关断，+5 V 电源经 R_{13}，R_{14} 和 C_3 加速网络向 GTO 提供开通电流，GTO 导通。R_S、VD_S 及 C_S 构成缓冲电路。

2. 大功率晶体管的驱动

（1）基本要求

GTR 基极驱动电路的作用是将控制电路输出的控制信号电流放大到足以保证大功率晶体管能可靠开通或关断。而 GTR 的基极驱动方式直接影响它的工作状况，可使某些特性参数得到改善或受到损害，故应根据主电路的需要正确选择、设计基极驱动电路。基极驱动电路一般应有以下基本要求：

①GTR 导通期间，管子的管压降应在准饱和工作状态下尽可能小，基极电流 I_b 能自动调

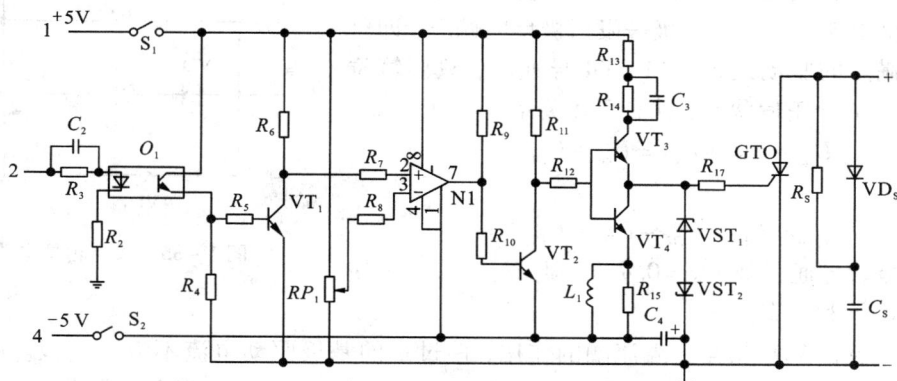

图 1 - 33　GTO 驱动与保护电路原理图

节以适应负载电流的变化，保证 GTR 随时处于准饱和工作状态；GTR 关断时，基极能迅速加上足够大的基极反偏电压。这样可保证 GTR 能快速开关。

②基极驱动电路应与逻辑电路、控制电路在电气上隔离，通常采用光电隔离或变压器隔离等方式来实现。

③基极驱动电路应有足够的保护功能，防止 GTR 过流或进入放大区工作。理想的基极电流波形如图 1 - 34 所示。正向基极驱动电流的前沿要陡，即电流上升率 di_b/dt 要高，目的是缩短开通时间，初始

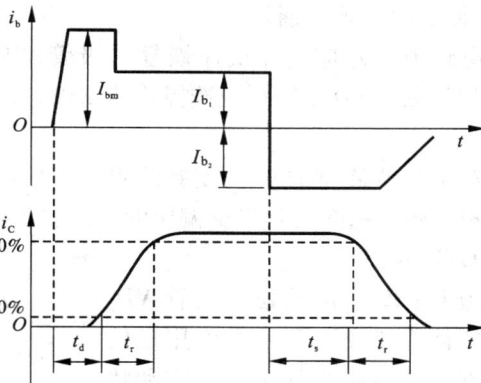

图 1 - 34　理想的基极电流波形及集电极电流波形

基极电流幅值 $I_{bm} > I_{b_1}$，以便使 GTR 能迅速饱和，减少开通时间，使上升时间 t_r 下降，降低开关损耗。当 GTR 导通后，基极电流应及时减小到 I_{b_1}，恰好维持 GTR 处于准饱和状态，使基区和集电区间的存储电荷较少，从而使 GTR 在关断时储存时间 t_S 缩短，开关安全区扩大。在关断时，GTR 应加足够大的负基极电流 I_{b_2}，使基区存储电荷尽快释放，从而使存储时间 t_S 和下降时间 t_f 缩短，减少关断损耗。在上述理想的基极电流作用下，可使 GTR 快速可靠开通、关断，开关损耗下降，防止二次击穿并可扩大安全工作区。在 GTR 正向阻断期间，可在基极和发射极间加一定的负偏压，以提高 GTR 的阻断能力。

（2）贝克箝位电路

当 GTR 导通后，基极驱动电路应能提供足够大的基极电流使 GTR 处于饱和或准饱和状态，以便降低通态损耗保证 GTR 的安全。而基极电流过大会使 GTR 的饱和度加深，饱和压降小，导通损耗也小。但深度饱和对 GTR 的关断特性不利，使存储时间加长，限制了 GTR 的开关频率。因此在开关频率较高的场合，不希望 GTR 处于深度饱和状态，而要求 GTR 处于准饱和状态。

抗饱和电路即为一种不使 GTR 进入深度饱和状态下工作的电路，图 1 - 35 所示的贝克箝

位电路即为一种抗饱和电路。利用此电路再配以固定
的反向基极电流或固定的基极—发射极反向偏压，即可
获得较为满意的驱动效果。当 GTR 导通时，只要箝位
二极管 VD₁ 处于正偏状态，就有下述关系

$$U_{be} + U_{D2} + U_{D3} = U_{ce} + U_{D1}$$

从而有

$$U_{ce} = U_{be} + U_{D2} + U_{D3} - U_{D1}$$

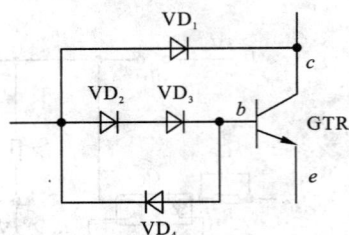

图 1－35 贝克箝位电路

如二极管导通压降 $U_D = 0.7$ V，则 $U_{ce} = 1.4$ V 使
GTR 处于准饱和状态。

箝位二极管 VD₁ 相当于溢流阀的作用，使过量的基极驱动电流不流入基极。改变 VD₂
支路中串联的电位补偿二极管的数目可以改变电路的性能。如集电极电流很大时，由于集电
极内部电阻两端压降增大会使 GTR 在深度饱和状态下工作，在此情况下，可适当增加 VD₂
支路的二极管数目。为满足 GTR 关断时需要的反向截止偏置，图 1－35 中反并联了二极管
VD₄，使反向偏置有通路。

电路中 VD₁ 应选择快速恢复二极管，因 VD₁ 恢复期间电流能从集电极流向基极而使
GTR 误导通。VD₂、VD₃ 应选择快速二极管，它们的导通速度会影响 GTR 基极电流上升率。

（3）实例

对于 SPWM 型的 GTR 变频装置，为了提高变频器的工作频率，要求 GTR 的开关时间尽
可能短。图 1－36 为具有反偏压的基极驱动电路，在 GTR 关断时，基极—射极间的反偏压可
加速 GTR 的关断。

图 1－36 中的箝位二极管 VD₂
和电位补偿二极管 VD₃ 的作用是使
GTR 在导通后始终处于临界饱和状
态而不会进入深饱和区。VT₅、R₅、
C₂、VD₄ 及 VW 的作用是使 GTR 在
截止时基极和发射极间受到反偏压
作用，从而加速 GTR 关断，缩短了
关断时间。稳压管 VW 的稳压值要
选取合适的数值，太低了反偏效果
不明显，过高可能会损坏 GTR，一

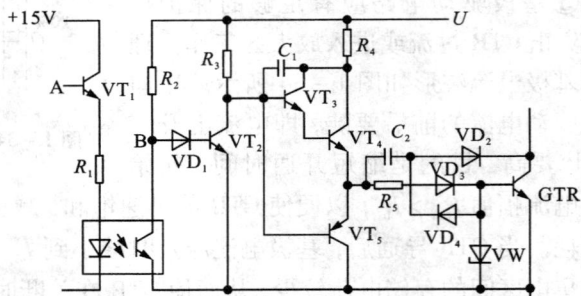

图 1－36 具有反偏压的驱动电路

般选取 2～3 V 为宜，C₁ 的作用是清除 VT₃ 和 VT₄ 产生的高频寄生振荡。

此驱动电路的工作原理如下：

当控制信号输入端 A 为高电平时，光耦器件原方发光二极管导通，副方光敏三极管导
通，则 B 点为低电位，VT₂ 截止，VT₃ 和 VT₄ 导通，VT₅ 由于基极和发射极反偏而截止，GTR
导通。此时，电容 C₂ 上充有左（＋）右（－）的电压，其数值由 U、R₄、R₅ 决定。当控制信号
输入端 A 为低电平时，光耦原方发光二极管电流为零，副方光敏三极管截止，VT₂ 导通，VT₃
和 VT₄ 均截止，VT₅ 导通，电容 C₂ 由以下路径放电：①C₂ 经 VT₅ 的 c、e，GTR 的 e、b 及 VD₄
至 C₂。这条回路的放电电流在时间上很短，当 GTR 完全截止时，此回路电流即为零。②C₂
经 VT₅ 的 c、e，VW 及 VD₄ 至 C₂。由于稳压管 VW 的导通，GTR 的基极、发射极间一直受反

向偏压，从而保证 GTR 可靠截止。③C_2 经 R_5 再回到 C_2。

GTR 的热容量很小，过电流能力很低，不能像晶闸管那样采用快速熔断器来保护。目前常用的过流保护方法有以下几种：①LEM 模块保护法，即采用霍尔电流传感器来测取流过 GTR 的电流，当出现过流时，利用霍尔电流传感器的快速响应性能使驱动电路动作，关断 GTR。②逆变器运行中，由于 GTR 关断时间过长，驱动电路故障或某一 GTR 损坏都可能导致桥臂短路故障，造成器件损坏。桥臂互锁保护法则是利用逻辑电路将同一桥臂中的两只 GTR 互锁，只有确认某只 GTR 关断后才能开通另一只 GTR，从而避免了桥臂短路。③状态识别保护法是监测 GTR 导通时的 U_{ce} 或 U_{be}，当 U_{ce} 或 U_{be} 高到一定数值后发出保护信号去关断 GTR，监测 U_{be} 确认故障时间比监测 U_{ce} 时快，能在几微秒内起到保护作用，但在较轻过载情况下，监测 U_{be} 的灵敏度较低。图 1-37 为将监测 U_{ce} 和 U_{be} 两种方法结合起来的具有过载、短路保护的驱动电路。

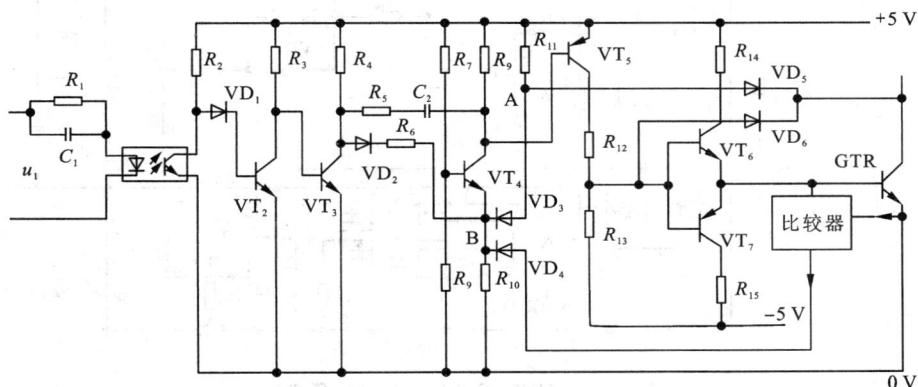

图 1-37 具有过载、短路保护的 GTR 驱动电路

此电路的工作原理如下：

假定 GTR 处于截止状态，VD_5 不通，B 点电位高，VT_4、VT_5 及 VT_6 都截止，VT_7 导通给 GTR 加反压以保证其截止状态。当导通控制信号出现后，光耦器件副方光敏三极管导通，则 VT_3 导通，VT_5 基极电流给 C_2 充电，使 VT_5、VT_6 导通，给 GTR 加正向基极驱动电流，GTR 由截止转为导通，其 U_{ce} 下降到饱和压降，则 VD_5 导通使 A、B 两点电位下降，VT_4 导通，从而使 VT_5、VT_6 维持导通。由此可见 R_5、C_2 是 GTR 启动导通所必需的电路，R_5、C_2 的时间常数应大于 GTR 的开通时间才能保证 GTR 可靠导通。当输入截止控制信号时，VT_3 截止，VD_2、R_6 使 B 点电位升高，关断 VT_4，从而使 VT_5、VT_6 均截止，VT_7 导通加反压至 GTR 使之关断。如果电路发生过载或短路，U_{ce} 大于饱和压降，VD_6 截止，I_c 再增大。由于 I_b 不能随 I_c 增加，这样 GTR 将进入线性工作区，当 U_{ce} 上升到 1.2 倍的饱和压降时，电路设计得使 VD_5 截止，$I_{D_5}=0$，则 A、B 两点电位上升，使 VT_4、VT_5 及 VT_6 截止，VT_1 导通，给 GTR 加上反向偏压并使之关断。当出现过载或短路时，由于 I_b 达到一定数值后不再变化，则 U_{be} 增大，经比较器使 VD_4 导通，使 B 点电位升高而关断 VT_4，同样也就关断了 GTR。只要电路参数选配合适，短路后经 4 μs 左右就可以对 GTR 加上反向偏压并使之关断，可见监测 U_{be} 的保护响应是很快的。

图 1 - 37 为某实验装置中 GTR 驱动与保护电路的原理图。该电路的控制信号经光桐隔离后输入 N1(LM555，接成施密特触发器形式)，其输出信号用于驱动对管 VT$_1$、VT$_2$。VT$_1$、VT$_2$ 分别由正负电源供电，推挽输出提供 GTR 基极开通与关断的电流。C_5、C_6 为加速电容，可向 GTR 提供瞬时开关大电流以提高开关速度。

VD$_2$ ~ VD$_5$ 接成贝克箝位电路，使 GTR 始终处于准饱和工作状态，比较器 N2 的作用是通过监测 GTR 的 be 结电压以判断是否过电流，并通过门电路控制器在过电流时关断 GTR。R^* 是基极电流采样电阻，R_5、VD$_S$、C_S 构成了缓冲电路。

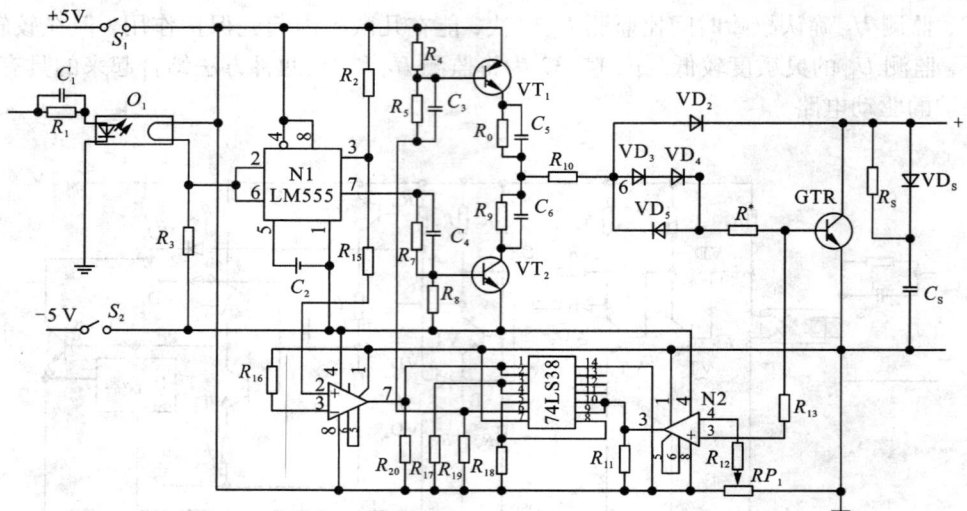

图 1 - 38　GTR 驱动与保护电路原理图

二、电压型全控型器件的驱动

1. 功率场效应晶体管的驱动

（1）基本要求

功率场效应晶体管（P - MOSFET）是电压型控制器件，没有少数载流子的存储效应，因此可以做成高速开关。由于 P - MOSFET 的输入阻抗很大，故驱动电路可做得很简单，且驱动功率也小。P - MOSFET 各极间有分布电容，元件在开关过程中要对电容进行充放电，因此在动态驱动时还需一定的栅极驱动功率。按驱动电路与 P - MOSFET 栅极的连接方式可分为直接驱动和隔离驱动，隔离驱动常采用脉冲变压器或光耦器件进行隔离。

（2）实例

图 1 - 39 是一种具有过载及短路保护功能的窄脉冲驱动电路，当输入信号叫由低变高时，VT$_1$ 导通，脉冲变压器的原边绕组上的电压为电源电压 U_{C_1} 在 R_3 上的分压值，脉冲变压器很快饱和后，耦合到副边绕组的电压是一个正向尖脉冲，该脉冲使 VT$_2$、VT$_3$ 导通，而 VT$_2$、VT$_3$ 组成了反馈互锁电路，故 VT$_2$、VT$_3$ 保持导通使 VT$_4$ 导通，从而使 P - MOSFET 导通。当 u_i 由高电平变低时，在副边绕组感应出一个负向尖脉冲，使 VT$_2$ 截止，VT$_3$、VT$_4$ 随之截止，VT$_5$ 瞬间导通，从而关断 P - MOSFET。

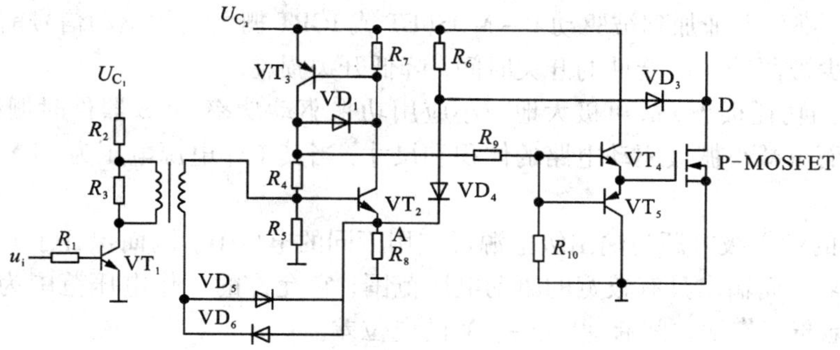

图1-39 P-MOSFET 栅极驱动电路

该电路中，R_6、VD_3、VD_4 构成自然保护驱动环节。图1-39中A点电位由电阻 R_4、R_5 分压获得。在正常工作时，P-MOSFET 的漏极 D 点电位低于 A 点电位，故 VD_4 截止，电源 U_{C_2} 经 R_6、VD_3 流过电流至 P-MOSFET。当短路或过载时，P-MOSFET 的 U_{DS} 上升，当 $U_D = U_A$ 时，VD_4 导通，R_6 和 R_8 的分压使 A 点电位升高，由 VT_2、VT_3 组成的互锁电路翻转，使 VT_5 瞬时导通，关断 P-MOSFET，从而有效地保护元件。

某实验系统中的 P-MOSFET 驱动与保护电路原理图见图1-40。该电路由 +15 V 控制电源单极性供电，控制信号经光耦隔离后送入驱动电路，当输入端"2"为高电平时，VT_1 导通并向 VT_2 提供基极电流，于是 VT_2 导通、VT_3 截止，+15 V 电源经 R_5 向 P-MOSFET 的栅极供电，并使之导通；当"2"端为低电平时，VT_1、VT_2 截止，电源经 R_3、VD_3 和 C_2 加速网络向 VT_3 提供基极电流，使 VT_3 导通，从而将 P-MOSFET 的栅极接地，迫使 P-MOSFET 关断。

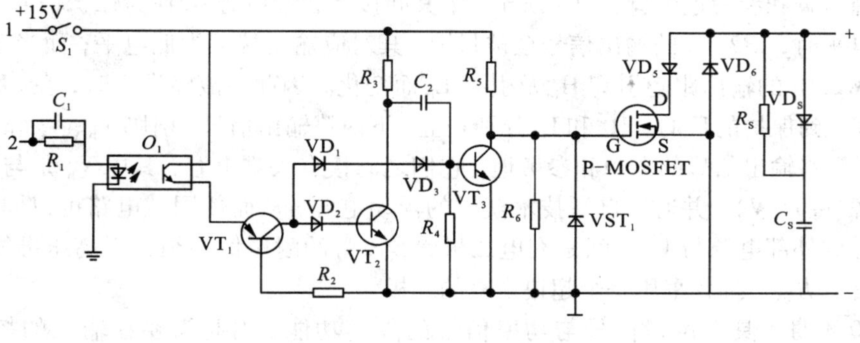

图1-40 P-MOSFET 驱动与保护电路原理图

目前应用较多的 IR2110 是美国国际整流器公司(international rectifier company)于1990年前后开发并投放市场的 P-MOSFET 和 IGBT 专用驱动集成电路。与一般的集成电路相比，它具有许多独特设计：

①IR2110 内部应用自举技术来实现同一集成电路可同时输出同一桥臂上高压侧与低压侧的两个通道信号，它的内部为自举操作设计了悬浮电源，悬浮电压保证了 IR2110 直接可用于母线电压为 −4 ～ +500 V 的系统中来驱动 P-MOSFET 或 IGBT。同时器件本身允许驱动

信号的电压上升率达 ±50 V/ns，故保证了芯片自身有整形功能，实现了不论其输入信号前后沿的陡度如何，都可保证加到被驱动 P－MOSFET 或 IGBT 栅极上的驱动信号前后沿很陡，因而可极大地减少被驱动功率器件的开关时间，降低开关损耗。

②IR2110 的功耗很小，故可极大地减小应用功来驱动功率 MOS 器件时栅极驱动电路的电源容量。从而可减小栅极驱动电路的体积和尺寸，当其工作电源电压为 15 V 时，其功耗仅为 1.6 mW。

③IR2110 的输入级电源与输出级电源可应用不同的电压值，因而保证了其输入与 CMOS 或 TTL 电平兼容，而输出具有较宽的驱动电压范围，它允许的工作电压范围为 5~20 V。同时，允许逻辑地与工作地之间有 -5~+5 V 的电位差。

④在 IR2110 内部不但集成有独立的逻辑电源与逻辑信号相连接来实现与用户脉冲形成部分的匹配，而且还集成有滞后和下拉特性的施密特触发器的输入级，以及对每个周期都有上升或下降沿触发的关断逻辑和两个通道上的延时及欠电压封锁单元，这就保证了当驱动电路电压不足时封锁驱动信号，防止被驱动功率 MOS 器件退出饱和区、进入放大区而损坏。

⑤IR2110 的输出级采用推挽结构来驱动 P－MOSFET 或 IGBT，因而它可输出最大为 2A 的驱动电流，且开关速度较快，当所驱动的功率 MOS 器件的栅源极等效电容为 1000 pF 时，该开关时间的典型值为 25 ns。这些设计特点使得 IR2110 特别造合电路中以串联方式连接的高压 N 沟道 P－MOSFET 或 IGBT 的驱动。图 1－41 所示的单相不对称桥式主电路中，同一桥臂上的两个主开关管就属于这种连接方式，因而采用 IR2110 作为驱动芯片非常合适。这样，不但可以大为简化 P－MOSFET 驱动电路的设计，而且可以实现对 P－MOSFET 最优驱动以及快速完整的保护，从而极大地提高控制系统的可靠性和减小硬件系统的体积。图 1－41 为 IR2110 的典型连接方式，引脚 H_{in} 及引脚 L_{in} 分别为驱动逆变桥中同桥臂上、下两个 P－MOSFET 器件的驱动脉冲信号输入端，该电路中两路控制信号完全相同；V_{dd} 和 V_{ss} 分别是输入端的电源引脚和参考地引脚，为了防干扰，其间接有去耦电容；SD 为保护信号输入端，当该脚接高电平时，IR2110 的输出信号全被封锁，其对应输出端恒为低电平；而当该端接低电平时，则 IR2110 的输出跟随引脚 H_{in} 及引脚 L_{in} 而变化。因此在故障发生时，在 SD 端输入高电平，即可达到保护的目的。H_{in} 和 L_{in} 分别是上、下两路输出信号，引脚 V_b、V_s 和 V_{cc}、C_{om} 分别是上、下两路输出信号的电源和参考地，它们之间接有去耦电容，其中 V_b 是与 V_{cc} 共同使用外部电源(+15 V)，并通过自举技术获得的浮动电源，从而使同一电路可以同时输出上、下两路信号。外部电源与 V_b 之间是充电二极管，该管的耐压值必须大于高压母线的峰值电压，为了减小功耗，推荐采用一个超快恢复的二极管。

IR2110 本身不具有逻辑信号与功率信号的隔离功能，因此需要在输入的控制信号和 IR2110 之间加入光耦隔离器件。需要注意的是，由于控制信号开关频率较高，要求光耦器件有良好的跟随性，一般需选用快速光耦。

2. 绝缘栅双极型晶体管的驱动

(1)基本要求

绝缘栅双极型晶体管(IGBT)是具有 P－MOSFET 的高速开关和电压驱动特性及双极型晶体管的低饱和电压特性的电力半导体器件。由于 IGBT 具有与 P－MOSFET 相似的输入特性，输入阻抗高，因此驱动电路相对比较简单，驱动功率也比较小。

IGBT 驱动电路有以下基本要求：

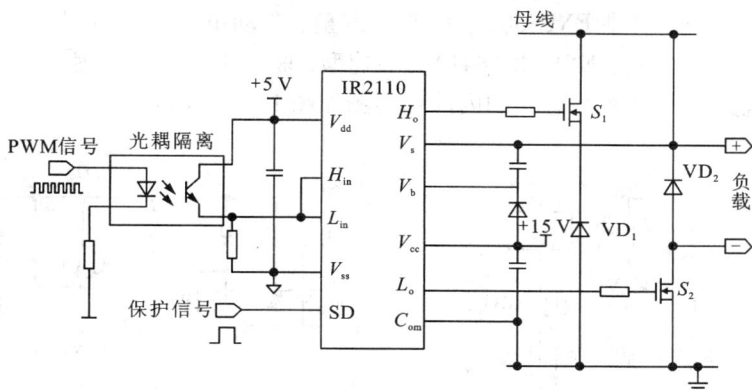

图 1 - 41 单相不对称桥式电路及主开关驱动原理

①充分陡的脉冲上升沿和下降沿。在 IGBT 开通时，前沿很陡的门极电压加到栅极和发射极间，可使 IGBT 快速开通，从而减小了开通损耗；在 IGBT 关断时，驱动电路提供下降沿很陡的关断电压，并在栅极和发射极之间加一适当的反向偏压，使 IGBT 快速关断，缩短关断时间，减小关断损耗。

②足够大的驱动功率。IGBT 导通后，驱动电路的驱动电压和电流要有足够大的幅值，使 IGBT 功率输出级总处于饱和状态。当 IGBT 瞬时过载时，栅极驱动电路提供的驱动功率要足以保证 IGBT 不退出饱和区。

③合适的正向驱动电压 U_{GE}。当正向驱动电压 U_{GE} 增加时，IGBT 输出级晶体管的导通压降 U_{CE} 和开通损耗值将下降；但在负载短路过程中，IGBT 的集电极电流也随 U_{GE} 增加而增加，并使 IGBT 承受短路损坏的脉宽变窄，因此 U_{GE} 要选合适的值，一般可取 $(1 \pm 10\%) \times 15$ V。

④合适的反向偏压。IGBT 关断时，栅极和发射极间加反向偏压可使 IGBT 快速关断，但反向偏压数值也不能过高，否则会造成栅射极反向击穿。反向偏压的一般范围为 $-10 \sim -2$ V。

⑤驱动电路最好与控制电路在电位上隔离。要求驱动电路有完整的保护功能，抗干扰性能好，驱动电路到 IGBT 模块的引线尽可能短，最好小于 1 m，且采用双绞线或同轴电缆屏蔽线，以免引起干扰。

（2）实例

图 1 - 42 为一电流源栅极驱动电路，由 VT$_2$ 产生稳定的集电极电流 I_{C_2}，通过调节电位器 R_C 可以稳定 I_{C_2} 数值。I_{C_2} 在 R_3 上产生稳定的电压降 U_{R_3}，使 IGBT 获得稳定的驱动电压。当 u_i 为高电平时，VT$_1$ 导通，VT$_2$ 也导通，从而 I_{C_2} 在 R_5 上有恒压降 U_{R_3}，使 IGBT 导通；当 u_i 为低电平时，VT$_1$、VT$_2$ 均截止，I_{C_2}、U_{R_3} 均近似为零，则 IGBT 关断。

图 1 - 43 为采用光电耦合的栅极驱动电路。u_i 为高电平时，光耦器件副方三极管导通，MOS 管 VT$_1$ 截止，VT$_2$ 导通，VT$_3$ 截止，$+U_{CC}$ 经 VT$_2$ 向 IGBT 栅极提供驱动电流；当均为低电平时，光耦器件副方三极管不通，VT$_1$ 导通，VT$_2$ 截止，VT$_3$ 导通。$-U_{CC}$ 经 VT$_3$ 向 IGBT 栅极提供反向电流，使 IGBT 关断。IGBT 栅极输入端接电阻 R_G 可改善脉冲的前后沿陡度及防止振荡，并可限制 IGBT 集电极产生大的电压尖脉冲，R_G 的数值可按 IGBT 的电流容量来选择，一般取值范围在几欧姆到几百欧姆。目前，国外许多生产 IGBT 器件的厂家为解决 IGBT

驱动的可靠性问题,专门研制生产了与 IGBT 配套的集成栅极驱动电路,比较典型的有日本富士公司的 EXB 系列,其中 EXB850(851)是标准型,驱动电 15 路的信号延迟 ≤4 μs,适用于高达 10 kHz 的开关电路;EXB840(841)为高速型,驱动电路信号延迟 ≤1 μs,适合于高达 40 kHz 的开关电路。EXB 系列芯片的内部结构图如图 1-44 所示。

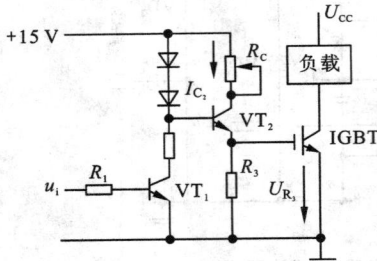

图 1-42 分立元件驱动电路

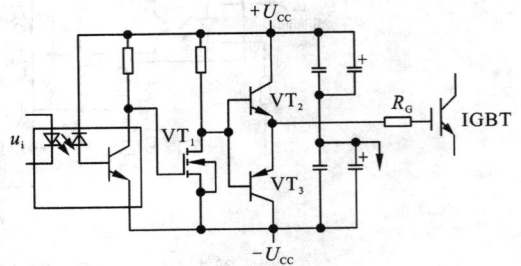

图 1-43 采用光电搞合的栅极驱动电路

EXB 系列芯片为直插式结构,各引脚功能如下:

1——连接用于反向偏置电源的滤波电容器;

2——电源(+20 V);

3——驱动输出;

4——用于连接外部电容器,以防止过流保护误动作(绝大多数场合不需要电容器);

5——过流保护输出;

6——集电极电压监测;

7,8——不接;

9——电源(0 V);

10,11——不接;

14——驱动信号输入(-);

15——驱动信号输入(+)。

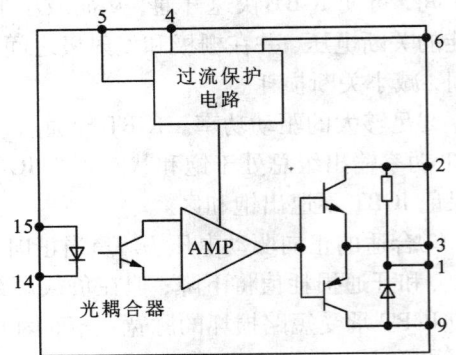

图 1-44 集成化栅极驱动电路内部结构图

EXB 系列芯片具有以下功能:

①内部集成有可隔离 2500 V 交流电压的光电耦合器,故可用于以 IGBT 为主开关器件的进线电压为 380 V 的动力设备上。

②芯片内部有过流检测电路和低速过流切断电路,其过流检测电路按驱动信号与集电极电压之间的关系检测过流,当流过 IGBT 的电流超过内部设定值时,低速切断电路以不使 IGBT 损坏的较慢速度关断 IGBT,其目的是防止以过快速度切断电流时,IGBT 集电极电流快速变化而由于电路中电感存在,集电极产生集电极电压尖脉冲损坏 IGBT。

③芯片内部还有检测 IGBT 集电极发射极间电压降,从而实现被驱动 IGBT 欠饱和保护的电路。

④当外部提供 +20 V 直流电压时,电路内部可使 +20 V 电压变为 +15 V 开栅电压和

-5 V关栅电压。

　　EXB系列集成电路具有以下特点：电路集成化程度高，抗干扰能力强，速度较快，保护功能完善，可实现IGBT最优驱动等是其优点；但电路价格较高，每个IGBT都需配一片集成驱动电路及一个专用驱动电源，使控制电源结构复杂化。图1-45为由EXB850模块构成的栅极驱动电路，电路中C_1、C_2电容值为33 μF，主要用来吸收因电源接线阻抗引起的供电电压变化。

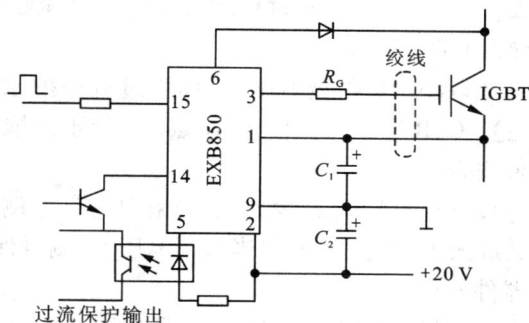

图1-45　EXB850模块构成的栅极驱动电路

三、全控型器件的保护

1. 大功率晶体管的保护

（1）过流保护

　　GTR承受电流冲击的能力很弱，使用快速熔断器作为过流保护无任何意义，因为GTR可能先行烧毁。此时只能用电子开关的快速动作进行过流保护，其原理是在集电极电流未达破坏元件之值前就撤去基极驱动信号，同时施加反向偏置使晶体管截止。这个过流保护方案实施的关键是如何实现对过流有效和及时的检测，以确保安全运行。

　　从一般概念出发，可以设想采用电流传感器（如霍尔电流传感器）直接检测集电极电流I_c的大小作为过流保护的依据，但这有传感器价格问题。更重要的是在同样的集电极电流下若GTR进入放大区工作，则器件的功耗将比开关状态下在饱和截止区工作时急剧增加，而不能从I_c大小上直接反映器件的过载情况。由于GTR的通态压降U_{ce}与元件工作点直接有关，故可采用U_{ce}作为过载特征参数，实行有效的过流保护。

　　图1-46为GTR的输出特性（伏安特性），其上可划分出饱和区、准（临界）饱和区、线性放大区及截止区。在饱和区，GTR的通态损耗最小，但这种状态不利于器件迅速关闭切换至截止区。为此，可通过减小和控制正向基极偏置使GTR处于饱和状态的边缘，即准饱和状态，此时其通态损耗比饱和状态下稍高、但大大低于线性放大状态。因此，工作在开关状态的GTR其负载极限工作点应通过基极电流I_b调整在准饱和区，如A点（U_{ceg}，I_{cg}）。

　　①如以测量集电极电流I_c作为过流保护原则，当I_{cg}测量误差为ΔI_c，则保护电路将在集电极电流为

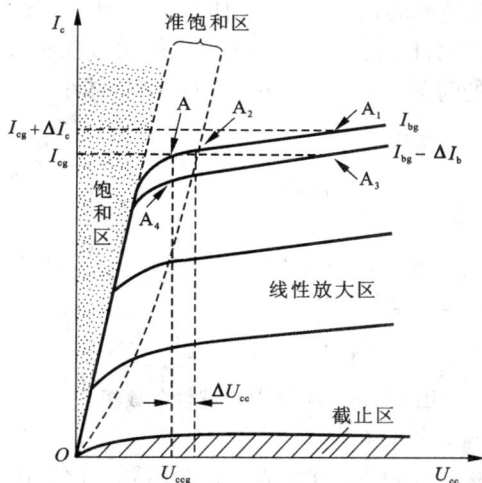

图1-46　GTR的输出特性

$I_{cg} + \Delta I_c$ 时才动作，但此时 GTR 工作点已移至线性放大区的 A_1 点，到元件关断时已出现高损耗，导致 GTR 损坏。

②如以测量集射极电压 U_{ce} 作为过流保护原则，在相同的相对测量误差下（$\Delta U_{ce}/U_{ceg} = \Delta I_c/I_{cg}$），GTR 工作点仅移至 A_2 点，仍处于准饱和状态，元件关断时功耗只略有增加，可保证器件安全。

③设基极电流 I_b 减少 ΔI_b，当采用电流 I_c 测量的保护方式时，GTR 关断时工作点已移至 A_3，又进入了线性放大区；当采用电压 U_{ce} 测量保护时，GTR 关断时工作点仍在准饱和区，确保了器件安全。

由此可见，采用测量 U_{ce} 变化来检测工作状态、实现过流保护是安全、可靠的。图 1 - 47 为其原理电路图。

（2）缓冲电路

缓冲电路（snubber circuit）又称为吸收电路。在 GTR 的开关过程中，可能会出现过电压、过电流、过大的 di/dt、du/dt 及过大瞬时功率，从而损坏 GTR，因此需采用缓冲电路来进行保护。

在图 1 - 48 所示的电感负载下，为抑制 GTR 关断时产生的负载自感过电压，电感 L 两

图 1 - 47　GTR 过流保护原理图

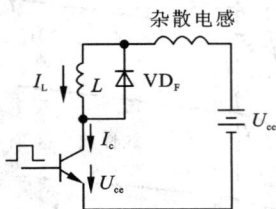

端常并接续流二极管 VD_F，使 GTR 关断时有负载电流 I_L 经它续流。这样当 GTR 开通时，I_L 将从 VD_F 转移至 GTR，电流转移过程中 VD_F 实际仍处于导通状态，使电源电压 U_{CC} 基本全部施加在 GTR 上，直至 VD_F 关断，负载 L 上才基本承受 U_{CC}，GTR 管压降跌至饱和值 $U_{ce(sat)}$。因此 GTR 开通时，实际上大部分时间处于高电压、大电流状态，开通损耗较大。在 GTR 关断时，由于负载电感的作用，集电极电流 I_c 将基本维持恒定，一直到集射极电压 U_{ce} 增大到电源电压 U_{CC}，二极管导通为止，I_c 才开始下降。因此，无论开通还是关断过程，GTR 都要经历电压、电流同时很大的一段时间，造成开关损耗 p 很大，如图 1 - 49 所示，这就限制了器件的工作频率。为此，需采用缓冲电路来解决开关损耗过大的问题，其基本思想是错开高电压、大电流出现的时刻，使两者之积（瞬时功率）减小。

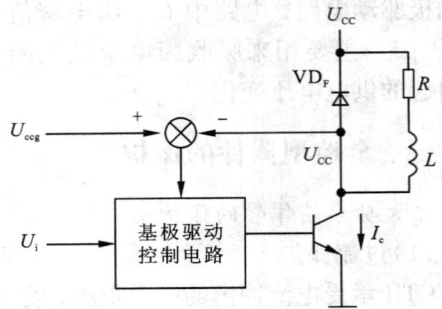

图 1 - 48　GTR 带电感性负载图

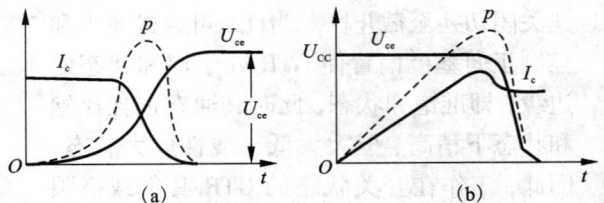

图 1 - 49　GTR 的关断、开通过程

图 1 - 50 为 GTR 关断吸收电路，它是在 GTR 集射极间并联电容 C，利用电容两端电压不能突变的原理延缓关断时集射极间电压 U_{ce} 的上升速度，使 U_{ce} 达最大值之前集电极电流 I_c 已变小，从而使关断过程瞬时功耗 p 变小，如图 1 - 50（b）所示。图 1 - 50（a）中串联电阻是为了

限制 GTR 导通时电容的放电电流，二
极管 VD 则是在 GTR 关断时将 R 旁路，
以充分利用电容的稳压作用。

图 1-51(a)是开通吸收电路，其
中与 GTR 串联的电感 L_s 延缓了集电极
电流的增长速度，且当电流急剧增大时
会在其上产生较大压降，使得集射极电
压在导通时迅速下降。这样电压、电流

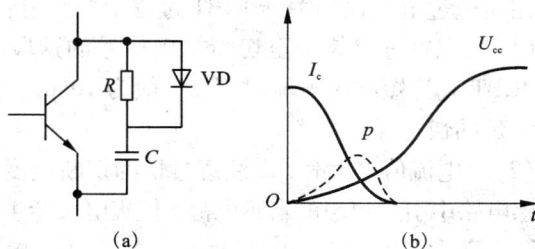

图 1-50 GTR 的关断吸收电路

出现最大值的时间错开，关断时功率损耗 p 明显减少，如图 1-51(b)所示。图 1-51(a)中
与 L_s 并联的电阻可使 GTR 关断后续流电流迅速衰减，二极管则在 GTR 导通时隔离 R_s 对 L_s
的旁路作用。

在实际应用中常将开通与关断吸收电路组合在一起构成复合吸收电路，图 1-52 为其中
一种。图中 L_s、R_s、VD 组成开通吸收电路，R_s、VD、C_s 组成关断吸收电路。

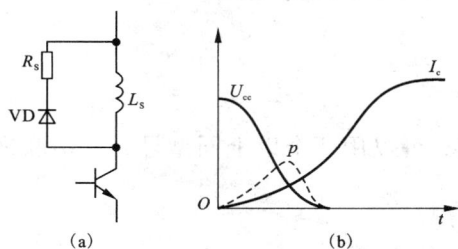

图 1-51 GTR 的开通吸收电路
(a)原理电路；(b)原理曲线

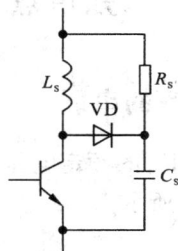

图 1-52 GTR 复合缓冲电路

缓冲电路同样适用于 P-MOSFET、IGBT 等电力电子器件的开通、关断过程。

2. 绝缘栅双极型晶体管的保护

IGBT 的保护措施有：

(1)通过检测过电流信号来切断栅极控制信号，关断器件，实现过流保护。

(2)采用吸收电路抑制过电压、限制过大的电压上升率 du_{ce}/dt。

(3)用温度传感器检测 IGBT 的壳温，过热时使主电路跳闸保护。IGBT 使用中必须避免
出现擎住现象，因此集电极电流不能超过额定电流，包括短路电流。此外在短路过程中，器
件由饱和导通区进入放大区，虽然集电极电流不会增大，但集电极电压增高，功耗变大。此
时短路电流能持续的时间 t 完全由集电极最大允许功耗值所决定，与集射极间电压 U_{ce}，栅极
电压 U_G 及结温 T_J 密切相关。一般规律是：电源电压增加，允许短路电流持续时间减少；栅
极正偏电压 $+U_G$ 增加，短路电流增加，允许短路电流持续时间减少。所以在有短路过程的电
路使用中，IGBT 应选择好所需的最小栅极正偏电压 $+U_G$。

IGBT 过流保护常采用集电极电压判别方法。集电极通态饱和压降 U_{ces} 与集电极电流 I_c
基本呈线性关系，故可由 U_{ces} 的大小来判断 I_c 的大小。特别结温升高后，大电流下 U_{ces} 值有
所增加，这更有利于过电流的识别。

在实施过电流保护关断 IGBT 过程中要注意：

（1）从识别过流信号至切断栅极信号的这段时间必须小于 IGBT 允许短路过电流时间，一般为 10 μs，为此应采用小时延的快速保护电路。

（2）过电流值较大时，需注意过快的切断速度 di_c/dt 会在电感电路中引起很高的自感电势，使集电极产生过电压尖峰，危及管子安全。且由于是过大 di_c/dt 引起，电压尖峰不能被常规过压吸收电路消除，必须采用低速断流措施。

IGBT 的吸收电路与 P－MOSFET、GTR 大体相同，如图 1－53 所示，其中 L_s、VD_{S1}、R_s 构成开通吸收电路，VD_s、C_s 组成关断吸收电路，主要限制电压上升率 dU_{ce}/dt。

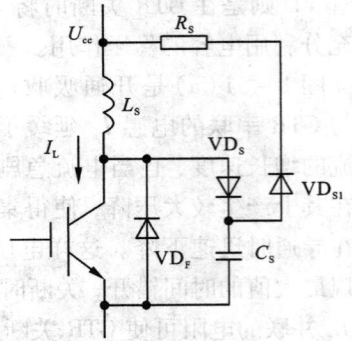

图 1－53　IGBT 缓冲电路

知识点 4　电力电子器件的串并联使用

一、晶闸管的串联

当单个晶闸管的额定电压小于实际电路要求时，可以用两个以上同型号元件串联来满足，如图 1－54 所示。

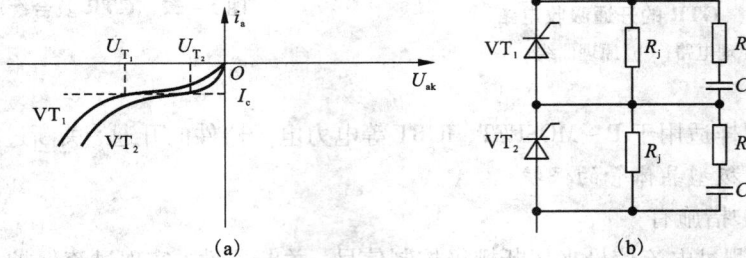

图 1－54　晶闸管的串联

（a）元件承受的反向电压；（b）串联均压电路

由于元件特性的分散性，当两个同型号晶闸管串联后，在正、反向阻断时虽流过相同的漏电流，但各元件所承受的电压却是不相等的。图 1－54（a）表示了两反向阻断特性不同的晶闸管流过同一漏电流 I_c 时，元件上承受的电压相差甚远的情况，承受高电压的元件有可能因超过额定电压而损坏。为了使各元件上的电压分配均匀，除选用特性比较一致的元件进行串联以外，还应采取均压措施，给每个晶闸管并联均压电阻 R_j，如图 1－54（b）所示。如果均压电阻 R_j 比晶闸管的漏电阻小得多，则串联元件的电压分配主要取决于 R_j。但 R_j 过小将会造成电阻上损耗过大，通常按下式选取

$$R_j \leqslant (0.1 \sim 0.25)\frac{U_R}{I_{DRM}}$$　　　　　　（1－15）

式中：U_R 为晶闸管的额定电压；I_{DRM} 为断态重复峰值电流。

均压电阻功率可按下式估算

$$P_{R_j} \geqslant K_{R_j} \left(\frac{U_m}{n_s} \right)^2 \frac{1}{R_j} \tag{1-16}$$

式中：U_m 为元件承受的正反向峰值电压；n_s 为串联元件数；K_{R_j} 为系数，单相为 0.25，三相为 0.45，直流为 1。

均压电阻 R_j 只能使直流或变化缓慢的电压在串联元件上均匀分配，元件开通和关断过程中瞬时电压的分配决定于各管的结电容、触发特性、开通和关断时间等因素。在开通时，后开通的元件将瞬时受到高电压；在关断时，先关断的元件在关断瞬间承受全部换流反向电压，有可能导致元件反向击穿。为了使元件开关过程中电压均匀分布，应给晶闸管两端并联电容 C。又为了防止元件导通瞬间电容放电造成过大的 di/dt 损坏晶闸管，还应在电容支路串联一个电阻，如图 1-54(b) 中 R、C 所示。动态均压阻容 R、C 将来还兼作晶闸管关断过电压保护，其数值可按表 1-2 选取。

表 1-2 动态均压阻容的经验数据

$I_{T(AV)}$/A	10	20	30	100	200
C/μF	0.1	0.15	0.2	0.25	0.5
R/Ω	100	80	40	20	10

电容 C 的交流耐压应略高于 $\dfrac{U_m}{n_s}$，电阻 R 的功率近似为

$$P_R = fC \left(\frac{U_m}{n_s} \right)^2 \times 10^{-6} \tag{1-17}$$

式中：f 为电源频率；P_R 单位为 W。

晶闸管串联时虽采取了以上均压措施，但还不能保证绝对均压，因此串联后的晶闸管必须降低电压额定值 10%~20% 使用，故应选择晶闸管的额定电压为

$$U_R = \frac{(2\sim3)U_m}{(0.8\sim0.9)n_s} = (2.2\sim3.8)\frac{U_m}{n_s} \tag{1-18}$$

二、晶闸管的并联

单个晶闸管的额定电流不能满足要求时，可以用两个以上同型号元件并联。由于并联各晶闸管在导通状态下的伏安特性不可能完全一致，相同管压降下各元件负担的电流不相同，可能相差很大，如图 1-55(a) 所示。为了均衡并联晶闸管元件的电流，除选用正向特性一致的元件外，还应采用均流措施。

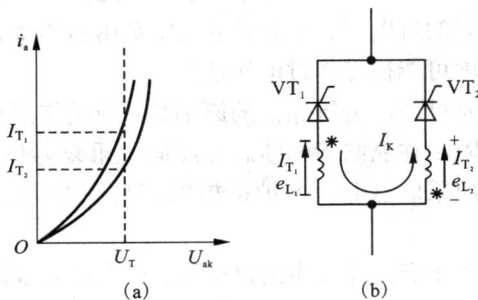

图 1-55　晶闸管的并联

(a) 并联时的电流分配；(b) 串电感均流

　　图 1 – 55（b）为串电感均流方法，采用一个具有相同两线圈的均流电抗器接在两个并联晶闸管电路中。当两元件中电流均衡时，均流电抗器两线圈流过相等的电流。由于绕向相反（以同名端标出），铁芯内激磁安匝相互抵消，电抗器不起作用。当电流不相等时，两线圈相差的激磁安匝将在两线圈中产生电势，在两晶闸管及线圈构成的回路中产生环流。这个环流正好使电流小的元件电流增大，电流大的元件电流减小，一直到两元件电流相等为止，从而达到均流的目的。例如 $I_{T_1} > I_{T_2}$ 时，在 VT_1 所串线圈中感应出如图 1 – 55 所示极性的电势 e_{L_1}。由于两线圈耦合紧密，将在 VT_2 所串线圈中也感应出如图 1 – 55 所示极性的电势 e_{L_2}。此种极性下 $e_{L_1} + e_{L_2}$ 产生的环绕 VT_1、VT_2 回路的环流将使 I_{T_1} 减小，I_{T_2} 增加，最后达到 $I_{T_1} = I_{T_2}$ 为止。

　　电感均流的优点是损耗小，适合大容量元件并联，同时电感能限制电流上升率，有动态均流效果。缺点是铁芯笨重，线圈绕制不便等。所串联的电抗器可以是空心电感、铁芯电感，或是套在晶闸管导线上的磁环，其中以空心电感最普遍，因它接线简单，还有限制 di/dt 和 du/dt 的作用。

　　晶闸管并联后，也必须降低电流定额使用。一般降低 10% ~ 20%，故应选择晶闸管的额定电流为

$$I_{T(AV)} = \frac{(1.5 \sim 2) I_T}{1.57(0.8 \sim 0.9) n_p} = (1.08 \sim 1.27) \frac{I_T}{n_p} \qquad (1 – 19)$$

式中：I_T 为电路中流过的电流有效值；n_p 为并联元件数。

　　晶闸管串、并联后，要求元件开通时间和关断时间差别小；要求触发脉冲前沿陡、幅值大，使串、并联晶闸管尽量能同时开通或关断。在装置同时需要元件进行串、并联时，通常采取先串后并的方式。

三、过压保护

　　晶闸管元件有很多优点，但由于击穿电压比较接近工作电压，热容量又小，因此承受过电压、过电流能力差，短时间的过电压、过电流都可能造成元件损坏。为了使晶闸管元件能正常工作而不损坏，除合理选择元件外，还必须针对过电压、过电流发生的原因采取适当的保护措施。

　　凡超过晶闸管正常工作时所承受的最大峰值电压的电压均为过电压。过电压根据产生的原因可分为两大类：①操作过电压是由变流装置拉、合闸和器件关断等经常性操作中电磁过程引起的过电压；②浪涌过电压是由雷击等偶然原因引起，从电网进入变流装置的过电压，其幅度可能比操作过电压还高。

　　对过电压进行保护的原则是：使操作过电压限制在晶闸管额定电压 U_R 以下，使浪涌过电压限制在晶闸管的断态和反向不重复峰值电压 U_{DSM} 和 U_{RSM} 以下。一个晶闸管变流装置或系统应采取过电压保护措施的部位可分为交流侧、直流侧、主电路等几部分，如图 1 – 56 所示。

　　对于交流侧发生的过电压，通常可采取以下保护措施：①雷击过电压可在变压器原边加接避雷器保护。②原边电压很高或变化很大的变压器，由于原、副边绕组间存在分布电容，原边合闸时高电压可能通过分布电容耦合到副边而出现瞬时过电压。对此可采取变压器附加屏蔽绕组接地或变压器星形中点通过电容接地方法来减小。③整流变压器空载且电源电压过

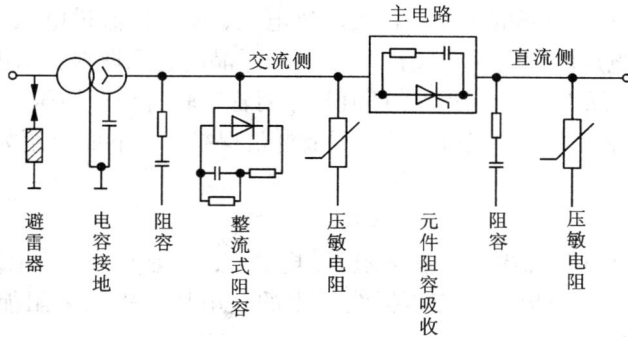

图 1-56　晶闸管装置可能采用的过电压保护措施

零时原边拉闸，此时变压器激磁电流及铁芯中磁通最大，它们的突变将在副边中感应出很高的过电压，此时可以采用阻容保护或整流式阻容保护。④对于雷击或更高的浪涌电压，如阻容保护还不能吸收或抑制时，还应采用压敏电阻等非线性电阻进行保护。

　　变流装置输出接有感性负载（平波电抗器、直流电机绕组等），当电路闭合时不会产生过电压，但当桥臂上整流元件过电流保护用的快速熔断器熔断时，储存在负载中的磁场能量突然释放，就会在直流输出端产生过电压。另外当变流装置过载、熔断器切断过载电流时，整流变压器储能的突然释放也会产生过电压。尽管变压器副边已采取保护措施，但变压器过载时储能比空载时储能大，过电压还会通过导通的整流元件反映到直流侧来，带来了直流侧过电压的保护问题。因此，应在直流侧设置与交流侧均相同的保护措施，其参数选择原则也相同。

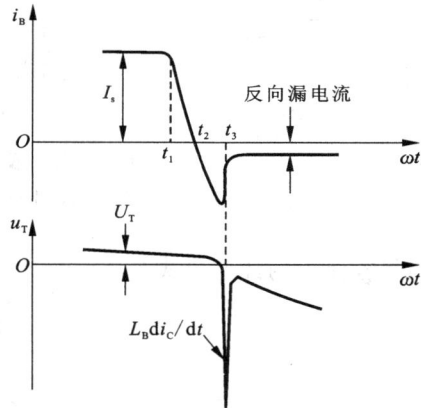

图 1-57　晶闸管关断时的电流电压波形

　　变流装置中的晶闸管元件在导通时，载流子充满各半导体层；关断时由于反向阳极电压的作用，正向电流将下降到零，如图 1-57 中 $t_1 \sim t_2$ 段，当元件电流下降为零时，元件内仍残存着很多载流子，它们在反向电压的继续作用下将反向运动形成较大的反向电流，如图 1-57 中 $t_2 \sim t_3$ 段。反向电流将使载流子迅速消失，造成反向电流以极快的速度下降至很小的反向漏电流。

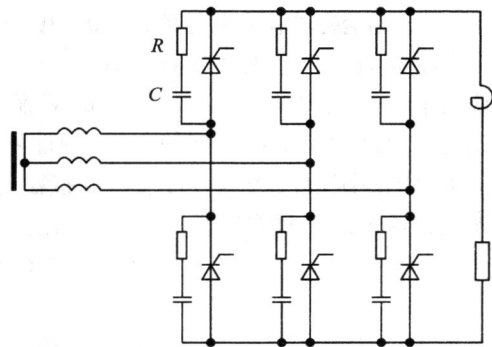

图 1-58　晶闸管关断过电压的阻容保护

由于电流变化率 $\mathrm{d}i_c/\mathrm{d}t$ 极大，即使和元件串联的线路电感 L_B 很小，但感应电势 $L_B \, \mathrm{d}i_c/\mathrm{d}t$ 很

大，并与电源电压顺极性串联地反向施加在晶闸管元件上，有可能导致晶闸管的反向击穿。
这种由于晶闸管关断过程引起的过电压称关断过电压，或称换流过电压、空穴积蓄效应过电
压等，其值可达工作电压峰值的 5～6 倍，所以必须对晶闸管采取保护措施。此时可采用与元
件相并联的阻容保护(图 1 - 58)，其 R、C 值与晶闸管串联时动态均压阻容计算方法相同。

过电压保护方法中，主要有阻容保护、压敏电阻保护等，下面介绍如何选择这两种方法
的参数。

1. 阻容保护

交流侧保护时，在变压器副边并联电阻 R、电容 C，如图 1 - 59 所示，利用电容两端电压
不能突变的特性，可以有效地抑制变压器绕组中的过电压。串联电阻能消耗部分过电压能
量，同时抑制 LC 回路的振荡。

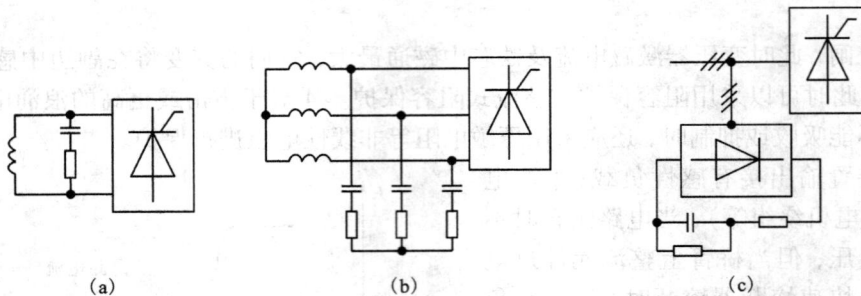

图 1 - 59　交流侧阻容保护的接法
(a)单相电路；(b)三相电路；(c)整流式阻容保护

单相阻容保护的计算公式为

$$C \geqslant 6i_0\% \frac{S}{U_2^2} \tag{1-20}$$

$$R \geqslant 2.3 \frac{U_2^2}{S} \sqrt{\frac{u_k\%}{i_0\%}} \tag{1-21}$$

式中：S 为变压器每相平均计算容量，单位为 V·A；U_2 为变压器副边相电压有效值，单位为
V；$i_0\%$ 为变压器激磁电流百分值，(10～1000)kV·A 的变压器的激磁电流百分值为 4～10；
$u_k\%$ 为变压器的短路电压百分值，(10～1000)kV·A 的变压器的短路电压百分值为 5～10；C
的单位为 μF，R 的单位为 Ω。电容 C 的交流耐压大于或等于 $1.5U_e$，U_e 为正常工作时阻容两
端交流电压有效值。上面所列的 R、C 的计算公式是根据单相条件下推导出来的。对于三相
电路，如变压器副边接法与阻容吸收的接法相同，以上公式可直接使用。如两者接法不同，
则可先按接法一致来计算，然后把阻容值进行变换，即

$$R_\Delta = 3R_Y \tag{1-22}$$

$$C_\Delta = C_Y/3 \tag{1-23}$$

对于大容量交流装置，三相阻容保护装置比较庞大，此时可采用图 1 - 59(c)所示三相整
流式阻容保护电路。虽然多出了一个三相整流桥，但只需一个电容，而且只承受直流电压，
可采用体积小、容量大的电解电容器。再者还可以避免晶闸管导通瞬间因电容放电电流流过
引起过大 di/dt。阻容保护性能可靠，应用广泛，但变流装置正常运行时电阻上要消耗功率，

引起电阻发热，体积也较大，对能量较大的浪涌过电压不能完全抑制。为此，还得增设非线性电阻保护装置。

2. 压敏电阻保护

非线性电阻具有稳压管的伏安特性，可把浪涌电压限制在晶闸管允许的电压范围。压敏电阻是一种金属氧化物的非线性电阻，它具有正、反两个方向相同但很陡的伏安特性，如图 1-60 所示。正常工作时漏电流很小（微安级），故损耗小。当过电压时，可通过高达数千安的放电电流 I_Y，因此抑制过电压的能力强。此外它对浪涌电压反应快，本身体积又小，是一种较好的过电压保护器件。它的主要缺点是持续平均功率很小，仅几瓦，如正常工作电压超过它的额定值，则在很短时间内就会烧毁。

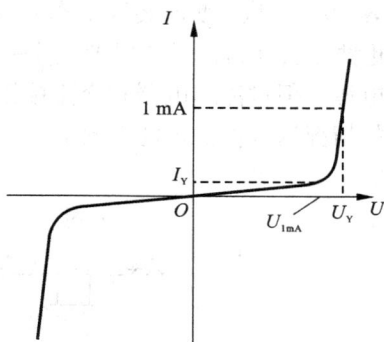

图 1-60　压敏电阻的伏安特性

由于压敏电阻的正、反向特性对称，因此单相电路只需一个，三相电路用三个，接成 Y 形或 △ 形，接法与阻容保护的接法相同。

压敏电阻的主要参数有：①额定电压 U_{1ma}：漏电流为 1 mA 时的电压值；②残压比 U_Y/U_{1mA}：其中 U_Y 为放电电流达规定值 I_Y 时的电压；③允许的通流容量：在规定的波形下（冲击电流前沿 10 μs，波长 20 μs），允许通过的浪涌电流。

例如，MY3 系列压敏电阻的额定电压有 10 V、40 V、80 V、100 V、220 V、330 V、440 V、660 V、1000 V、2000 V、3000 V 等；放电电流 100 A 时残压比小于 3，放电电流 3 kA 时残压比小于 5；通流容量有 0.05 kA、0.1 kA、0.5 kA、1 kA、2 kA、3 kA、5 kA 等。压敏电阻可按下面方法选择。

①额定电压

$$U_{1mA} \leqslant \frac{\varepsilon}{0.8 \sim 0.9} \times 压敏电阻承受工作电压的峰值 \tag{1-24}$$

式中：$\varepsilon = 1.05 \sim 1.1$ 为电网电压升高系数；系数（0.8 ~ 0.9）为考虑 U_{1mA} 下降 10% 而通过压敏电阻的漏电流仍能保持在 1 mA 以下，以及考虑变流装置允许过电压的系数。

②U_Y 值由被保护元件的耐压值决定。

③通流容量应大于实际的浪涌电流，但实际浪涌电流很难计算，故一般当变压器容量大、距外线路近、无避雷器时尽可能取大值。压敏电阻可起过电压保护作用，但不能用作 du/dt 保护措施。

四、过电流保护

当变流装置内部某一器件击穿或短路，触发电路或控制电路发生故障，外部出现负载过载、直流侧短路、可逆传动系统产生环流或逆变失败，以及交流电源电压过高或过低、缺相等，均可引起装置其他元件的电流超过正常工作电流。由于晶闸管等功率半导体器件的电流过载能力比一般电气设备差得多，因此必须对变流装置进行适当的过电流保护。晶闸管变流装置可能采用的几种过电流保护措施如图 1-61 所示，它们分别是：

（1）交流进线电抗采用漏抗大的整流变压器，利用电抗限制短路电流。这种方法行之有效，但正常工作时有较大的交流压降。

（2）电流检测装置，过流时发出信号。过流信号一方面可以控制晶闸管触发脉冲快速后移至 $\alpha > 90°$ 区域，变流装置工作在逆变状态，使故障电流迅速下降至零，从而有效抑制了电流，此种方法称为拉逆变保护；另一方面也可控制过流继电器，使交流接触器触点 K 跳开，切断电源。但过流继电器和交流接触器动作都需一定时间（100 ~ 200 ms），故只有短路电流不大的情况这种保护才能奏效。

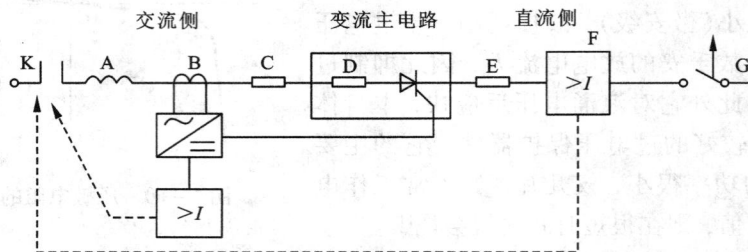

图 1 – 61　晶闸管装置可能采用的过电流保护措施
A—交流进线电抗精品；B—电流检测和过流继电器；C、D、E—快速熔断器；
F—过流继电器；G—直流快速开关

（3）直流快速开关。对于采用多个晶闸管并联的大、中容量变流装置，快速熔断器量多且更换不便。为避免过电流时烧断快速熔断器，采用动作时间只有 2 ms 的直流快速开关，它可先于快速熔断器动作而保护晶闸管。的快速熔断器。快速熔断器是防止晶闸管过电流损坏的最后一道防线，是晶闸管变流装置中应用最普通的过电流保护措施，可用于交流侧、直流侧、整流主电路之中，具体接法如图 1 – 62 所示。其中交流侧接快熔能对晶闸管元件短路及直流侧短路均起保护作用，但要求正常工作时快熔额定电流大于晶闸管的额定电流，这样对元件的短路故障所起保护作用较差。直流侧快熔只对负载短路或过载起保护作用，对元件无保护作用。只有晶闸管直接串快熔对元件保护作用最好，因为它们流过同一个电流，因而应用也最广。

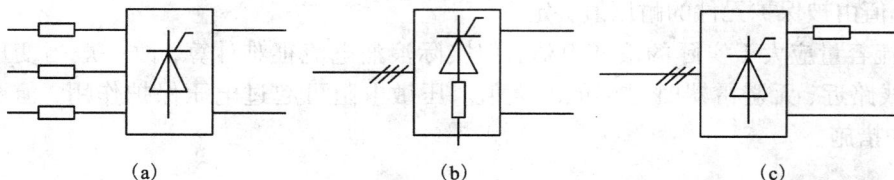

图 1 – 62　过电流保护快熔的接法
（a）交流侧；（b）主电路；（c）直流侧

与晶闸管串联的快速熔断器选用原则是：

（1）快熔的额定电压应大于线路正常工作电压有效值。

（2）快熔熔体的额定电流 I_{KR} 是指电流有效值，晶闸管额定电流是指电流平均值 $I_{T(AV)}$。选用时要求快熔熔体额定电流 I_{KR} 小于或等于被保护晶闸管额定电流所对应的有效值

$1.57\ I_{T(AV)}$，同时要大于正常运行时线路中流过该元件实际电流的有效值 I_T 即

$$1.57\ I_{T(AV)} \geqslant I_{KR} I_T \tag{1-25}$$

有时为保证可靠和方便选用，可简单地取 $I_{KR} = I_{T(AV)}$。

（3）熔断器（安装熔体的外壳）的额定电流应大于或等于熔体电流值。目前生产的快速熔断器，大容量的有插入式 RTK、带熔断指示器的 RS3，小容量的有螺旋式 RLS 等型号，选用时可参阅有关手册。值得指出的是，一般装置中多采用过电流信号控制触发脉冲拉逆变的方法抑制过电流，再配合使用快熔，使快熔作为过流保护的最后措施，非不得已，希望它不要熔断。

五、电压上升率 du/dt 的限制

由于元件处于断态时阳极与阴极间存在结电容，当突然施加正向阳极电压时便有一充电电流流过 PN 结面，这个电流将起门极触发电流的作用，可能会使晶闸管误导通。为了防止因阳极电压上升过快引起的误导通，对元件规定了最大允许的电压上升率（断态临界电压上升率），装置的线路上必须采取措施保证实际的电压上升速度低于这个数值。

1. 交流侧 du/dt 的限制

从交流侧侵入变流装置的过电压往往有很高的 du/dt 值。如果装置交流侧有整流变压器和阻容吸收装置，则变压器漏感和保护阻容形成滤波环节，使入侵过电压衰减很大，其 du/dt 不会引起元件误导通。在无整流变压器的变流装置中，应在电源输入端串入交流进线电感 L_T 配合阻容吸收装置对 du/dt 进行抑制。

2. 晶闸管换流 du/dt 的限制

在晶闸管换流重叠期间内，两相晶闸管元件会同时导通，线电压被短路，使输出波形上出现换相缺口。此时晶闸管两端电压 u_T 波形如图 1-63 所示，换流凸起的 du/dt >0，其值很大，可能导致晶闸管误导通。

防止晶闸管换流 du/dt 过大的方法是在每个桥臂上串接一桥臂电感 $L_S = (20 \sim 30)\mu H$，或者在桥臂上套一两个小铁淦氧磁环，也能起到抑制换流 du/dt 的效果。

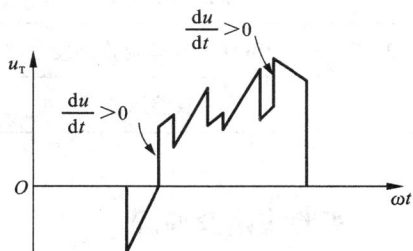

图 1-63 计算换流重叠现象时的晶闸管电压波形

六、电流上升率 du/dt 的限制

在晶闸管导通的瞬间如果阳极电流增长速度过快，由于元件内部电流还来不及扩大到整个 PN 结面，将会使门极附近的 PN 结因电流密度过大而烧毁，因此规定了对通态临界电流上升率的限制。

产生过大 du/dt 的原因大致有以下几种：

①晶闸管从阻断到导通的换流电流增长过快；

②交流侧电抗小或交、直流侧阻容吸收装置电容量太大，引起晶闸管开通时流过附加的电容充、放电电流；

③与晶闸管并联的阻容保护在晶闸管开通时的放电电流；

④并联晶闸管中最先导通的管子承受较大的电流上升率。

限制 $\mathrm{d}i/\mathrm{d}t$ 的方法有：

①利用整流变压器的漏抗或加接交流进线电抗器；

②桥臂串电感 $L_\mathrm{S} = (20 \sim 30)\,\mu\mathrm{H}$，或桥臂套铁淦氧小磁环，将流经晶闸管的电流上升率限制在允许范围内；

③交、直流侧采用整流式阻容保护，使电容放电电流不经过晶闸管。

实操训练

一、实验目的

1. 加深理解锯齿波同步移相触发电路的工作原理及各元件的作用。

2. 掌握锯齿波同步移相触发电路的调试方法。

二、实验所需挂件及附件

表 1 - 3　所需挂件及附件表

序　号	型　　号	备　注
1	PWD - 02 电源控制屏	该控制屏包含"三相电源输出"等几个模块
2	PWD - 14 晶闸管触发电路	该挂件包含"锯齿波同步移相触发电路"等模块
3	双踪示波器	自备

三、实验线路及原理

锯齿波同步移相触发电路的原理图如图 1 - 64 所示。锯齿波同步移相触发电路由同步检测、锯齿波形成、移相控制、脉冲形成、脉冲放大等环节组成，其工作原理可参见电力电子技术教材中的相关内容。

四、实验内容

1. 锯齿波同步移相触发电路的调试。

2. 锯齿波同步移相触发电路各点波形的观察和分析。

五、预习要求

1. 阅读电力电子技术教材中有关锯齿波同步移相触发电路的内容，弄清锯齿波同步移相触发电路的工作原理。

2. 掌握锯齿波同步移相触发电路脉冲初始相位的调整方法。

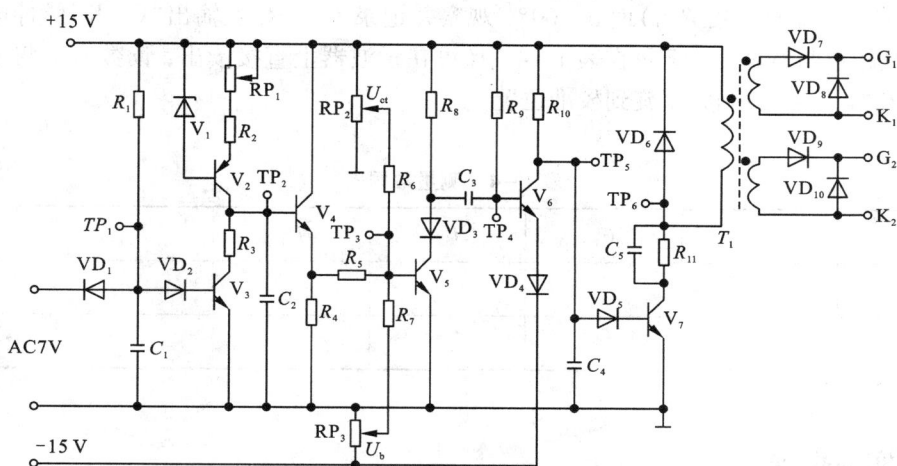

图 1 – 64　锯齿波同步移相触发电路图

六、思考题

1. 锯齿波同步移相触发电路有哪些特点？

2. 锯齿波同步移相触发电路的移相范围与哪些参数有关？

3. 为什么锯齿波同步移相触发电路的脉冲移相范围比正弦波同步移相触发电路的移相范围要大？

七、实验方法

1. 在"THPWD – 2 型交 – 直流调速实验台"上使用时，通过操作控制屏左侧的自耦调压器，将输出的线电压调到 380 V 左右，然后才能将电源接入挂件，将变压器接成 DY 型，用两根导线将 220 V 交流电压接到 PWD – 14 的"外接 220 V"端，按下"启动"按钮，打开 PWD – 14 电源开关，这时挂件中所有的触发电路都开始工作，用双踪示波器观察锯齿波同步触发电路各观察孔的电压波形。

①同时观察同步电压和"1"点的电压波形，了解"1"点波形形成的原因。

②观察"1"、"2"点的电压波形，了解锯齿波宽度和"1"点电压波形的关系。

③调节电位器 RP_1，观测"2"点锯齿波斜率的变化。

④观察"3"～"6"点电压波形和输出电压的波形，记下各波形的幅值与宽度，并比较"3"点电压 U_3 和"6"点电压 U_6 的对应关系。

2. 调节触发脉冲的移相范围

将控制电压 U_{ct} 调至零（将电位器 RP_2 顺时针旋到底），用示波器观察同步电压信号和"6"点 U_6 的波形，调节偏移电压 U_b（即调 RP_3 电位器），使 $\alpha = 170°$，其波形如图 1 – 65 所示。

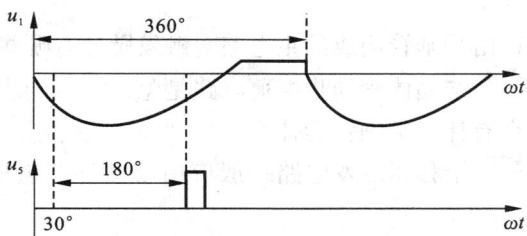

图 1 – 65　锯齿波同步移相触发电路

3. 调节 U_{ct}(即电位器 RP_2)使 $\alpha = 60°$,观察并记录 $U_1 \sim U_6$ 及输出"G、K"脉冲电压的波形,标出其幅值与宽度,并记录在表 1-4 中(可在示波器上直接读出,读数时应将示波器的"V/DIV"和"t/DIV"微调旋钮旋到校准位置)。

表 1-4   测量数据表

	U_1	U_2	U_3	U_4	U_5	U_6
幅值/V						
宽度/ms						

八、实验报告

1. 整理、描绘实验中记录的各点波形,并标出其幅值和宽度。

2. 总结锯齿波同步移相触发电路移相范围的调试方法,如果要求在 $U_{ct} = 0$ 的条件下,使 $\alpha = 90°$,如何调整?

3. 讨论、分析实验中出现的各种现象。

九、注意事项

1. 双踪示波器有两个探头,可同时观测两路信号,但这两探头的地线都与示波器的外壳相连,所以两个探头的地线不能同时接在同一电路的不同电位的两个点上,否则这两点会通过示波器外壳发生电气短路。为此,为了保证测量的顺利进行,可将其中一根探头的地线取下或外包绝缘,只使用其中一路的地线,这样从根本上解决了这个问题。当需要同时观察两个信号时,必须在被测电路上找到这两个信号的公共点,将探头的地线接于此处,探头各接至被测信号,只有这样才能在示波器上同时观察到两个信号,而不发生意外。

2. 由于脉冲"G"、"K"输出端有电容影响,故观察输出脉冲电压波形时,需将输出端"G"和"K"分别接到晶闸管的门极和阴极(或者也可用约 $100\ \Omega$ 左右阻值的电阻接到"G"、"K"两端,来模拟晶闸管门极与阴极的阻值),否则,无法观察到正确的脉冲波形。

习题及思考

1. 由晶闸管构成的主电路对触发脉冲有哪些要求?为什么必须满足这些要求?

2. 单结晶体管同步振荡电路是怎样实现同步的?电路中的 R_e 若选得过大或过小对电路工作会有什么影响?为什么?

3. 一个移相触发电路一般应由哪些环节组成?以锯齿波同步移相触发电路为例来进行说明。

4. 在锯齿波同步移相触发电路中,双脉冲是如何产生的?为什么电源电压的波动和波形畸变对锯齿波同步移相触发电路影响较小?

5. 一个三相桥式可控整流电路，采用图 1 – 26 所示的锯齿波同步移相触发电路。

（1）如果发现输出直流电压的波头有高有低，可能是什么原因引起的？

（2）如果把原来的双窄脉冲触发方式改为宽脉冲触发方式，触发电路应做哪些调整？

6. 证明单结晶体管脉冲移相电路的触发脉冲周期为 $T = R_e C \ln \dfrac{1}{1 - \eta}$，式中分压比 $\eta = \dfrac{R_{b1}}{R_{bb}}$。

7. 三相全控桥采用带滤波器的正弦波触发器，滤波滞后 $60°$，同步环节的晶体管采用 NPN 型硅管，主变压器连接组为 $\triangle / Y – 5$，同步变压器的连接组为 $\triangle / Y – 3$ 和 $\triangle / Y – 9$，试求各元件触发电路的同步电压，并列表表示。

8. 图 1 – 26 中的锯齿波同步移相触发电路的同步环节采用 PNP 晶体管，RC 滤波网络的移相角为 $60°$ 求：

（1）同步信号电压 U_{Ta} 与对应的晶闸管阳极电压 U_a 的相位关系。

（2）确定同步变压器的连接组，同时列出晶闸管阳极电压和同步信号电压的对应关系表。

9. 三相全控桥的主回路由三相电源经进线电抗器直接连到晶闸管（可认为连接组为 $Y / Y – 12$），同步变压器为 $\triangle / Y – l$，$\triangle / Y – 7$ 连接组。触发器采用正弦波同步移相触发电路，其中同步环节采用 NPN 晶体管，RC 滤波，滤波后相位滞后 $30°$，变流器要求能整流与逆变运行，试选择同步信号电压。分析时可忽略进线电抗器的相移。

10. 题中，主回路和同步变压器都不变，将触发器改为同步环节采用 NPN 晶体管的锯齿波同步移相触发电路，试选择同步信号电压。此时是否要加 RC 滤波环节？如要加，则要移相多少度？

11. 在有晶闸管串联的高压变流装置中，晶闸管两端并接阻容吸收电路可起到几种保护作用？

12. 发生过电流的原因有哪些？可以采取哪些过电流保护措施？它们的保护作用先后次序应如何安排？

13. 不使用过电压、过电流保护，选用较高电压等级与较大电流等级的晶闸管行不行？

14. 画出 GTO 理想的门极驱动电流波形，并说明门极开通和关断脉冲的参数要求。

15. 说明功率场效应晶体管的开通和关断驱动特性。

16. 试说明绝缘栅双极型晶体管驱动电路与大功率晶体管及功率场效应晶体管驱动电路的异同点。

17. GTR、P – MOSFET、IGBT 使用中，额定电流选择中各要注意什么？

18. GTR、IGBT 等过流保护中，为何要采用检测集射极电压作为保护基准？

19. GTR、P – MOSFET、IGBT 缓冲（吸收）电路的基本结构如何？其减少被保护器件开关损耗的机理如何？

20. 某直流电动机，额定电压 750 V，额定电流 780 A，短时最大电流 1200 A，准备采用三相桥式可控整流电路供电。试选择变压器及晶闸管（因条件限制，规定单只晶闸管定额不超过 1500 V，500 A）。

任务三　单相整流电路的安装与调试

交流 – 直流(AC – DC)变换又称整流，它是把交流电变换为直流电的变流过程。如果采用大功率二极管作为整流元件，则获得的是大小固定的直流电压，这种变流方式称为不可控整流。如果采用晶闸管作为整流元件，则可以通过控制门极触发脉冲施加的时刻来控制输出整流电压的大小，这种变流称为可控整流。根据交流电源相数，整流可分为单相整流和多相整流，其中多相整流又以三相整流为主。可控整流电路的工作原理、特性、电压电流波形以及电量间的数量关系与整流电路所带负载的性质密切有关，必须根据负载性质的不同分别进行讨论。然而实际负载的情况是复杂的，属于单一性质负载的情况很少，往往是几种性质负载的综合。

本次任务主要介绍晶闸管单相整流电路。在学习整流电路时，要特别注意电路中的电压、电流波形。根据交流电源的电压波形、功率半导体器件的通断状态和负载的性质，分析电路中各点的电压、电流波形，掌握整流电压和移相控制角的关系。可以这样说：掌握了电路中的电压、电流波形，也就掌握了电路的工作原理。

知识点1　单相半波整流电路

一、电阻性负载

图1 – 66表示了一个带电阻性负载的单相半波可控整流电路及电路波形。图1 – 66中T为整流变压器，用来变换电压。引入整流变压器后将能使整流电路输入、输出电压间获得合理的匹配，以提高整流电路的性能指标，尤其是整流电路的功率因数。在生产实际中属于电阻性的负载有电解、电镀、电焊、电阻加热炉等。电阻性负载情况下的最大特点是负载上的电压、电流同相位，波形相同，掌握这个特点对分析电阻性负载下整流电路的工作原理十分重要。

变压器副边电压 u_2 为工频正弦电压，其有效值为 U_2，交变角频率为 ω，通过负载电阻加到晶闸管 VT 的阳极与阴极之间。在 $\omega = 0 \sim \pi$ 的正半周内，晶闸管阳极电压为正、阴极电压为负，元件承受正向阳极电压，具备导通的必要条件。假设门极到 ωt_1 时刻才有正向触发脉冲电压 U_g，则在 $\omega t = 0 \sim \alpha$ 范围内，晶闸管由于无门极触发电压而不导通，处于正向阻断状态。如果忽略漏电流，则负载上无电流流过，负载电压 $U_d = 0$，晶闸管承受全部电源电压，管子上电压 $U_T = U_2$。

在 ωt_1 时刻门极加上正向触发脉冲电压，满足晶闸管导通的充分条件，元件立即导通，负载上流过电流 i_d。如果忽略晶闸管的正向管压降，则 $u_T = 0$，$u_d = u_2$。由于电阻负载下负载电流 $u_{gd} = u_d / R$，则负载电压 u_d、电流 i_d 在此 ωt_1 时刻均发生跃变。在以后的 $\omega t = \alpha \sim \pi$ 范围内，即使门极触发电压消失，晶闸管继续导通，电路维持 $u_T = 0$，$u_d = u_2$，$i_d = u_d / R$ 的状态。当 $\omega t = \pi$ 时，电源电压 u_2 过零，负载电流亦即晶闸管的阳极电流将小于元件的维持电流 I_H 晶闸管关断，负载上电压、电流都将消失。在 $\omega t = \pi \sim 2\pi$ 的负半周，晶闸管承受反向阳极电压而关断，元件处于反向阻断状态。此时元件承受反向电压 $u_T = u_2$，负载电压、电流均为零。

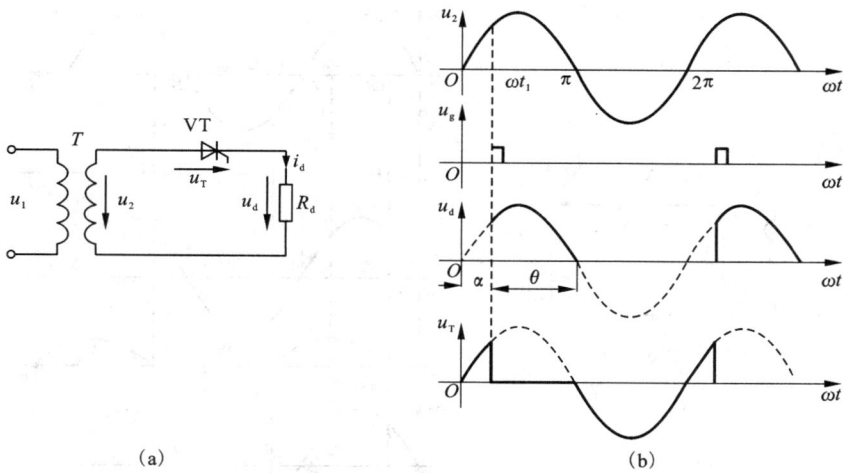

图 1－66　单相半波可控整流电路（电阻性负载）

第二个周波将重复第一周波的状态。从图 1－66（b）波形可以看出，经过晶闸管半波整流后的输出电压 u_d 是一个极性不变幅值变化的脉动直流电压；改变晶闸管门极触发脉冲 u_g 出现的时刻 α 就可改变 u_d 的波形。如果将 u_d 在一周期内的平均值定义为直流平均电压 U_d，则改变 α 的大小也就改变了 U_d 的大小，实现了整流输出电压大小可调的可控整流。一般规律是 α 越小，门极触发脉冲出现时间越早，负载电压波形面积越大，在一周期内的平均电压 U_d 就越高。

晶闸管从开始承受正向阳极电压起至开始导通时刻为止的电角度称为控制角，以 α 表示；晶闸管导通时间接交流电源角频率折算出的电角度称为导通角，以 θ 表示。改变控制角 α 的大小，即改变门极触发脉冲出现的时刻，也即改变门极电压相对正向阳极电压出现时刻的相位，称为移相。

整流电路输出直流电压 U_d 为

$$U_d = \frac{1}{2\pi}\int_{\alpha}^{\pi}\sqrt{2}U_2\sin\omega t\,\mathrm{d}\omega t = \frac{\sqrt{2}U_2}{2\pi}(1+\cos\alpha) = 0.45U_2\frac{1+\cos\alpha}{2} \qquad (3-1)$$

可以看出，U_d 是控制角 α 的函数。当 $\alpha=0$ 时，晶闸管全导通，$U_d=0.45U_2$，直流平均电压最大。当 $\alpha=\pi$ 时，晶闸管全关断，$U_d=0$，直流平均电压最小。输出直流电压总的变化规律是 α 由小变大时，U_d 由大变小。可以看出，单相半波可控整流电路的最大移相范围为 $180°$。由于可控整流是通过触发脉冲的移相控制来实现的，故亦称相控整流。

二、电感性负载

当负载的感抗 ωL_d 与电阻 R_d 相比不可忽略时，这种负载称电感性负载。属于电感性负载的常有各类电机的激磁绕组、串接平波电抗器的负载等。接入电感性负载时电路原理图及波形如图 1－67 所示。

在分析电感性负载的可控整流电路工作过程中，必须充分注意电感对电流变化的阻碍作用。这种阻碍作用表现在电流变化时电感自感电势的产生及其对晶闸管导通的作用。

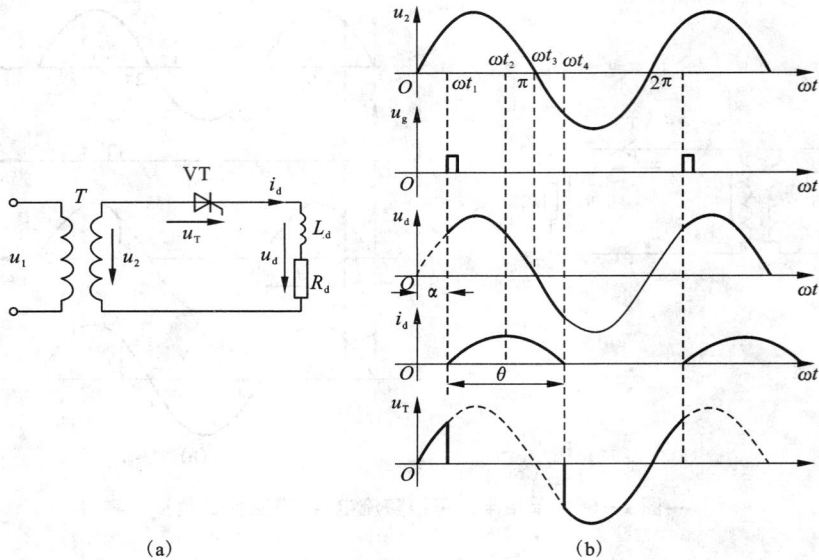

图 1 –67　单相半波可控整流电路(电感性负载)

带电感性负载单相半波可控整流电路的工作过程可用图 1 –67(b)中的波形图分段说明。在 $\omega t = 0 \sim \pi$ 的范围内，晶闸管虽承受正向阳极电压，但门极触发信号 u_g 尚未施加，晶闸管正向阻断，没有负载电流。负载电压 $u_d = 0$，晶闸管两端承受全部的电源电压，$u_T = u_2$。当 $\omega t_1 = \alpha$ 时刻，触发导通晶闸管 VT。假设忽略晶闸管的正向管压降，则 $u_T = 0$，而全部电源电压立即施加到负载上，$u_d = u_2$。由于负载中存在电感，负载电流 i_d 不像在电阻性负载时一样发生跃变，只能从零逐渐增长。在 $\omega t_1 \sim \omega t_2$ 的范围内，u_{gd} 从零增长至其最大值。在 u_{gd} 增长过程中，电感 L_d 上的自感电势 e_L 上(+)下(–)，力图阻止电流增长。虽然此时 e_L 与 u_2 的极性相反，但作用在晶闸管上的阳极电压 $u_2 + e_L > 0$，元件导通。

在 $\omega t_2 \sim \omega t_3$ 的范围内，u_{gd} 从最大值开始减小。自感电势 e_L 改变方向，上(–)下(+)，其极性有助于维持晶闸管导通。当 $\omega t_3 = \pi$ 时刻，电源电压 u_2 过零。如果没有电感的自感电势存在，晶闸管此时将因阳极电压为零而关断。然而由于自感电势的存在，作用在元件上的阳极电压 $u_2 + e_L$ 仍大于 0，使得尽管电源电压为零，管子仍然导通，负载电流 $u_d \neq 0$。

在 $\omega t_3 \sim \omega t_4$ 的范围内，电源电压过零变负。负载电流的继续减小使自感电势继续维持着上(–)下(+)的极性。只要自感电势在数值上大于电源的负电压，晶闸管将继续承受正向阳极电压 $u_2 + e_L > 0$ 而导通。一直到 ωt_4 时刻，自感电势与电源电压大小相等、极性相反，晶闸管才因阳极电压 $u_2 + e_L = 0$ 而关断，$u_{gd} = 0$。从 u_d 波形上可以看出，由于电感的存在，延长了晶闸管导通的时间，使得 u_d 波形中出现了正、负面积，从而使输出直流电压平均值减小。这就是电感负载可控整流电路工作原理上的特点。

如果控制角 α 大，导通延迟，电流正半周内提供给电感中的储能小，维持晶闸管导通的能力差，导通角 θ 就小。负载阻抗 φ 大，说明负载电感 L_d 大，储能多，维持晶闸管导通能力强，导通角 θ 将大。当负载为 $\omega L_d > R_d$ 的大电感时，$\varphi \approx \pi/2$。此时直流电压 u_d 波形的正、负面积接近相等，平均电压 $U_d \approx 0$，造成直流平均电流 $I_d \approx U_d/R_d$ 也很小，负载上得不到所需的功率。所以单相半波可控整流电路如不采取措施是不可能直接带大电感负载正常工作的。解决的办法是在负载两头并联续流二极管。

大电感负载下造成输出直流平均电压下降的原因是 u_d 波形中出现了负面积的区域。如果设法将负面积的区域消除掉而只剩正面积的区域，就可提高输出直流电压的平均值。为此，可在整流电路负载的两端按图 1-68(a)所示极性并接一功率二极管 VD_F。在直流电压均为正的区域内，VD_F 承受反向阳极电压而阻断，电路工作情况和不接 VD_F 一样，负载电流 u_{gd} 由晶闸管提供。电源电压过零变负后将引起 u_{gd} 减小的趋势，引起电感 L_d 上感应出上(-)下(+)极性的自感电势 e_L，这个极性的 e_L 正好使二极管 VD_F 承受正向阳极电压而导通，使负载电流 u_{gd} 将不经晶闸管而由二极管 VD_F 继续流通，所以二极管 VD_F 常称为续流二极管。由于 VD_F 导通后其管压降近似为零，使负极性电源电压通过 VD_F 全部施细在晶闸管 VT 上，晶闸管将因承受反向阳极电压而关断。这样，在电源电压为负的半波内，负载上得不到电源的负电压，而只有二极管 VD_F 的管压降，接近为零。可见加接了续流二极管的输出直流电压波形和电阻性负载时完全相同，如图 1-68(b)所示，输出直流电压平均值也就相应提高到了电阻性负载时的大小。

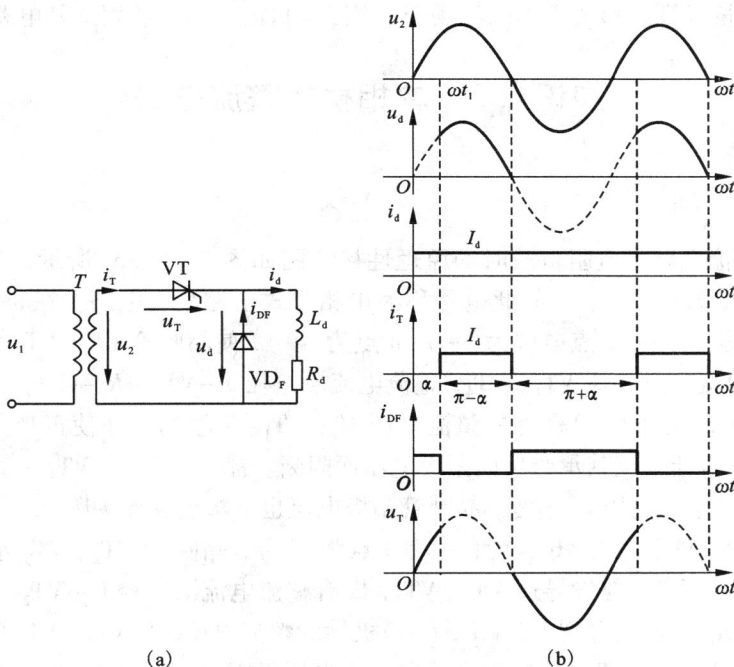

图 1-68 加续流二极管的单相半波可控整流电路(电感性负载)

加接续流二极管后，输出电压波形和电阻性负载时相同，因而直流平均电压 U_d 的大小也相同，其计算公式为式(1-26)。由于负载电感很大，u_{gd} 连续而且大小基本维持不变，近似为一条水平线，恒为 I_d 则流过晶闸管的电流平均值和有效值分别为

$$I_{dT} = \frac{\pi - \alpha}{2\pi} I_d \qquad (1-26)$$

$$I_T = \sqrt{\frac{\pi - \alpha}{2\pi}} I_d \qquad (1-27)$$

续流二极管上的电流平均值和有效值分别为

$$I_{dDF} = \frac{\pi + \alpha}{2\pi} I_d \qquad (1-28)$$

$$I_{DF} = \sqrt{\frac{\pi + \alpha}{2\pi}} I_d \qquad (1-29)$$

晶闸管及续流二极管承受的最大正、反向峰值电压均为交流电压的最大值 $\sqrt{2} U_2$。最大移相范围为 $180°$。

单相半波可控整流电路线路简单，使用晶闸管数目最少，成本低，调整也方便。但它输出电流波形差、脉动频率低（为工频）、脉动幅度大。为了得到平稳的直流，相应所需的平波电抗器电感量也很大。更为突出的是变压器副边线圈中流过含有直流成分的电流，造成变压器铁芯直流磁化而饱和。为了克服铁芯饱和，只好降低磁通密度，增大铁芯截面，致使变压器体积增大，用铜用铁量增加，利用率降低。所以，单相半波可控整流电路只适合于容量小、装置要求小、重量轻及波形要求不高的场合，实际上目前已很少使用这种电路。

知识点 2　单相桥式整流电路

一、电阻性负载

单相桥式整流电路带电阻负载时的原理性接线图如图 $1-69(a)$ 所示，图中的 4 个开关器件都为晶闸管，属可控元件，故此电路称为单相桥式全控整流电路。在 $\omega t = 0 \sim \pi$ 的变压器副边电压 u_2 正半周内，a 点电位为 $(+)$、b 点为 $(-)$，使晶闸管 VT_1、VT_4 承受正向阳极电压。当 $\omega t_1 = \alpha$ 时刻触发导通 VT_1、VT_4，整流电流沿途径 $a \rightarrow VT_1 \rightarrow R_d \rightarrow VT_4 \rightarrow b$ 流通，使负载电阻 R_d 上得到上 $(+)$ 下 $(-)$ 极性的整流电压 U_d；VT_1、VT_4 的导通使正半周的向反向施加在晶闸管 VT_2、VT_3 上，使其承受反向阳极电压而阻断。晶闸管 VT_1、VT_4 一直要导通到 $\omega t = \pi$ 时刻为止，此时电源电压 u_2 过零，晶闸管阳极电流也下降至零而关断。

在 $\omega t = \pi \sim 2\pi$ 负半周内，b 点为 $(+)$、a 点为 $(-)$，晶闸管 VT_2、VT_3 承受正向阳极电压。当 $\omega t_2 = \pi + \alpha$ 时刻，触发导通 VT_2、VT_3，即有整流电流沿路径 $b \rightarrow VT_2 \rightarrow R_d \rightarrow VT_3 \rightarrow a$ 流通，使负载电阻 R_d 上再次得到上 $(+)$ 下 $(-)$ 极性的整流电压间。VT_2、VT_3 的导通使负半周的均施加在晶闸管 VT_1、VT_4，使其承受反向阳极电压而阻断。晶闸管 VT_2、VT_3 一直要导通到 $\omega t = 2\pi$ 时刻电源电压 u_2 再次过零为止，此时晶闸管阳极电流下降至零而关断。以后的过程就是 VT_1、VT_4 与 VT_2、VT_3 两对晶闸管在对应的时刻相互交替导通关断，一个个周期周而复始地重复、循环。

图 $1-69(b)$ 为单相桥式全控整流电路带电阻性负载时各处的电压、电流波形。可以看出，负载上在 u_2 正、负两个半波内均有电流流过，使直流电压、电流的脉动程度比单相半波得到了改善，一周期内脉动两次（两个波头），脉动频率为工频的两倍。因为桥式整流电路正

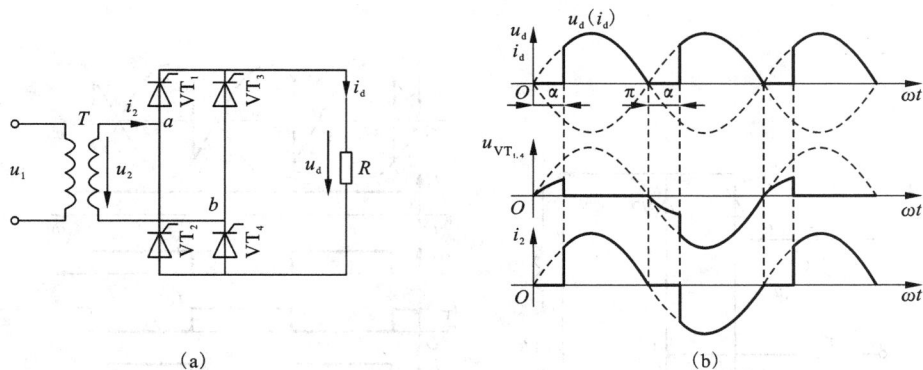

图 1-69 单相桥式全控整流电路(电阻性负载)

负半波均能工作,使得变压器副边绕组在正、负半周内均有电流流过,直流电流平均值为零,因而变压器没有直流磁化问题,绕组及铁芯利用率较高。

单相桥式可控整流电路直流电压 U_d 为

$$U_d = \frac{1}{\pi}\int_\alpha^\pi \sqrt{2}U_2\sin\omega t\mathrm{d}\omega t = 0.9U_2\frac{1+\cos\alpha}{2} \tag{1-30}$$

可以看出,它是半波可控整流电路 U_d 的两倍。当 $\alpha=0$ 时,晶闸管全导通($\theta=\pi$),相当于二极管的不可控整流,$U_d=0.9U_2$,最大。当 $\alpha=\pi$ 时,晶闸管全关断($\theta=0$),$U_d=0$,最小,所以单相桥式可控整流电路带电阻负载时的移相范围为 180°。

输出直流电流平均值 I_d 为

$$I_d = U_d/R_d = 0.9\frac{U_2}{R_d}\frac{1+\cos\alpha}{2} \tag{1-31}$$

输出直流电流有效值,亦即变压器副边绕组电流有效值 I_2 为

$$I_2 = \sqrt{\frac{1}{\pi}\int_\alpha^\pi\left(\frac{\sqrt{2}U_2}{R_d}\sin\omega t\right)^2\mathrm{d}\omega t} = \frac{U_2}{R_d}\sqrt{\frac{1}{2\pi}\sin2\alpha + \frac{\pi-\alpha}{\pi}} \tag{1-32}$$

VT_1、VT_4 与 VT_2、VT_3 两对晶闸管在对应的时刻相互交替导通关断,因此流过晶闸管的直流平均电流 I_{dT} 为输出直流电流平均值 I_d 的一半

$$I_{dT} = \frac{1}{2}I_d = 0.45\frac{U_2}{R_d}\frac{1+\cos\alpha}{2} \tag{1-33}$$

流过晶闸管的有效电流 I_T 为

$$I_T = \sqrt{\frac{1}{2\pi}\int_\alpha^\pi\left(\frac{\sqrt{2}U_2}{R_d}\sin\omega t\right)^2\mathrm{d}\omega} = \frac{1}{\sqrt{2}}I_2 \tag{1-34}$$

晶闸管承受的最大反向峰值电压为相电压峰值 $\sqrt{2}U_2$。

二、电感性负载

单相桥式全控整流电路带电感性负载时的原理性接线图如图 1-70(a)所示。假设负载电感足够大($\omega L_d > R_d$),电路已处于正常工作过程的稳定状态,则负载电流与连续、平直,大

小为 u_{gd} 如图 1 - 70(b)所示。

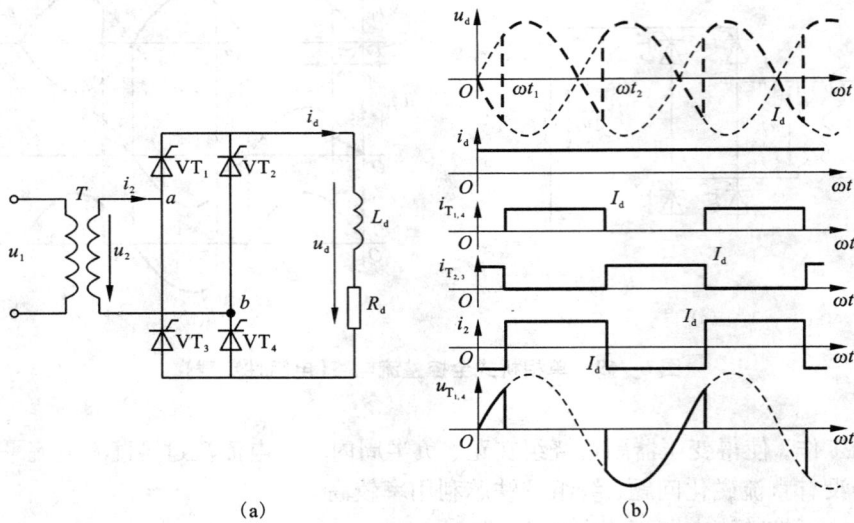

(a)   (b)

图 1 - 70　单相桥式全控整流电路(电感性负载)

在变压器副边电压 u_2 正半周内，a 点电位为(+)、b 点电位为(-)，晶闸管 VT_1、VT_4 承受正向阳极电压。当 $\omega t_1 = \alpha$ 时刻触发导通 VT_1、VT_4 时，整流电流沿 $a \rightarrow VT_1 \rightarrow R_d$、$L_d \rightarrow VT_4 \rightarrow b$ 流通，使晶闸管 VT_2、VT_3 承受反向阳极电压而阻断。与电阻性负载时不同，在 u_2 电压过零时 VT_1、VT_4 不会关断。这是由于向减小时负载电流 I_d 出现减小的趋势，这种趋势促使电感 L_d 上出现下(+)上(-)的自感电势 e_L，它与 u_2 一起构成晶闸管上的阳极电压。只要 $|e_L| > |u_2|$，即使 u_2 过零变负，亦能保证施加在晶闸管上的阳极电压均 $u_2 + e_L > 0$，维持晶闸管继续导通。这样，u_d 波形中将出现负值部分，一直到另一对晶闸管 VT_2、VT_3 导通为止。

在向的负半周内，b 点为(+)、a 点为(-)，晶闸管 VT_2、VT_3 承受正向阳极电压。当 $\omega t_2 = \pi + \alpha$ 时刻，触发导通 VT_2、VT_3，即有整流电流沿 $b \rightarrow VT_2 \rightarrow R_d$、$L_d \rightarrow VT_3 \rightarrow a$ 流通，晶闸管 VT_1、VT_4 则承受反向阳极电压而关断。这样，负载电流便从 VT_1、VT_4 转移到 VT_2、VT_3 上，我们称这个过程为换流。VT_2、VT_3 要一直导通到下一个周期相应的 α 角时，被重新导通的 VT_1、VT_4 关断为止。直流电压 u_d 的波形如图 1 - 70(b)所示，具有正、负面积，其平均值即直流平均电压 U_d。

由于电流连续，每对管子必须导通至另一对管子触发导通为止，故每只晶闸管的导通角势必为半个周期 $\theta = \pi$，晶闸管的电流波形为 180°宽的矩形波。两个半波电流以相反方向流经变压器副边绕组时，因波形对称，使变压器副边电流 u_{g2} 为 180°宽，正、负半波对称的交流电流。这样，变压器副边绕组内电流无直流分量，也就不存在直流磁化问题。由于电流连续下晶闸管对轮流导通，则晶闸管电压 u_T 波形只有导通时的 $U_T \approx 0$ 以及关断时承受的交流电压 u_2 的局部波形，其形状随控制角 α 而变。

直流平均电压 U_d 为

$$U_d = \frac{1}{\pi} \int_{\alpha}^{\pi+\alpha} \sqrt{2} U_2 \sin\omega t \mathrm{d}\omega t = 0.9 U_2 \cos\alpha \qquad (3 - 35)$$

可以看出，大电感负载下电流连续时，U_d 为控制角 α 的典型余弦函数。当 $\alpha = 0$ 时，$U_d = 0.9U_2$；当 $\alpha = \pi/2$ 时，$U_d = 0$。因而电感性负载下整流电路的移相范围为 90°。

输出电流波形因电感很大而呈一水平线，使直流电流平均值 I_d 与有效值 I_2 相等，这个有效值也就是变压器副边电流有效值。

由于两对晶闸管轮流导通，一周期内各导通 180°，故流过晶闸管的电流是幅值为 I_d 的 180°宽矩形波，从而可以求得其平均值为 $I_{dT} = I_d/2$。晶闸管电流有效值为 $I_T = I_d/\sqrt{2}$，而晶闸管承受的最大正、反向电压均为相电压峰值 $\sqrt{2}U_2$。

三、反电势负载

在工业生产中，常常遇到充电的蓄电池和正在运行中的直流电动机之类的负载。它们本身具有一定的直流电势，对于可控整流电路来说是一种反电势性质负载。在分析带反电势负载的可控整流电路时，必须充分注意晶闸管导通的条件，那就是只有当直流电压 u_d 瞬时值大于负载电势 E 时，整流桥中晶闸管才承受正向阳极电压而可能被触发导通，电路才有直流电流 U_{gd} 输出。

当电路负载为蓄电池、直流电机电枢绕组(忽略电感)时，可认为是电阻反电势负载，如图 1-71(a)所示。

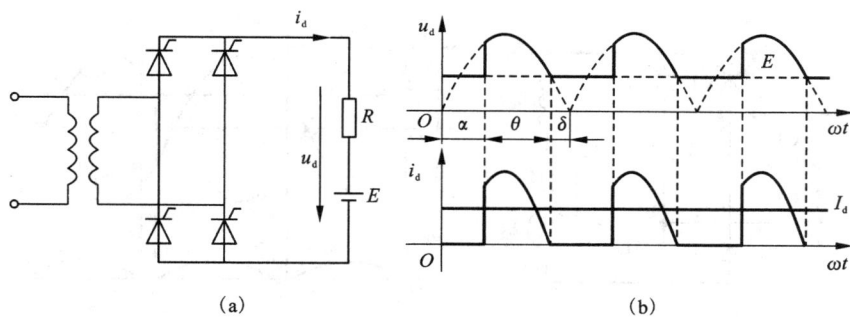

图 1-71　单相桥式全控整流电路(电阻，反电势负载)

由于电势 E 逆晶闸管单向导电方向施加在回路中，使得只有当变压器副边电压 u_2 大于反电势 E 时晶闸管才有可能被触发导通，也才有直流电流 u_{gd} 输出。设变压器副边电压为 $u_2 = \sqrt{2}U_2\sin\omega t$，则 u_2 自零上升至 $u_2 = E$ 的电角度 δ 可以求得为

$$\delta = \arcsin(E/\sqrt{2}U_2) \qquad (1-26)$$

δ 称为停止导电角，它表征了在给定的反电势 E、交流电压有效值 U_2 下，晶闸管元件可能导通的最早时刻[图 1-71(b)]。

当控制角 $\alpha > \delta$ 时，$u_2 > E$，晶闸管上承受正向阳极电压，能触发导通，导通后元件一直工作到 $u_2 = E$ 的 $\omega t = \pi - \delta$ 处为止。可以看出，晶闸管导通的时间比电阻性负载时缩短了。反电势 E 越大，导通角 θ 越小，负载电流处于不连续状态。这样一来在输出同样平均电流 I_d 条件下，所要求的电流峰值变大，因而有效值电流要比平均值电流大得多。

当 $\alpha < \delta$ 时，虽触发脉冲在 $\omega t = \alpha$ 时刻施加到晶闸管门极上，但此时 $u_2 < E$，管子还承受

反向阳极电压而不能导通。一直要待到 $\omega t = \delta$ 时，$u_2 = E$，元件才开始承受正向阳极电压，具备导通条件。为此要求触发脉冲具有足够的宽度，保证在 $\omega t = \delta$ 时脉冲尚未消失，才能保证晶闸管可靠地导通。脉冲最小宽度必须大于 $\delta - \alpha$。

电阻—反电势负载下的负载电流是断续的，将出现 $u_{gd} = 0$ 的时刻。电流断续对蓄电池充电工作无妨，但用于对直流电动机电枢绕组供电将带来一系列问题，如电机机械特性变软；电流断续时晶闸管导电角 θ 小，电流波形窄，为保证一定大小平均电流则电流峰值大，有效值亦大。高峰值的脉冲电流将造成直流电机换向困难，容易产生火花。由于断续电流的有效值大，势必增加可控整流装置及直流电动机的容量。为了克服这些缺点，一般在反电势负载回路串联一个所谓的平波电抗器，以平滑电流的脉动、延长晶闸管的导通时间，保持电流连续。加设平波电抗器后，整流电路应作为电感—反电势负载来分析。

直流电动机串联平波电抗器后的原理性接线图如图 1 – 72(a) 所示，此时属于电感—反电势负载情况。其中 L_d 为包括平波电抗器及电机电枢线圈在内的线路总电感。

假设 $\alpha > \delta$ 时触发导通桥式全控整流电路中的一对晶闸管，受电感 I_d 的阻塞作用，直流 u_{gd} 从零开始逐渐增长。又正因为电感的作用，当交流电压均小于电枢反电势 E 后，L_d 上自感电势能帮助维持晶闸管继续导通，甚至在 u_2 为负值时也能使管子不关断，这是串接电感后电路工作的最大特点。电路的电压、电流波形如图 1 – 72(b) 所示。

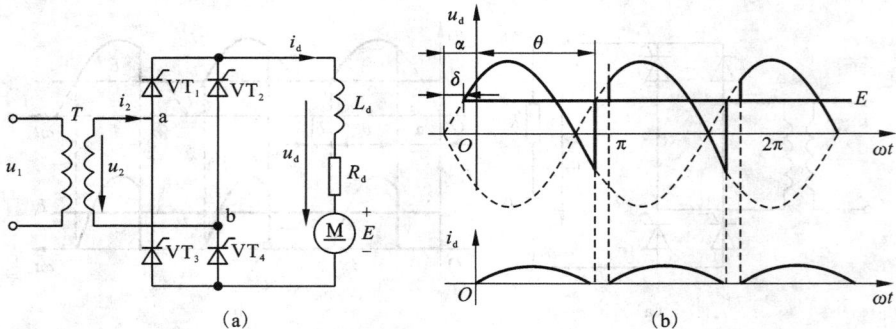

图 1 – 72　单相桥式全控整流电路（电感 – 反电势负载）

单相桥式全控整流电路具有整流波形较好，变压器无直流磁化，绕组利用率高，整流电路功率因数高等优点。另外它的 $U_d/U_2 = f(\alpha)$ 函数为余弦关系，斜率比其他单相可控整流陡，说明整流电路电压放大倍数大，控制灵敏度高。单相可控整流电路虽结构简单、制造和调整容易，但电压纹波大、控制滞后时间长从而快速性差。特别是对于三相电网而言仅为一相负载，影响了三相电源的平衡性。因此，在负载容量较大以及对整流电路性能指标有更高要求时，多采用三相可控整流电路。

四、单相桥式半控整流电路

在整流电路中晶闸管有两个作用：一是控制元件导通的时刻，二是给电流确定通路。对于单相桥式整流电路来说，如果仅仅是为了进行可控整流，实际上在一条电流流通的路径上，只需一只晶闸管就可以控制导通的时刻，另外再使用一只大功率二极管来限定电流的路径就可以了。这样就有可能将单相桥式全控整流电路中的两个晶闸管换成大功率二极管,从而构成单相桥式半控整流电路,图 1-73 为两种单相桥式半控整流电路的原理图。

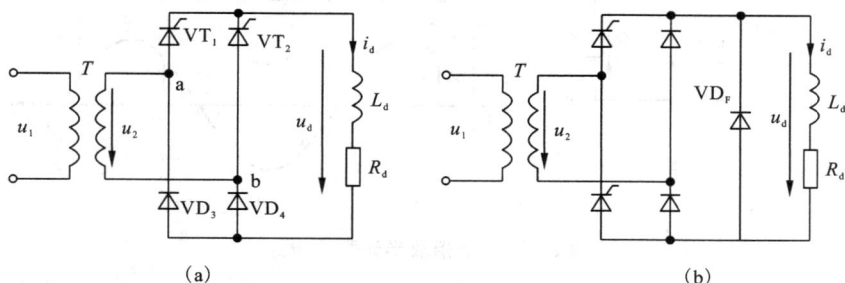

图 1-73 单相桥式半控整流电路原理图

单相桥式半控整流电路在电阻性负载时的工作情况与全控电路相同。下面分析图 1-73(a)所示半控整流电路在电感性负载时的工作情况。

假设负载中 $\omega L_D = R_d$,在 u_2 正半周,移相控制角 α 处给晶闸管 VT_1 加触发脉冲,u_2 经 VT_1 和 VD_4 向负载供电。当 u_2 过零变负时,因 L_d 作用使电流连续,VT_1 继续导通。但此时 a 点电位低于 b 点电位,使得电流通路由 VD_4 转移至 VD_3,VD_4 关断,电流不再流经变压器副边绕组,而是由 VT_1 和 VD_3 续流。此阶段,忽略器件的通态压降,则 $u_d = 0$,不像全控桥电路那样出现均为负的情况。在 u_2 负半周,$\omega t = \pi + \alpha$ 时刻触发导通 VT_2,则 VT_1 承受反向电压关断,u_2 经 VT_2 和 VD_3 向负载供电。u_2 过零变正时,VD_4 导通,VD_3 关断。VT_2 和 VD_4 续流,$u_d = 0$,此后重复以上过程。

该电路在使用中,有可能出现失控现象。当 α 突然增大至 $180°$ 或触发脉冲丢失时,由于电感储能不经变压器副边绕组释放,只是消耗在负载电阻上,会发生一个晶闸管持续导通而两个二极管轮流导通的情况,这使 u_d 成为正弦半波,即半周期 u_d 均为正弦,另外半周期 u_d 均为零,相当于单相半波不可控整流电路时的波形。例如,当 VT_1 导通时切断触发电路,则当 u_2 变负时,由于电感的作用,负载电流由 VT_1 和 VD_3 续流;当 u_2 变为正时,因为 VT_1 是导通的,u_2 又经 VT_1 和 VD_4 向负载供电,这就是失控现象。

在整流电路负载端反并联续流二极管 VD_F,则可避免可能发生的失控现象。有续流二极管时,续流过程由 VD_F 完成,在续流阶段晶闸管关断,这就避免了某一个晶闸管持续导通从而导致失控的现象。图 1-73(b)为有续流二极管的半控电路原理图。单相桥式半控整流电路中各部分的电压、电流波形由读者自行分析,它们的计算公式可通过波形分析而得出。

五、单相双半波可控整流电路

单相双半波可控整流电路原理图如图 1-74(a)所示,变压器副边绕组有中心抽头,副边绕组两端分别接晶闸管 VT_1、VT_2。u_2 正半周时,VT_1 可导通,变压器副边绕组上半部流过正向电流,负载上得到正向电压 u_d;u_2 负半周时,VT_2 工作,变压器副边绕组下半部流过反向电流,负载上仍得到正向电压。图 1-74(b)为单相双半波可控整流电路输出电压 u_d 和变压器原边绕组电流 u_{g1} 的波形。

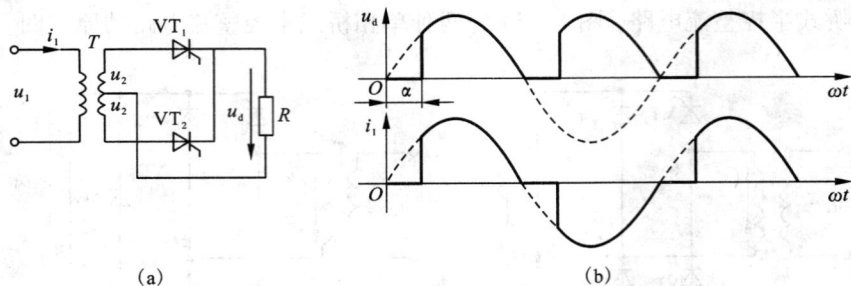

图 1 - 74　单相双半波整流电路

由图 1 - 74(b)波形可知，输出电压 u_d 波形与单相桥式全控整流电路的波形相同，变压器原边电流为交变电流，变压器不存在直流磁化现象。单相双半波可控整流电路中使用的晶闸管比单相桥式全控整流电路少，仅为 2 个，但是晶闸管承受的最大电压为 $2\sqrt{2}U_2$，是单相桥式全控整流电路的 2 倍。单相双半波整流电路适合在低输出电压的场合应用。

实操训练

一、实验目的

1. 熟悉单结晶体管触发电路的工作原理，测量相关各点的电压波形。

2. 熟悉单相半波可控整流电路与单相半控桥式整流电路在电阻负载和电阻—电感负载时的工作情况。分析、研究负载和元件上的电压、电流波形。

3. 掌握由分列元件组成电力电子电路的测试和分析方法。

二、实验电路及工作原理

1. 实验电路如图 1 - 75 所示。

2. 实验电路的工作原理见相关《电力电子技术》教材或《自动控制原理与系统》(孔凡才编著)或《自动控制系统》(孔凡才主编)。

三、实验设备

1. 亚龙 YL - 209 型电力电子实验装置单元 1。

2. 万用表。

3. 双踪示波器。

4. 变阻器。

四、实验内容与实验步骤

1. 单结晶体管触发电路的测试

(1)将实验电路的电源进线端接到相应的电源上(虚线部分在交流电源单元上，下同)。

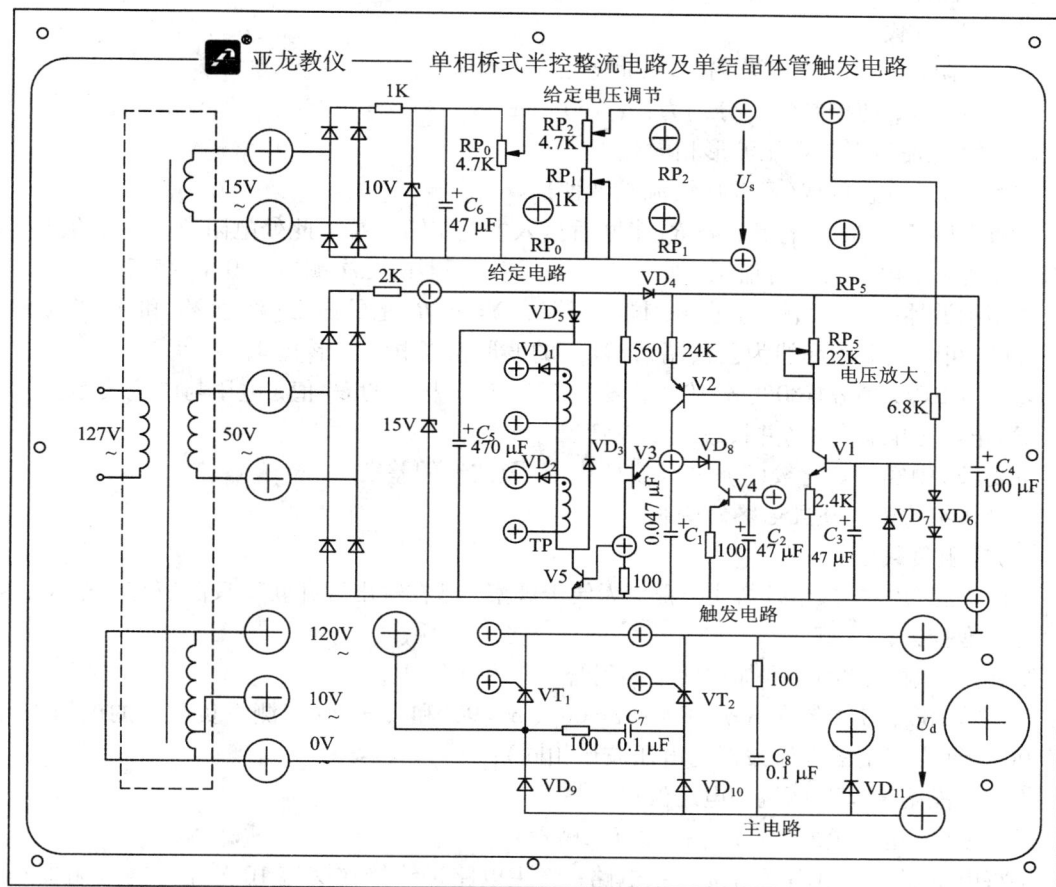

图 1-75　晶闸管半控桥式整流路图及单晶闸管触发电路图(单元 1)

（2）用双综示波器 Y_1 测量 ~50 V 的电压 U_T 的数值与波形，用 Y_2 测量 15 V 稳压管上的电压 U_v（同步电压）的波形，并进行比较（注意：以 O 点为两探头的公共端）。

（3）整定 RP_1 与 RP_0，使 RP_2 输出电压在 0.5 V ~ 2.5 V 之间变化。

（4）调节给定电位器 RP_2，使控制角 α 为 60° 左右。

①测量单结晶体管 V_3（BT 管）发射极电压（即电容 C_1 上的电压 U_{C1}）的电压波形（以同步电压为参考波形）；

②测量 V_3 输出电压波形 U_0；（即 100 Ω 输出电阻上的电压）；

③测量脉冲变压器 TP 两端输出的电压波形 U_{G1} 或 U_{G2}；

④调节 RP_2 观察触发脉冲移动情况（即控制角 α 调节范围；能否由 0°→180°？）。

注①：由于此电路的同步电压为近似梯形波，因此前、后均有死区，α 调节范围一般为 10°→170° 左右，甚至更小一些。

注②：RP_0 整定最高速，RP_1 整定最低速，RP_2 调节速度。

2. 单相半波可控整流电路的研究（此实验可不做，直接做半控桥式电路）

以 120 V 交流电接入主电路输入端，晶闸管 VT_1 接入触发脉冲，而 VT_2 则不接入触发脉冲(此时主电路相当为一单相半波可控整流电路)。

（1）电阻负载

①将电阻负载接入主电路输出端(此处已接白炽灯)；

②调节 RP_2，使控制角 α 分别为：$\alpha=60°$、$\alpha=90°$ 和 $\alpha=120°$，测量负载上的电压波形，及 U_d 数值(电流波形与电压波形相同)。

（2）电阻—电感负载(不并接续流二极管)

①将电感负载 L_d 与电阻负载 R_d 串联后接入主电路输出端。此处电阻负载为变阻器，调至 $100\ \Omega$ 左右，电感负载可借用 $380\ V/50\ V$ 整流变压器的二次侧(即 $50\ V$)绕组。

②用示波器探头 Y_1 测 U_d 波形，同时用探头 Y_2 测 R_d 上的波形[注意 Y_1 和 Y_2 的接地端为公共端(可以主电路底线为公共端)，R_d 上的波形相当电流波形]。

③调节 RP_0，使 $\alpha=60°$、$\alpha=90°$ 和 $\alpha=120°$，记下相应的 U_d 值，电压与电流波形。

（3）电阻—电感负载(并接续流二极管)

重复(2)中实验。比较(2)、(3)实验中 U_d 及波形的差别。

3. 单相半控桥式整流电路的研究

（1）电阻负载

①以电阻负载接入半控桥主电路，为便于观察，已在输出端并联一只白炽灯，若不需要，则可把灯泡拧去；

②将两组触发脉冲分别加在两个晶闸管 VT_1 和 VT_2 上；

③调节 RP_0，使控制角 α 分别为：$\alpha=60°$、$\alpha=90°$ 和 $\alpha=120°$，测量负载上的电压 U_d 的数值和波形(电阻上的电流波形与电压波形相同)；

④测量晶闸管 VT_1 两端的电压波形。

（2）电阻—电感负载(先不并接续流二极管)

①将电抗器与电阻串联后接入主电路；将主电路进线接在交流 $10\ V$ 上。将变阻器与电抗器串联，调节变阻器使电流 $i=0.5\ A$。

②调节 RP_0，使控制角 α 分别为：$\alpha=0°$、$\alpha=30°$、$\alpha=90°$、$\alpha=120°$ 和 $\alpha=170°$(最大)时，负载的电压与电流波形，负载电压波形为 U_d 波形，负载电流波形(即电阻 R_d 上的电压波形)(因电阻上电压、电流波形是相同的)。注意：以主电路底线为两探头的公共端。

③在电路已进入稳定工作时，突然将控制角 α 增大到接近 $180°$，或突然拔去一个触发脉冲，半控桥有可能发生：正在导通的晶闸管一直导通(波形成为半波整流)，从而失去调节作用(产生"失控现象")，试观察失控现象。

④并接续流二极管后，再观察有无失控现象。

五、实验注意事项

1. 由于电力电子实验中的数值和波形都比较复杂，涉及因数也较多，因此要理解与掌握电路工作原理并对实验中要进行测量的数值和波形，做到心中有数。以避免实验中的盲目性。

2. 使用双综示波器的两个探头同时进行测量时，必须使两个探头的地线端为同一电位的端点(因示波器的两个探头的地线端是连在一起的)，否则测量时会造成短路事故。

3. 由于示波器探头公共端接外壳，而外壳又通过插头与大地相连，而三相电力线路的中线是接地的,这样探头地线便与电力中线相通了。在进行电力电子实验,若用探头去测晶闸管元件时,若不用整流变压器,便会烧坏元件或造成短路。因此,通常要将示波器接地线拆去,或通过隔离变压器对示波器供电(如本实验装置的插座均经过隔离变压器)。

六、实验报告

1. 记录交流电压、同步电压、电容 C_1 两端电压、V_3(BT 管)、输出电压的波形。

2. 记录单相半波可控整流电路和单相半控桥式整流电路负载及 VT_1 管的数据与波形,参见表 1 - 5。

表 1 - 5　测量数据表

负载性质	控制角 α	主电路交流电压 U_2	负载电压 U_d	U_d 波形	I_d 波形(即 R_d 波形)	VT_1 波形
电阻						
电阻电感(不并续流二极管)						
电阻电感(并续流二极管)						

3. 对不同性质负载,U_d 与 U_2 间的关系式是怎样的? 测量值与计算值是否相符?

4. 分析波形是否有异常情况,若有,分析其原因,并提出改进办法。

习题及思考

1. 单相半波可控整流电路对电感负载供电,$L = 20 \text{ mH}$,$U_2 = 100 \text{ V}$,求当 $\alpha = 0°$ 和 $60°$ 时的负载电流 I_d,并画出 u_d 与 i_d 波形。

2. 有一具有变压器中心抽头的单相全波可控整流电路,问该变压器还有直流磁化问题吗? 试说明:①晶闸管承受的最大反向电压为 $2\sqrt{2}U_2$;②当负载是电阻或电感时,其输出电压和电流的波形与单相全控桥时相同。

3. 单相桥式全控整流电路,$U_2 = 100 \text{ V}$,负载中 $R = 2 \text{ Ω}$,L 值极大,当 $\alpha = 30°$ 时,要求:

①作出 u_d、i_d 和 i_2 的波形;

②求整流输出平均电压 U_d、电流 I_d,变压器二次电流有效值 I_2;

③考虑安全裕量,确定晶闸管的额定电压和额定电流。

4. 单相桥式半控整流电路,电阻性负载,画出整流二极管在一周内承受的电压波形。

5. 单相桥式全控整流电路，$U_2 = 100$ V，负载中 $R = 2$ Ω，L 值极大，反电势 $E = 60$ V，当 $\alpha = 30°$ 时，要求：

①作出 u_d、i_d 和 i_2 的波形；

②求整流输出平均电压 U_d、电流 I_d，变压器二次侧电流有效值 I_2；

③考虑安全裕量，确定晶闸管的额定电压和额定电流。

6. 晶闸管串联的单相半控桥（桥中 VT_1、VT_2 为晶闸管），电路如图 1 – 73 所示，$U_2 = 100$ V，电阻电感负载，$R = 2$ Ω，L 值很大，当 $\alpha = 60°$ 时求流过器件电流的有效值，并作出 u_d、i_d、i_{VT}、i_D 的波形。

7. 单相全控桥，反电动势阻感负载，$R = 1$ Ω，$L = \infty$，$E = 40$ V，$U_2 = 100$ V，$L_B = 0.5$ mH，当 $\alpha = 60°$ 时求 U_d、i_d 与 γ 的数值，并画出整流电压 u_d 的波形。

任务四　三相可控整流电路的安装与调试

知识点 1　集成触发电路

随着电力电子技术及微电子技术的发展，集成化晶体管触发电路已得到广泛应用。集成化触发器具有体积小、功率低、性能可靠、使用方便等优点。下面介绍国内常用的 KC（或 KJ）系列单片移相触发电路。KC04 集成触发器电路的电原理图如图 1 – 76 所示，其中虚线框内为集成电路部分，框外为外接电容、电阻等元件，该电路由同步检测、锯齿波形成、移相、脉冲形成、脉冲分选及功放等环节组成。

$VT_1 \sim VT_4$ 组成同步检测环节。同步电压 u_T 由端 7、8 输入，经限流电阻 R_R 加到 VT_1、VT_2 基极，u_T 为正半周时，VT_1 导通，VT_2、VT_3 截止，m 点为低电平，n 点为高电平；u_T 为负半周时，VT_1 截止，VT_2、VT_3 导通，m 点是高电平，n 点为低电平。VD_1、VD_2 组成"与"门电路，只要 m，n 两点中有一点为低电平，VT_4 基极电位 u_{b_4} 就为低电平，VT_4 管截止，只有在 u_T 过零时刻（准确地说，应为 $|u_T| < 0.7$ V），$VT_1 \sim VT_3$ 都截止。m，n 两点均为高电平，则 VT_4 饱和导通。VT_5 为锯齿波形成环节。电容 C_1 在 VT_5 的集电极，组成电容负反馈的锯齿波发生器，也称密勒积分器。VT_4 截止时，C_1 充电形成锯齿波；VT_4 导通时，C_1 放电形成锯齿波回程电压。在 VT_4 截止瞬间，开始形成锯齿波上升段。± 15 V 电源经 R_{10}、R_5、RP_1 向 C_1 充电，在端 4 形成线性增长的锯齿波。此锯齿波的斜率决定于 R_5、RP_1 和 C_1 的大小。改变电位器 RP_1 的阻值可调整锯齿波的斜率。VT_4 饱和导通时，C_1 经此迅速放电，形成锯齿波回程段。

由 VT_6 等元件组成移相环节。锯齿波电压 u_{e_5}、偏移电压 u_p、控制电压 u_k 分别经 R_3、R_1 和 R_2 在 VT_6 的基极上并联叠加。当 VT_6 基极电压增至 0.7 V 时，VT_5 导通。如果固定 u_{e_5}、u_p 而改变 u_k 的大小，则 VT_6 开始导通时刻随之变动，即产生的触发脉冲可以前后移动，达到移相的目的。

VT_7 等元件为脉冲形成环节。VT_6 截止时，C_2 经 + 15 V 电源、R_{11}、VT_7 充电（VT_7 经 R_8 获得基极电流而导通），C_2 的极性为左（ + ）右（ – ）。当 $u_{b_6} = 0.7$ V 时，VT_6 导通，由于 C_2 两

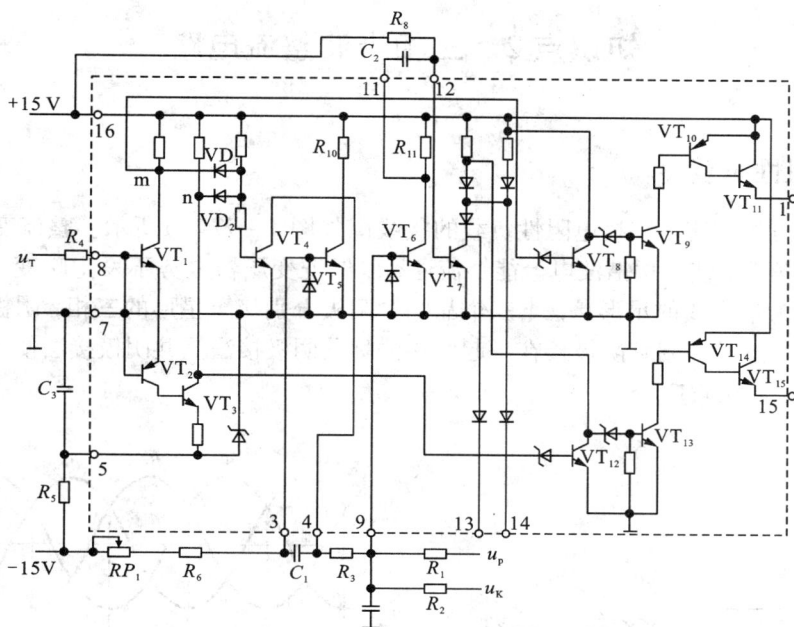

图 1-76　KC04 集成触发器电原理图

端电压不能突变，而此时 C_2 左端电位为零电位，即相当于给 VT_7 基极一个负脉冲信号，使 VT_7 截止。此后 C_2 经 +15 V 电源、R_5、VT_6 反向充电，当电容电压使 VT_7 基极电位等于 0.7 V 时，VT_7 重新导通。VT_7 截止期间，在 VT_7 集电极得到一定宽度的移相脉冲。同步电压 u_T 正、负半周都产生一个相隔 180° 的脉冲，此脉冲的宽度由 C_2 的放电时间常数 C_2R_8 决定。

VT_8、VT_{12} 为脉冲分选环节，VT_9、VT_{10}、VT_{11}、VT_{13}、VT_{14}、VT_{15} 等组成功放环节。VT_7 集电极每个周期输出相隔 180° 的两个脉冲。VT_8 的基极接 m 点，VT_{12} 的基极接 n 点。同步电压正半周时 m 点为正电位，n 点为负电位，则 VT_8 截止，功放级 $VT_9 \sim VT_{11}$ 导通，端 1 输出脉冲（称正输出）；而此时 VT_{12} 导通，使 $VT_{13} \sim VT_{15}$ 截止，端 15 无脉冲输出。当同步电压为负半周时，情况正好相反，功放级 $VT_{13} \sim VT_{15}$ 导通，端 15 输出脉冲（称负输出）。KC04 电路中接在各晶体管基极上的稳压管是为了增强电路的抗干扰能力而设置门限电压。KC04 的移相范围约为 150°，触发器是正极性型，控制电压 u_k 增大时晶闸管的导通角增大。端 13、14 是提供脉冲列调制和封锁脉冲的控制端。此电路具有输出负载能力大，移相性能好，正、负半周脉冲相位均衡性好，对同步电压值无特殊要求等特点。

在 KC 系列触发器中还有六路双脉冲形成器 KC41、脉冲列调制形成器 KC42 等组件，KC41 是三相全控桥式触发电路中必备的组件，而使用 KC42 可产生脉冲列触发信号，达到提高脉冲前沿陡度，减小脉冲变压器体积的目的。有关 KC 系列触发器详细内容可参阅有关产品使用说明书。

知识点 2 三相半波整流电路

一、电阻性负载

三相半波可控整流电路接电阻性负载的接线图如图 1 – 77(a)所示。整流变压器原边绕组一般接成三角形，使三次谐波电流能够流通，以保证变压器电势不发生畸变，从而减小谐波。副边绕组为带中线的星形接法，三个晶闸管阳极分别接至星形的三相，阴极接在一起接至星形的中点。这种晶闸管阴极接在一起的接法称共阴极接法。共阴极接法便于安排有公共线的触发电路，应用较广。

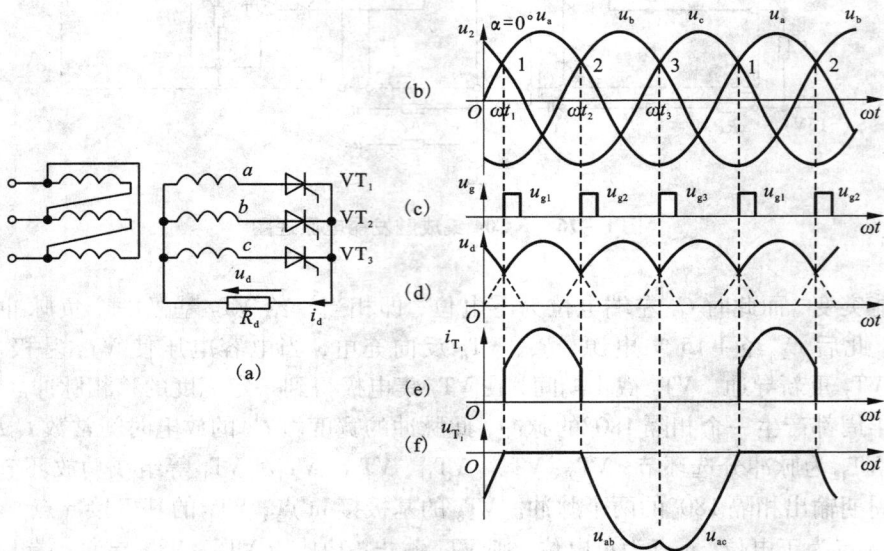

图 1 – 77 三相半波可控整流电路($\alpha = 0$)

三相可控整流电路的运行特性、各处波形、基本数量关系不仅与负载性质有关，而且与控制角 α 有很大关系，应按不同 α 进行分析。

1. $\alpha = 0°$

在三相可控整流电路中，控制角 α 的计算起点不再选择在相电压由负变正的过零点，而选择在各相电压的交点处，即自然换流点，如图 1 – 77(b)中的 1，2，3 ，1，…处。这样，$\alpha = 0$。意味着在 ωt_1 时给 a 相晶闸管 VT$_1$ 门极上施加触发脉冲 u_{g1}；在 ωt_2 时给 b 相晶闸管 VT$_2$ 门极上施加触发脉冲 u_{g2}；在 ωt_3 时给 c 相晶闸管 VT$_3$ 门极上施加触发脉冲 u_{g3} 等，如图 1 – 77(c)所示。

共阴极接法三相半波整流电路中，晶闸管的导通原则是哪相电压最高与该相相连的元件将导通。如果假定电路已进入稳定工作状态，在 ωt_1 时刻之前 c 相 VT$_1$ 正在导通，那么在 $\omega t_1 \sim \omega t_2$ 期间内，a 相电压 u_a 最高，VT$_1$ 具备导通条件。ωt_1 时刻触发脉冲 u_{g1} 加在 VT$_1$ 门极上，VT_1 导通，负载 R_d 上得到 a 相电压，即 $u_d = u_a$，如图 1-77(d) 所示。在 $\omega t_2 \sim \omega t_3$ 期间内，u_b 电压最高，ωt_2 时刻触发脉冲 u_{g2} 加在 VT_2 门极上，VT_2 导通，R_d 上得到 b 相电压，$u_d = u_b$。与此同时，b 点电位通过导通的 VT_2 加在 VT_1 的阳极上。由于此时 $u_b > u_a$，使 VT_1 承受反向阳极电压而关断。VT_2 导通、VT_1 关断，这样就完成了一次换流。同样，在 ωt_3 时刻又将发生 VT_2 向 VT_3 的换流过程。可以看出，对于共阴极接法的三相可控整流电路，换流总是由低电位相换至高电位相。为了保证正常的换流，必须使触发脉冲的相序与电源相序一致。由于三相电源系统平衡，则三只晶闸管将按同样的规律连续不断地循环工作，每管导通 1/3 周期。

共阴极接法三相半波整流电路输出直流电压波形为三相交流相电压的正半周包络线，是一脉动直流，在一个周期内脉动三次（三个波头），最低脉动频率为工频的 3 倍。对于电阻负载，负载电流 i_d 波形与负载电压 u_d 波形相同。变压器副边绕组电流 i_2 即晶闸管中电流 i_T。因此，a 相绕组中电流波形也即 VT_1 中电流波形 i_{t1} 为直流脉动电流，如图 1-77(e) 所示。所以，三相半波整流电路有变压器。铁芯直流磁化问题。晶闸管承受的电压分为三部分，每部分占 1/3 周期。以 VT_1 管上的电压叫为例[图 1-77(f)]：VT_1 导通时，为管压降，$u_{T1} = u_T \approx 0$；VT_2 导通时，$u_{T1} = u_{ab}$；VT_3 导通时，$u_{T1} = u_{ac}$。在电流连续条件下，无论控制角 α 如何变化，晶闸管上电压波形总是由这三部分组成，只是在不同 α 下每部分波形的具体形状不同。在 $\alpha = 0°$ 的场合下，晶闸管上承受的全为反向阳极电压，最大值为线电压幅值。

2. $\alpha \leqslant 30°$

图 1-78 表示了 $\alpha = 30°$ 时的波形图。假设分析前电路已进入稳定工作状态，晶闸管 VT_3 导通。当经过 a 相自然换流点处，虽 $u_a > u_c$，但晶闸管 VT_1 门极触发脉冲 u_{g1} 尚未施加，VT_1 管不能导通，VT_3 管继续工作，负载电压 $u_d = u_c$。在 ωt_1 时刻，正好 $\alpha = 30°$，VT_1 触发脉冲到来，管子被触发导通。VT_3 因承受反向阳极电压 u_{ca} 而关断，完成晶闸管 VT_3 至 VT_1 的换流或 c 相至 a 相的换相，负载电压 $u_d = u_a$。由于三相对称，VT_1 将一直导通到 120° 后的时刻 ωt_2，发生 VT_1 至 VT_2 的换流或 a 相至 b 相的换相。以后的过程就是三相晶闸管的轮流导通，输出直流电压 u_d 为三相电压在 120° 范围内的一段包

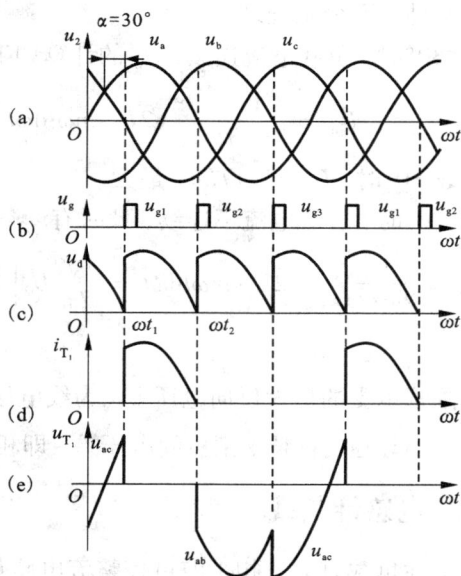

图 1-78　三相半波可控整流电路（$\alpha \leqslant 30°$）

络线。负载电流 i_d 的波形与 u_d 相似，如图 1-78(c) 所示。可以看出，$\alpha = 30°$ 时，负载电流开始出现过零点，电流处于临界连续状态。

晶闸管电流仍为直流脉动电流，每管导通时间为 1/3 周期（120°）晶闸管电压仍由三部分组成，每部分占 1/3 周期，但由于 $\alpha = 30°$，除承受的反向阳极电压波形与 $\alpha = 0°$ 时有所变化外，晶闸管上开始承受正向阻断电压，如图 1-78(e) 所示。

3. $\alpha > 30°$

当控制角 $\alpha > 30°$ 后，直流电流变得不连续。图 1 - 79 给出了 $\alpha = 60°$ 时的各处电压、电流波形。当一相电压过零变负时，该相晶闸管自然关断。此时虽然下一相电压最高，但该相晶闸管门极触发脉冲尚未到来而不能导通，造成各相晶闸管均不导通的局面，从而输出直流电压、电流均为零，电流断续。一直要到 $\alpha = 60°$，下一相管子才能导通，此时管子的导通角小于 120°。

随着 α 角的增加，导通角也随之减小，直流平均电压 U_d 也减小。当 $\alpha = 150°$ 时，$\theta = 0°$，$U_d = 0$，故其移相范围为 150°。由于电流不连续，使晶闸管上承受的电压与连续时有较大的不同。其波形如图 1 - 79(e)所示。

直流平均电压 U_d 计算中应按 $\alpha \leqslant 30°$ 及 $\alpha > 30°$ 两种情况分别处理。

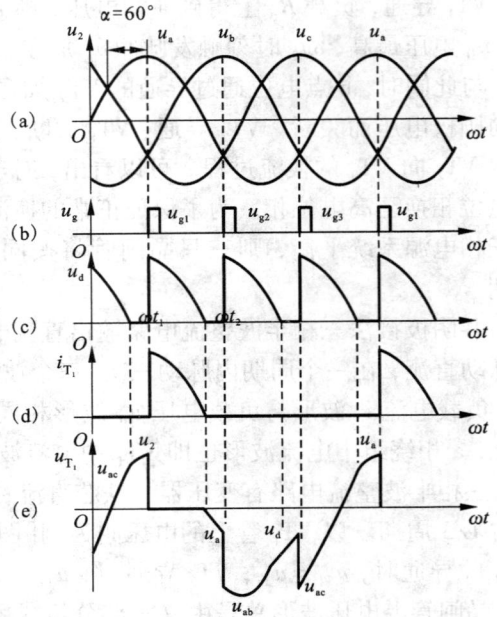

图 1 - 79　三相半波可控整流电路($\alpha = 60°$)

$\alpha \leqslant 30°$ 时，负载电流连续，U_d 的计算如下：

$$U_d = \frac{1}{2\pi/3} \int_{\frac{\pi}{6}+\alpha}^{\frac{5\pi}{6}+\alpha} \sqrt{2} U_2 \sin\omega t d\omega t = \frac{3\sqrt{2}}{2\pi} \sqrt{3} U_2 \cos\alpha = 1.17 U_2 \cos\alpha \qquad (1-36)$$

当 $\alpha = 0°$ 时，$U_d = 1.17 U_2$，最大。

$\alpha > 30°$ 时，直流电流不连续，此时有

$$U_d = \frac{1}{2\pi/3} \int_{\frac{\pi}{6}+\alpha}^{\pi} \sqrt{2} U_2 \sin\omega t d\omega t = \frac{3\sqrt{2}}{2\pi} U_2 \left[1 + \cos\left(\frac{\pi}{6} + \alpha\right) \right] = 0.675 U_2 \left[1 + \cos\left(\frac{\pi}{6} + \alpha\right) \right]$$

$$(1-37)$$

晶闸管承受的最大反向电压 U_{RM} 为线电压峰值 $U_{RM} = \sqrt{6} U_2$ 晶闸管承受最大正向电压 U_{TM} 为晶闸管不导通时的阴、阳极间电压差，即相电压峰值 $U_{TM} = \sqrt{2} U_2$。

二、电感性负载

电感性负载时的三相半波可控整流电路如图 1 - 80(a)所示。假设负载电感足够大，直流电流 i_d 连续、平直，幅值为 I_d。$\alpha \leqslant 30°$ 时，直流电压波形与电阻负载时相同。当 $\alpha > 30°$ 后〔如 $\alpha = 60°$，如图 1 - 80(b)所示〕，由于负载电感 L_d 中感应电势 e_L 的作用，使得交流电压过零时晶闸管不会关断。以 a 相为例，VT_1 在 $\alpha = 60°$ 的 ωt_1 时刻导通，直流电压 $u_d = u_a$。当 $u_a = 0$ 的 ωt_2 时刻，由于 u_a 的减小将引起流过 L_d 中的电流刊出现减小趋势，自感电势 e_L 的极性将阻止 i_d 的减小，使 VT_1 仍然承受正向阳极电压导通。即使当 u_2 为负时，自感电势与负值相电压之和 $u_a + e_L$ 仍可为正，使 VT_1 继续承受正向阳极电压维持导通，直到 ωt_3 时刻，VT_2 触发导通，发生 VT_1 至 VT_2 的换流为止。这样，当 $\alpha > 30°$ 后，u_d 波形中出现了负电压区域，

同时各相晶闸管导通120°，从而保证了负载电流连续。所以大电感负载下，u_d 波形脉动很大，甚至出现负值，但 i_d 波形平直，脉动很小。

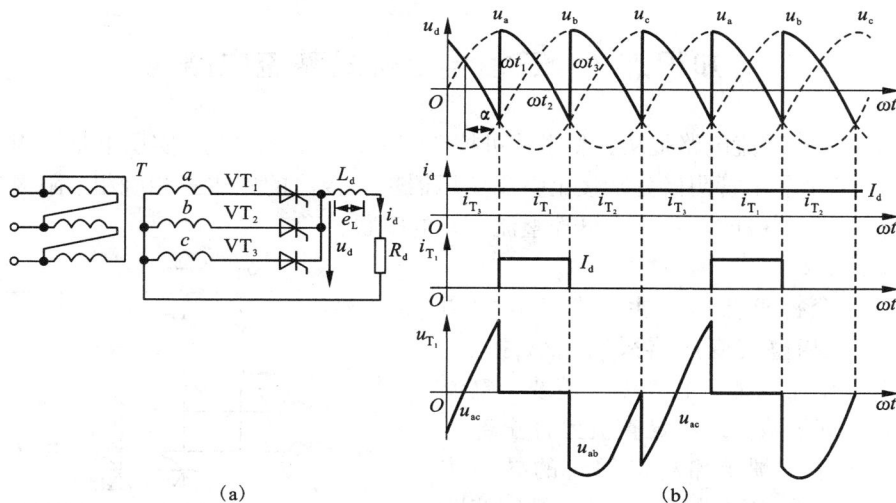

图1-80 三相半波可控整流电路(电感性负载)

由于电流连续、平稳，晶闸管电流为120°宽，高度为 I_d 的矩形波，图1-80(b)中给出了晶闸管 VT_1 中的电流 i_{T1} 波形。其中 $\omega t_2 \sim \omega t_3$ 的一段区域是依靠 L_d 的自感电势 e_L 维持的。晶闸管上电压波形仍然由三段组成，每段占1/3周期，如图1-80(b)中 VT_1 管上电压 u_{T1} 所示。当 VT_1 导通时不承受电压，$u_{T1}=0$；当 VT_1 关断时，由于任何瞬间都有一其他相晶闸管导通而引来他相电压，使 VT_1 承受相应的线电压。

直流平均电压 U_d 为

$$U_d = \frac{1}{2\pi/3}\int_{\frac{\pi}{6}+\alpha}^{\frac{5\pi}{6}+\alpha}\sqrt{2}U_2\sin\omega t\mathrm{d}\omega t = \frac{3\sqrt{2}}{2\pi}\sqrt{3}U_2\cos\alpha = 1.17U_2\cos\alpha \qquad (1-38)$$

当 $\alpha=0°$ 时，$U_d=1.17U_2$，为最大；当 $\alpha=90°$ 时，$U_d=0$；反映在 u_d 波形上是正、负电压区域的面积相等，平均值为零。可见大电感负载下，三相半波电路的移相范围为90°。

由于晶闸管电流为120°宽、高为 I_d 的矩形波，则其平均值为

$$I_{dT} = \frac{1}{3}I_d \qquad (1-39)$$

晶闸管电流有效值为

$$I_T = \sqrt{\frac{120}{360}I_d^2} = \frac{1}{\sqrt{3}}I_d = 0.578I_d \qquad (1-40)$$

变压器副边电流即晶闸管电流，故变压器副边电流有效值为 $I_2 = I_T$，晶闸管承受的最大正、反向峰值电压均为线电压峰值 $U_{TM} = \sqrt{2}U_2$。

三相半波可控整流电路只有3只晶闸管，接线简单。与单相可控整流电路相比，输出直流电压脉动较小，输出功率大，三相负载平衡。但三相半波电路也有很多缺陷，首先是变压器副边绕组只有1/3周期内有单方向电流流过，绕组利用率低。其次单向脉动电流的直流分

量将造成变压器严重直流磁化。这些缺陷限制了三相半波可控整流电路的应用场合,多限于中等偏小的容量,如 30 kW 以下的装置。更大容量时或整流电路性能要求高时,可采用三相桥式全控整流电路。

知识点 3　三相全控桥式整流电路

三相桥式全控整流电路是从三相半波可控整流电路发展起来的,实质上是一组共阴极与一组共阳极(三个晶闸管阴极分别接至整流变压器星形接法的副边三相绕组,阳极连在一起接至副边星形的中点)的三相半波可控整流电路的串联。

1. 电感性负载

三相桥式全控整流电路主回路接线如图 1 - 81 所示。三相整流变压器采用 △/Y 接法,以利于减小变压器磁通、电势中的谐波。整流桥由 6 只晶闸管组成,以满足整流元件全部可控的要求。由于习惯上希望晶闸管的导通按 1→2→3→4→5→6 顺序进行,则晶闸管应按图 3 - 14 所示进行标号。分析中假定 $\omega L_d \gg R_d$,为大电感负载,负载电流 i_d 连续平直。

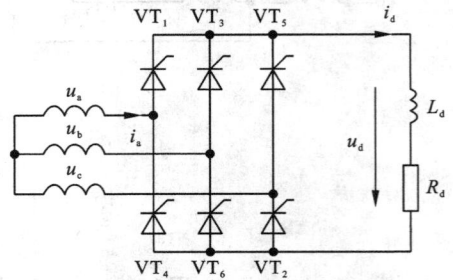

图 1 - 81　三相桥式全控整流电路

(1) $\alpha = 0°$

图 1 - 82 为 $\alpha = 0°$ 时,大电感负载下的电压、电流波形。由三相半波可控整流电路分析可知,共阴极组(VT$_1$、VT$_3$、VT$_5$)的自然换流点位于图 1 - 82(a)中 1、3、5 处,共阳极组(VT$_2$、VT$_4$、VT$_6$)的自然换流点则在 2、4、6 处。$\alpha = 0°$ 就是意味着晶闸管在自然换流点处进行换流,相当于二极管工作状态。当然,换流只能在同组晶闸管之间进行。为了分析方便,将一个周期按换流点等分为六个区间,每区间为 60°。

区间①内,a 相电压的最高,共阴极组 VT$_1$ 被触发导通;b 相电压 u_b 最低,共阳极组 VT$_6$ 被触发导通。直流电流沿 a→VT$_1$→L$_d$、R$_d$→VT$_6$→b 回路流通,变压器副边 a,b 两相工作。忽略晶闸管导通时的管压降,加在负载上的直流电压为 $u_d = u_a - u_b = u_{ab}$,即 a、b 相间线电压,如图 1 - 82(b)所示。

按共阴组所接电压最高时导通,共阳组所接电压最低时导通的规律:
区间②:$u_d = u_a - u_c = u_{ac}$,即 a、c 相间线电压;
区间③:$u_d = u_b - u_c = u_{bc}$,即 b、c 相间线电压;
区间④:$u_d = u_b - u_a = u_{ba}$,即 b、a 相间线电压;
区间⑤:$u_d = u_c - u_a = u_{ca}$,即 c、a 相间线电压;
区间⑥:$u_d = u_c - u_b = u_{cb}$,即 c、b 相间线电压。
完成六个区间的一个周期后,以后的周期就重复以上过程。

三相桥式电路在任何时刻必须有两个晶闸管同时导通,一个在共阴极组,一个在共阳极组以构成回路。这样,负载上获得的是相应相间的线电压。比较相、线电压波形可以看出,相电压的交点与线电压的交点在同一位置上,使得线电压的交点同样也是自然换流点。这样,分析三相桥式全控电路工作过程时,可以直接在线电压波形上根据给定控制角来求取直

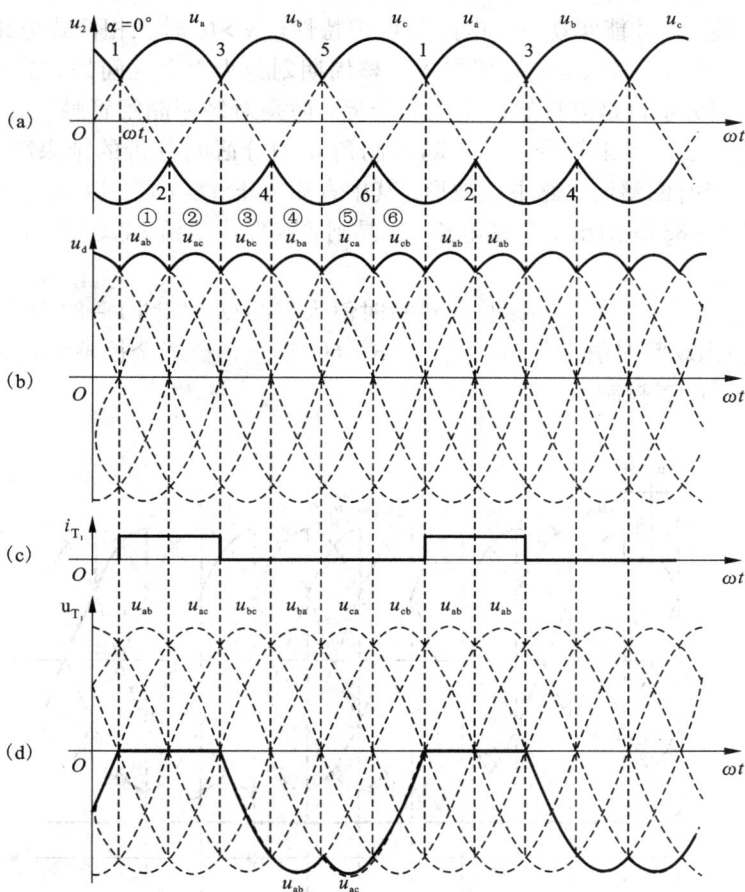

图 1-82　三相桥式全控整流电路波形(电感性负载, $\alpha = 0°$)

流电压波形。同时可以看出,三相桥式全控整流电路在一个周期内脉动 6 次,即有 6 个波头,故脉动频率为 6 倍电源频率,比三相半波时大 1 倍。

三相桥式全控整流电路中,晶闸管的导通顺序或规律为 VT_1、VT_2、VT_3、VT_4、VT_5、VT_6。晶闸管上电流、电压波形与三相半波整流电路一样。以元件 VT_1 为例,在电流连续条件下,i_{T1} 为 120°宽的矩形波。u_{T1} 共由三段组成,每段各占 1/3 周期。VT_1 导通时,元件上的电压为管压降,接近为零;VT_1 关断 VT_3 导通时,元件上承受线电压 u_{ab};VT_1 关断 VT_5 导通时,元件上承受线电压 u_{ac}。从图 1-82 可以看到,当 $\alpha = 0°$ 时,晶闸管不承受正向阳极电压。其他晶闸管上电流、电压波形与 VT_1 相同,只在相位上有差异。

由于三相桥式整流电路每相上、下桥臂上各有一只晶闸管元件,变压器副边每相绕组中均可在正、反两个方向上流过电流。这样,变压器绕组电流平均值为零,显然无直流磁化问题。

(2) $0° < \alpha \leqslant 0°$

当控制角 $\alpha > 0°$ 后,每个晶闸管的触发脉冲将延迟至距各自的自然换流点 α 角度处出现，使得各晶闸管在距离自然换流点 α 处才发生换流。正是由于门极的控制作用保证了晶闸管具有正向阻断能力，才能实现整流电路的可控特性。α > 0°时三相桥式电路的工作原理和电压、电流波形，完全可按 α = 0°时那样将一整周期划分为六个区间的方式来进行分析，只是要注意区间的划分不再是以自然换流点为分界，而是对每相晶闸管触发脉冲到来的时刻，即自然换流点后 α 处为界来划分。这种随控制角 α 划分区间分析的结果随 α 角不同而异。图 1-83 为 α = 30°时的整流电路电压波形，其中直流电压 u_d 波形可以直接从线电压 u_{2L} 波形上分析求得。图 1-83 还给出了负载电流 i_d、晶闸管 VT_1 上电流 i_{T1} 及变压器副边 α 相电流 i_a 的波形。

当 α = 60°时，直流电压 u_d 波形中出现瞬时值为零的点，如图 1-84 所示。由于 α > 60°后直流电压 u_d 将出现瞬时值为负的区域，故 α = 60°是三相桥式全控整流电路输出直流电压的波形均为正值的临界控制角。

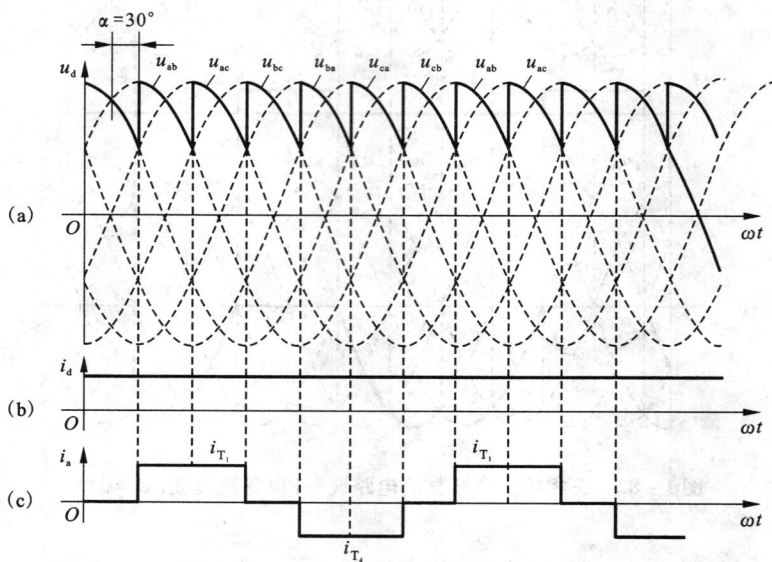

图 1-83　三相桥式全控整流电路波形(电感性负载, α = 30°)

（3）α > 60°

α > 60°后，线电压瞬时值将过零变负，此时由于流过负载电感 L_d 中的电流有减小趋势，使得 L_d 上感应出顺晶闸管单向导电方向的自感电势 e_L，这样作用在导通晶闸管对上的阳极电压为 $u_{2L} + e_L$。由于负载电感足够大，使得在下一对晶闸管触发导通之前能保证 $u_{2L} + e_L > 0$，尽管线电压过零变负，仍能保证原导通的晶闸管对继续导通，直流电压 u_d 中出现了负电压波形。直流平均电压 U_d 为一周期内直流电压 u_d 正、负面积之差，使直流平均电压 U_d 减小。图 1-85 为 α = 90°时的 u_d 与 u_{T1} 电压波形。

（4）基本数量关系

由于三相桥式整流电路输出的直流电压 u_d 是线电压波形中的一部分，因此可以直接从线电压着手计算其平均值。又由于在一个周期内 u_d 脉动 6 次，即每隔 60°波形重复一次，故计算 U_d 时只要对一个 60°的重复周期进行积分平均计算即可。

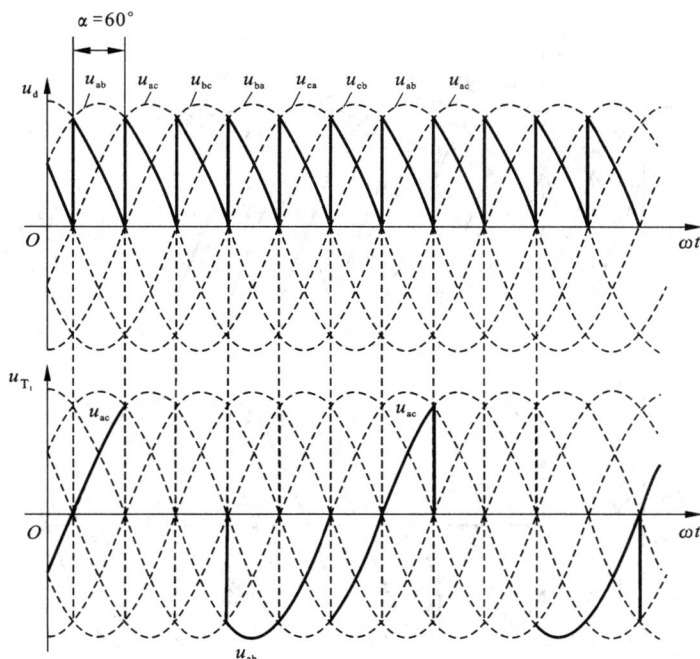

图1-84 三相桥式全控整流电路波形(电感性负载，$\alpha=60°$)

直流平均电压60°计算如下：

$$U_d = \frac{1}{\pi/3}\int_{\frac{\pi}{3}+\alpha}^{\frac{2\pi}{3}+\alpha}\sqrt{6}U_2\sin\omega t\mathrm{d}\omega t = 2.34U_2\cos\alpha \qquad (1-41)$$

由式(1-41)可以看出 U_d 为控制角 α 的函数，当 $\alpha=0°$ 时，$U_d=2.34U_2$；当 $\alpha=90°$ 时，$U_d=0$。可见三相桥式全控整流电路带电感负载时的移相范围为90°。图1-85为 $\alpha=90°$ 时的 U_d 与 U_{T1} 电压波形。

晶闸管电流与三相半波时相同，即晶闸管电流平均值为

$$I_{dT} = \frac{1}{3}I_d \qquad (1-42)$$

晶闸管电流有效值为

$$I_T = \frac{1}{\sqrt{3}}I_d = 0.578I_d \qquad (1-43)$$

变压器副边绕组电流为正、负对称的矩形波电流，其平均值为零，有效值为

$$I_2 = \sqrt{\frac{1}{2\pi}\Big[I_{2d}\frac{2\pi}{3}+(-I_d)^2\frac{2\pi}{3}\Big]} = \sqrt{\frac{2}{3}}I_d \qquad (1-44)$$

晶闸管承受的最大正、反向峰值电压与三相半波时相同，为线电压峰值

$$U_{TM} = \sqrt{6}U_2 \qquad (1-45)$$

(5)对触发脉冲的要求

在电感性负载下每个晶闸管各导通1/3周期(120°)，共阴极组与共阳极组同相元件导通时间上互差半个周期(180°)，使得三相整流电路中的晶闸管将按1→2→3→4→5→6的顺序导通，且两相邻序号晶闸管的导通时间上互差60°。这样一个导通的顺序也就是各元件上门

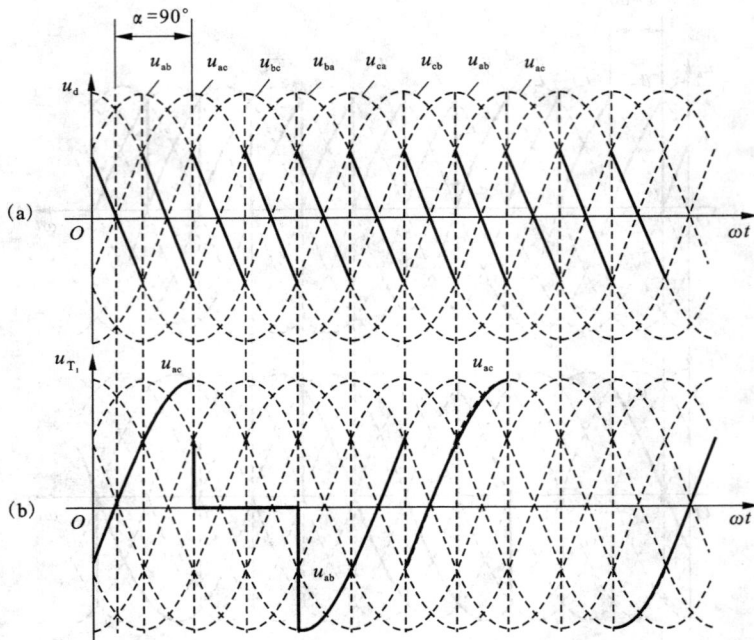

图 1 - 85　　三相桥式全控整流电路波形 (电感性负载 , $\alpha = 90°$)

极触发脉冲的顺序 , 触发电路必须按此顺序依次将触发信号施加到对应晶闸管门极之上。

　　整流电路在正常工作中 , 后一号元件触发导通时前一号元件正在工作 , 确保了任何时刻共阳极组和共阴极组都各有一元件导通以构成回路。但电源刚合闸时 , 必须同时触发一对晶闸管电路才能启动。此外在电阻性负载 $\alpha > 60°$ 后 , 电流将出现断续 , 电路中电流每次均是从无到有 , 都相当于一次电路启动。为了保证整流电路合闸后能正常启动或者电流断续后能再次导通 , 必须使共阳极组及共阴极组内应导通的一对晶闸管同时具有触发脉冲。

　　有两种脉冲形式可以达到这一要求 : 一种是采用宽度大于 $60°$ 而小于 $120°$ 的宽脉冲触发 , 如图 1 - 86 (b) 所示。这样可在电路元件换流时 , 保证相隔 $60°$ 的后一脉冲出现时前一脉冲尚未消失 , 使电路在任何换流点处均有相邻两元件被触发导通。为了有效利用脉冲变压器 , 这种宽脉冲常被调制成脉冲链形式。另一种是在触发某一号晶闸管时 , 同时给前一号晶闸管补发一脉冲。如图 1 - 86 (c) 所示 , 如触发 VT_1 时 , 同时给 VT_6 补发一脉冲 u'_{g6} ; 触发 VT_2 时 , 同时给 VT_1 补发一脉冲 u'_{g1} 等。这样 , 就能保证晶闸管换流点处同时有两个脉冲去触发序号相邻的两个晶闸管以构成回路 , 其作用与宽脉冲相同。而从一个晶闸管上看 , 在一周内要连续被触发两次 , 两次脉冲之间相隔 $60°$, 故称双窄脉冲触发。产生双窄脉冲的触发电路可以减小触发电路的功率和脉冲变压器的体积 , 目前应用较广。

　　2. 电阻性负载

　　(1) $\alpha \leq 60°$

　　设负载电阻大小为 R_d。当 $\alpha \leq 60°$ 时 , 直流电压 u_d 及直流电流 i_d 连续 , 每个晶闸管导通 $120°$, 直流电压、晶闸管上承受的电压与电感性负载时相同。图 1 - 87 给出了 $\alpha = 60°$ 时的波形图。可以看出 , $\alpha = 60°$ 是电阻性负载下电流连续与否的临界点。当 $\alpha > 60°$ 后 , 由于线电压

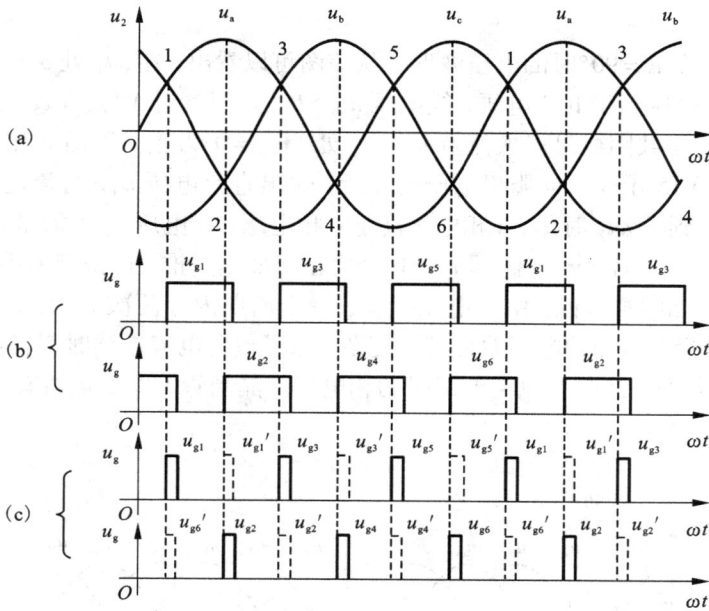

图1-86 三相桥式全控整流电路的触发脉冲($\alpha = 0°$)

过零变负时，无负载电感产生的自感电势保证晶闸管继续承受正向阳极电压，元件即被阻断，输出直流电压为零，电流变为不连续，不再出现电感负载时那种u_d为负值的情况。

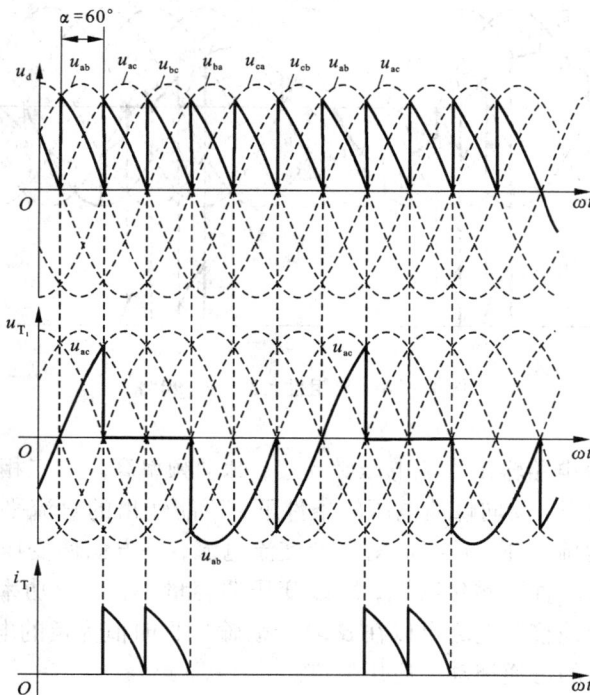

图1-87 电阻性负载($\alpha = 60°$)

（2）$\alpha = 90°$

图 1 – 88 给出了 $\alpha = 90°$时的电压波形。从该图可以看出，在 ωt_1 处 $\alpha = 90°$，为 VT$_5$、VT$_1$ 的换流点，因 a 相电压高于 b 相电压，线电压 $u_{ab} > 0$，晶闸管对 VT$_1$、VT$_5$ 能被触发导通，直流电压 $u_d = u_{ab}$，直至共阴极自然换流点 $u_a = u_b$ 处，$u_{ab} = 0$ 为止。以后 a 相电压低于 b 相电压，$u_{ab} < 0$，VT$_1$、VT5 承受反向阳极电压而关断，输出直流电压 u_d，直流电流 i_d 均为零，电流出现断续现象。到了 ωt_2 时刻，a 相电压高于 c 相电压，线电压 $u_{ac} > 0$，晶闸管对 VT$_1$、VT$_2$ 被触发导通，直流电压 $u_d = u_{ac}$，直至 $u_{ac} = 0$ 处为止。如此类推，可得到一系列断续的直流电压波形。对于某一晶闸管来说，由于电流断续，一个周期内分两次导通，总的导电角为 $2 \times (120° - \alpha)$。晶闸管上承受的电压波形较为复杂，除了包含电流连续时三种电压（$u_T \approx 0$ 的零电压和两种线电压）外，还包含电流断续时的相电压。晶闸管 VT$_1$ 的电流 i_{T1} 及电压 u_{T1} 波形如图 1 – 88 所示。

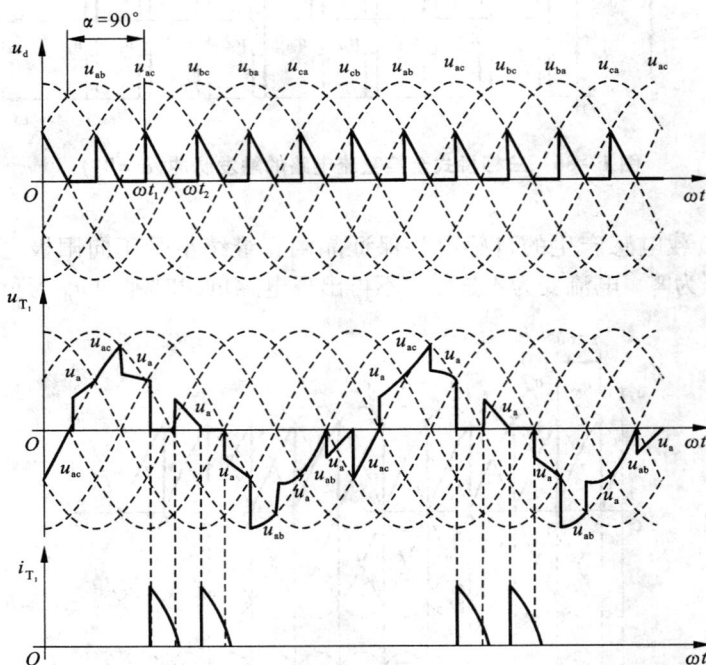

图 1 – 88　电阻性负载（$\alpha = 90°$）

三相桥式全控整流电路输出直流电压脉动小，脉动频率高。与三相半波可控整流电路相比，在晶闸管承受相同正、反向峰值电压的条件下，所能输出的直流平均电压要大一倍。由于变压器副边绕组中电流为正、负半波对称的交流电流，一方面使变压器绕组利用率提高一倍，也克服了变压器铁芯直流磁化问题，所以变压器容量小，装置功率因数高。此外，在一定条件下，三相桥式全控整流电路可以在 $\alpha > 90°$后输出瞬时值为负的电压，实现电路的有源逆变，所以在直流电机的可逆拖动中应用较广。

＊知识点4　整流电路的变压器漏感对整流电路的影响

在前面可控整流电路的分析、讨论中，都认为晶闸管的换流过程是瞬时完成的。以三相半波可控整流电路带大电感性负载为例，设负载电流连续、平直，大小为 I_d，则认为导通元件中的电流瞬时地增长至 I_d，关断元件中的电流瞬时地从 I_d 下降至零。实际上整流电路中各晶闸管支路总存在有各种电感，其中主要是变压器的漏感及线路的杂散电感，这些电感可等效成变压器副边回路中一集中电感 L_B，如图 1－89（a）所示。可以看出，每相支路中 L_B 的存在总是要阻止电流的快速变化，使得实际整流电路中晶闸管的换流不能瞬时完成。即导通元件中的电流不是由零瞬时增大到 I_d，关断元件中的电流也不是由 I_d 瞬时下降为零，这些过程都需要一定时间来完成。这样，流经每个晶闸管的电流波形将为梯形波，如图 1－89（b）所示。在换流所需的这段时间内，正在导通的管子电流在增长，正在关断的管子电流在衰减，两管处于同时（重叠）导通状态，故称换流重叠现象。

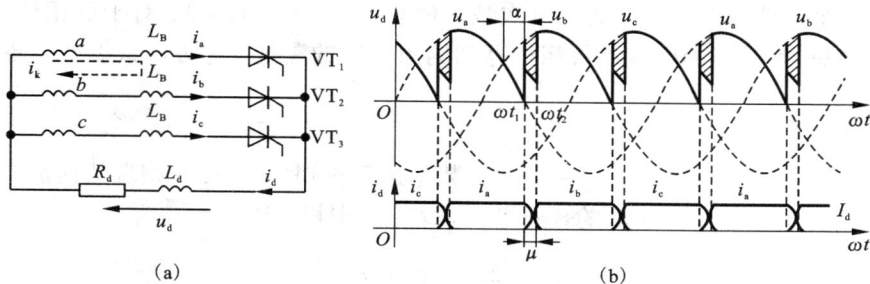

图 1－89　换流重叠现象对可控整流电路电压、电流波形的影响

1. 换流压降

以 a 相晶闸管 VT$_1$ 至 b 相晶闸管 VT$_2$ 的换流过程来分析，其电压、电流波形如图 1－89（b）所示。设 ωt_1 时刻，VT$_2$ 开始被触发导通，b 相电流 i_b 开始从零增长，a 相电流 i_a 开始从 I_d 下降。ωt_2 时刻，i_b 增长至 I_d，i_d 下降为零。这段两晶闸管同时导通的换流重叠时间，折算成电角度为 $\mu = \omega t_2 - \omega t_1$，称为换流重叠角。

在换流重叠角 μ 内，晶闸管 VT$_1$、VT$_2$ 同时导通，可以看做 a，b 两相间发生短路。相间电压差值 $u_b - u_a$ 将在两相漏抗回路中产生一假想的短路电流 i_k，如图 1－89（a）所示。i_k 与换流前每个晶闸管初始电流之和就是流过该晶闸管的实际电流。由于电感 L_B 的阻滞作用，i_k 是逐渐增大的。这样，a 相电流 $i_a = I_d - i_k$ 逐渐减小，b 相电流 $i_b = i_k$ 将逐渐增大。当 i_b 增长到 I_d，i_a 减小至零，VT$_1$ 被阻断，完成了 VT$_1$ 至 VT$_2$ 的换流。所以换流重叠过程，也就是换流电流 i_k 从零增长至 I_d 的过程。

在换流期间内，短路电流的增长会在电感 L_B 上感应出电势 $L_B di_k/dt$ 来。对于 a 相而言，$L_B di_k/dt$ 左（－）右（＋），b 相 $L_B di_k/dt$ 则左（＋）右（－）。如果忽略变压器副边绕组中电阻压降，则 a，b 两相的电压差 $u_b - u_a$ 为两相漏感 L_B 的自感电势所平衡，即

$$u_b - u_a = 2L_B \frac{di_k}{dt} \tag{1-46}$$

而输出直流电压为

$$u_\mathrm{d} = u_\mathrm{b} - L_\mathrm{B}\frac{\mathrm{d}i_\mathrm{k}}{\mathrm{d}t} = u_\mathrm{b} - \frac{u_\mathrm{b} - u_\mathrm{a}}{2} = \frac{u_\mathrm{a} + u_\mathrm{b}}{2} \tag{1-47}$$

上式说明换流重叠期间，直流电压既不是 a 相电压 u_a，也不是 b 相电压 u_b，而是两相电压的平均值，如图 1-89 所示。这样与不计换流重叠角($\mu = 0$)时相比，u_d 波形少了一块如图 1-89 的阴影面积，使直流平均电压 U_d 有所减小。这块面积是由负载电流 I_d 换流引起的，面积在一个晶闸管导通期间内的平均值就是 I_d 引起的压降，称换流压降 ΔU_d。为了进行更一般的计算，设整流电路在一个工作周期内换流 m 次，则每个重复部分的持续时间为 $2\pi/m$。阴影面积可以用电压差 $u_\mathrm{b} - u_\mathrm{d} = L_\mathrm{B}\dfrac{\mathrm{d}i_\mathrm{k}}{\mathrm{d}t}$ 在 α 至 $\alpha + \mu$ 范围内积分求得，即

$$\Delta U_\mathrm{d} = \frac{1}{2\pi/m}\int_\alpha^{\alpha+\mu}(u_\mathrm{b} - u_\mathrm{a})\,\mathrm{d}\omega t = \frac{m}{2\pi}\int_\alpha^{\alpha+\beta}L_\mathrm{B}\frac{\mathrm{d}i_\mathrm{k}}{\mathrm{d}t}\mathrm{d}\omega t$$

$$= \frac{m}{2\pi}\int_\alpha^{\alpha+\beta}L_\mathrm{B}\omega\frac{\mathrm{d}i_\mathrm{k}}{\mathrm{d}\omega t}\mathrm{d}\omega t = \frac{m}{2\pi}\int_0^{I_\mathrm{d}}\omega L_\mathrm{B}I_\mathrm{d} = \frac{m}{2\pi}\omega L_\mathrm{B}I_\mathrm{d} = \frac{mX_\mathrm{B}}{2\pi}I_\mathrm{d} \tag{1-48}$$

式中：m 为一个周期内整流电路的换流次数，对于三相半波，$m = 3$；对于三相桥式，$m = 6$。$X_\mathrm{B} = \omega L_\mathrm{B}$ 为电感量为 L_B 的变压器每相折算到副边绕组的漏抗，它可以根据变压器的铭牌数据求出。

2. 换流重叠角 μ 计算

换流重叠角 μ 可以通过对式(1-46)的数学运算求得。以 a、b 相自然换流点处为坐标原点，仍以一周期内有 m 次换流的普遍形式来表示，则相电压 u_a，u_b 为

$$u_\mathrm{a} = \sqrt{2}U_2\cos\left(\omega t + \frac{\pi}{m}\right)$$

$$u_\mathrm{b} = \sqrt{2}U_2\cos\left(\omega t - \frac{\pi}{m}\right)$$

由式(1-46)可得

$$\frac{\mathrm{d}i_\mathrm{k}}{\mathrm{d}t} = \frac{1}{2L_\mathrm{B}}(u_\mathrm{b} - u_\mathrm{a}) = \frac{1}{2L_\mathrm{B}}2\sqrt{2}U_2\sin\frac{\pi}{m}\sin\omega t$$

则

$$\mathrm{d}i_\mathrm{k} = \frac{1}{\omega L_\mathrm{B}}\sqrt{2}U_2\sin\frac{\pi}{m}\sin\omega t\mathrm{d}\omega t$$

在换流重叠期间进行积分，并进行化简，可得换流重叠角计算公式为

$$\cos\alpha - \cos(\alpha + \mu) = \frac{X_\mathrm{B}I_\mathrm{d}}{\sqrt{2}U_2\sin\dfrac{\pi}{m}} = \frac{2I_d X_\mathrm{B}}{\sqrt{6}U_2} \tag{1-49}$$

变压器漏感的存在能够限制短路电流，限制晶闸管的电流上升率，可起到类似在整流电路交流侧进线端串接电抗器的作用，这是好的一方面。但是由于漏抗的存在，使换流期间产生两相重叠导通现象，造成两相相间短路，使电源电压波形出现缺口，造成电网波形畸变，影响整流电路本身及其他用电设备的正常运行。特别是跳变形式出现的电压波形畸变，引起整流电路晶闸管承受较大电压上升率 $\mathrm{d}u/\mathrm{d}t$，当正向的 $\mathrm{d}u/\mathrm{d}t$ 超过断态临界电压上升率时，引起晶闸管误导通。此外变压器的漏感还会使整流电路的功率因数变坏，电压脉动增加。这些

都是必须加以注意的实际问题。

3. 实例

[例]　三相桥式全控整流电路对直流电动机负载供电的原理图，如图 1-90 所示。其中直流电机反电势 $E = 200$ V，回路电阻 $R_d = 1$ Ω，平波电抗器的电感 L_d 数值很大，整流变压器副边漏抗 $L = 1$ mH，整流桥输入交流相电压 $U_2 = 220$ V，移相控制角 $\alpha = 60°$，求整流桥输出直流电压 U_d、直流电流 I_d 和换流重叠角 μ。

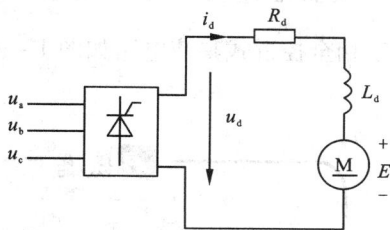

图 1-90　三相整流电路带直流电动机负载

[解]　未考虑换流重叠现象时，整流电路输出直流电压 U'_d 可计算如下：

$$U'_d = 2.34 U_2 \cos\alpha = 2.34 \times 220 \times \cos 60° = 257.5 (\text{V})$$

考虑换流重叠现象后，直流电压 U_d 和直流电流 I_d 与 $\mu = 0$。时的 U'_d、I'_d 的数值不同。可列出以下方程求解 U_d 和 I_d：

$$U_d = U'_d - \Delta U_d$$
$$U_d - E = I_d R$$

式中

$$\Delta U_d = \frac{m X_B}{2\pi} I_d = \frac{6}{2\pi} \times 10^{-3} \times 314 \times I_d = 0.3 I_d$$

可求得

$$I_d = \frac{257.5 - 200}{1.3} = 44.23 (\text{A})$$

$$U_d = 200 + I_d R_D = 244.23 (\text{V})$$

换流重叠角 μ 可计算如下：

$$\cos\alpha - \cos(\alpha + \mu) = \frac{2 I_d X_B}{\sqrt{6} U_2} = \frac{2 \times 44.23 \times 10^{-3} \times 314}{\sqrt{6} \times 220} = 0.0515$$

$$\cos(60° + \mu) = 0.5 - 0.0515$$

$$\mu = 63.36° - 60° = 3.36°$$

由以上计算可得整流桥输出直流电压 $U_d = 244.23$ V、直流电流 $I_d = 44.23$ A 和换流重叠角 $\mu = 3.36°$。

实操训练

一、实验目的

1. 熟悉三相全控桥式整流电路的结构特点，以及整流变压器、同步变压器的连接。

2. 掌握 KC785 集成触发电路的应用。

3. 掌握三相晶闸管集成触发电路的工作原理与调试(包括各点电压波形的测试与分析)。

4. 研究三相全控桥式整流供电电路①(电阻负载时)，在不同导通角下的电压与电流波形。

---

① 这里以三相全控桥为例，进行分析。若以 VD_2、VD_4、VD_6 取代 VT_2、VT_4、VT_6，则为三相半控桥路。若负载的另一端与 N 线相连，则为三相半波(零式)电路。

二、实验电路与工作原理

1. 三相全控桥式整流电路如图 1 – 91 所示。

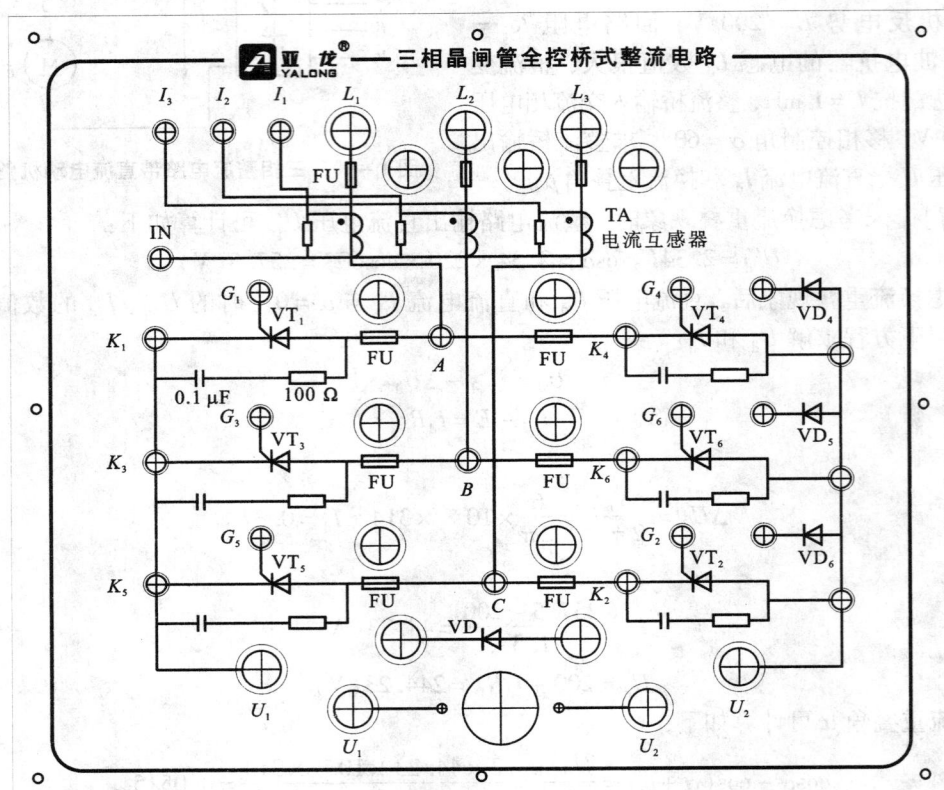

图 1 – 91　三相晶闸管全控桥式整流电路(单元 7)

2. 触发电路采用同步电压为锯齿波的集成触发电路 KC785，由于同步电压要经过阻容滤波。

3. 三相晶闸管集成触发电路如图 1 – 92 所示。

三相晶闸管触发电路的核心部分是由三块集成触发电路 N_1、N_2、N_3 构成的电路，它们是 TCA785(国产为 KJ785 或 KC785)集成电路。

三、实验设备

1. 亚龙 YL – 209 型实验装置的单元(8)、(9)。

2. 双踪示波器。

3. 万用表。

4. 变阻器。

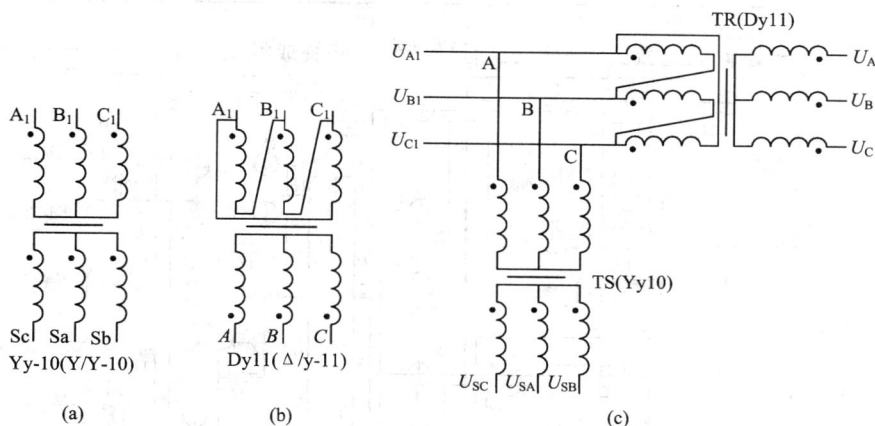

图 1 – 92　三相变压器连接图

四、实验内容与步骤

1. 将整流变压器联成 Dy – 11 接法，将同步变压器联成 Yy – 10 接法，不接负载。将它们的一次侧接上 220 V/380 V 电源，用示波器测量 U_{A1}，U_A 和 U_{SA} 的幅值与波形，观察后者是否较前者超前 30°。同时测量 ±12 V 电源电压是否正常。

2. 切断电源，将整流变压器输出 U_A、U_B、U_C 分别接入主电路的 L_1、L_2 和 L_3 输入端。

3. 在主电路的输出端 U_1 和 U_2 间接上一电阻负载（变阻器）。

4. 触发电路接上 +12 V，+15 V 及 +24 V 电源，输入同步电压（16.5 V），控制电压 U_C 端接在稳压电源上，U_C 在 0 ~ 8 V 间进行调节，先使 U_C 为 4 V 左右，用万用表及示波器，观测 N_1 的 10 脚（锯齿波）及 14、15 脚的输出（双脉冲列）的幅值与波形。

由图 1 – 93 可见，当控制电压 U_C（即图中 V_{11}）为最小时，α 为最小，此时输出电压为最大。反之，当 $U_C \approx 8$ V 时，触发脉冲消失，$U_d = 0$。

调节 RP_1，使 N_1 锯齿波的幅值为 7.8 ~ 7.9 V，当 U_{c1} 增大到最大（8 V 左右）时，再适当调节 RP_1，使 N_1 的脉冲刚好消失。

5. 再以 N_1 的锯齿波为基准，调节 RP_2 和 RP_3，使 N_2 和 N_3 锯齿波的斜率与 N_1 相同（用示波器观察）。

6. 调节控制电压 U_C，使 U_C 由 0→8 V，观察脉冲的移相范围。并测量 6 个触发脉冲，是否互差 60°，并记录下触发脉冲的波形。

7. 测量 N_4 的 10 ~ 15 脚的输出脉冲的幅值与相位。若各触发脉冲正确无误（如图 1 – 93 所示）。则在切断电源后，将脉冲变压器的输出接到对应的六个晶闸管的 G、K 极。

8. 合上电源，观测电阻负载上的电压的数值与波形，调节 U_C 的大小，使控制角 α 分别为 30°、60°、90° 及 120°，记录电压的平均值与波形。

9. 调节变阻器及 U_C 使电流 $I_d = 1.5$ A，测量电流互感器输出的电压数值（I_1 与 i_2 间或 i_2 与 I_3 间）。

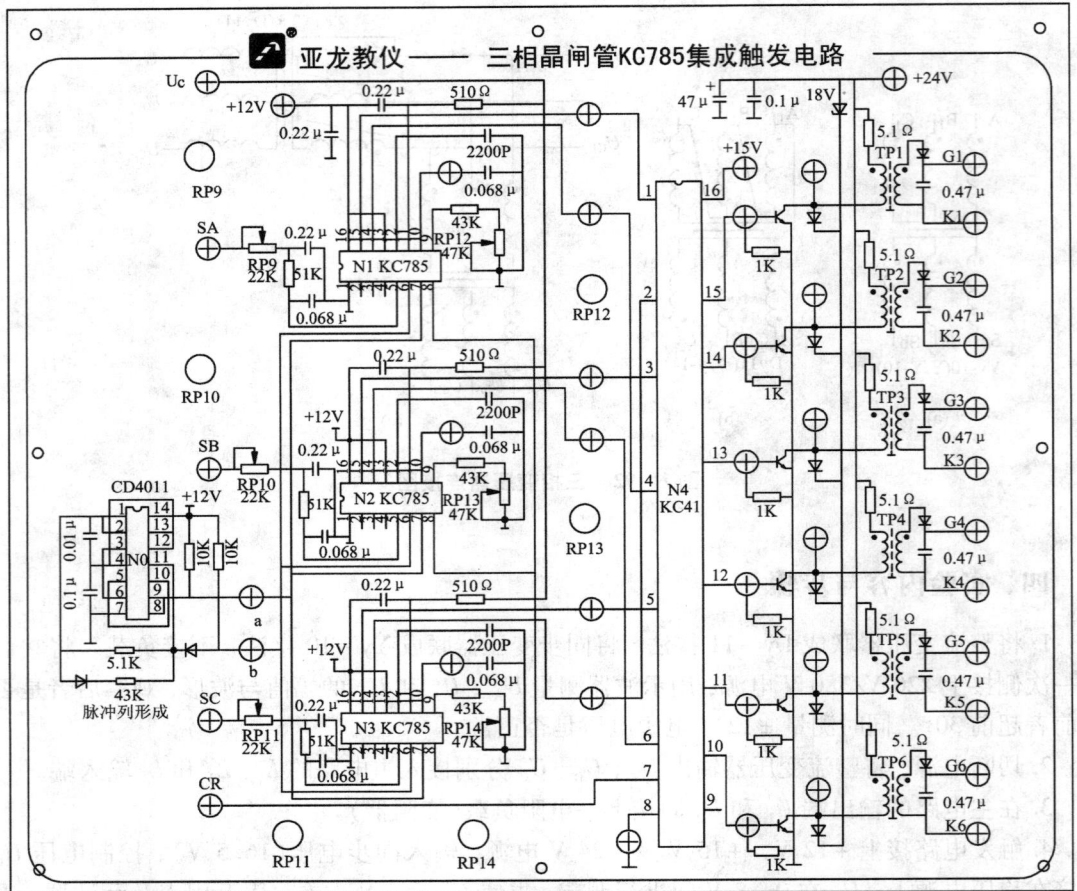

图 1-93 三相晶闸管集成触发电路(单元 9)

10. 测量 $\alpha = 60°$时，VT_1 元件 K、A 间的电压波形。

11. 若 6 只晶闸管中，有一只(设 VT_1 损坏——除去它的触发脉冲)重新测量 U_d 的幅值与波形，并从晶闸管的波形去判断该元件是否正常。

五、实验注意事项

1. 由于这为一大型实验，涉及许多理论知识，因此实验前要复习电力电子课程的相关基础知识，并仔细阅读实验指导书，列出实验步骤。

2. 由于实验联线较多，因此，应联好一单元，检查一单元，并测试是否正常。只有在确保各单元工作正常无误的情况下，才可将各单元联接起来。

3. 实验中有多处要用示波器进行比较测量，要注意找出两个探头公共端的接线处，否则很易造成短路。

六、实验报告

1. 记下电源 U_{A1}、整流变压器 U_A、同步变压器输出电压 U_{SA} 的平均值与波形，以及它们间的相位差。

2. $VT_1 \sim VT_6$ 管的触发脉冲的幅值、波形及相位。

3. 电阻负载在 $\alpha = 30°$，$\alpha = 60°$ 和 $\alpha = 90°$ 时的电压的数值及波形，以及它们的平均值与计算值是否一致。

4. 在 $\alpha = 60°$ 时，VT_1 元件 K、A 两端的电压波形。

5. 若 VT_2 损坏，A、K 两端的电压波形是怎样的？对波形进行分析，指出正常的与不正常的地方，并分析形成原因。

习题及思考

1. 在三相半波整流电路中，如果 a 相的触发脉冲消失，试绘出在电阻性负载和电感性负载下整流电压 u_d 的波形。

2. 三相半波整流电路，可以将整流变压器的二次绕组分为两段成为曲折接法，每段的电动势相同，其分段布置及其矢量如图 1-94 所示，此时线圈的绕组增加了一些，铜的用料约增加 10%，问变压器铁芯是否被直流磁化，为什么？

3. 三相半波整流电路的共阴极接法与共阳极接法，a、b 两相的自然换相点是同一点吗？如果不是，它们在相位上差多少度？

4. 有两组三相半波可控整流电路，一组是共阴极接法，一组是共阳极接法，如果它们的触发角都是 α，那么共阴极组的触发脉冲与共阳极组的触发脉冲对同一相来说，例如都是 a 相，在相位上差多少度？

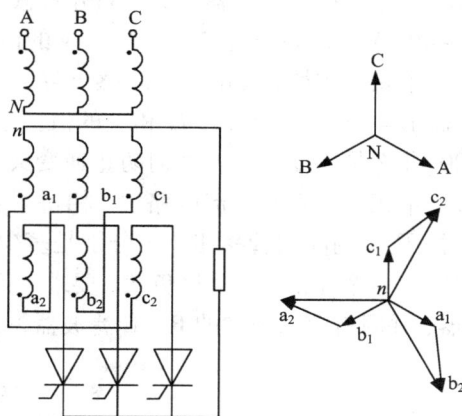

图 1-94 变压器二次绕组的曲折接法及其矢量图

5. 三相半波可控整流电路，$U_2 = 100\ V$，带电阻电感负载，$R = 5\ \Omega$，L 值极大，当 $\alpha = 60°$ 时，要求：

① 画出 u_d、i_d 和 i_{VT1} 的波形；

② 计算 U_d、I_d、I_{dT} 和 I_{VT}。

6. 在三相桥式全控整流电路中，电阻负载，如果有一个晶闸管不能导通，此时的整流电压 u_d 波形如何？如果有一个晶闸管被击穿而短路，其他晶闸管受什么影响？

7. 三相桥式全控整流电路，$U_2 = 100\ V$，带电阻电感负载，$R = 5\ \Omega$，L 值极大，当 $\alpha = 60°$ 时，要求：

① 画出 u_d、i_d 和 i_{VT1} 的波形；

② 计算 U_d、I_d、I_{dT} 和 I_{VT}。

8. 三相半波可控整流电路，反电动势阻感负载，$U_2 = 100$ V，$R = 1$ Ω，$L = \infty$，$L_B = 1$ mH，求当 $a = 30°$ 时、$E = 50$ V 时 U_d、I_d、γ 的值并作出 u_d 与 i_{VT1} 和 i_{VT2} 的波形。

9. 三相桥式不可控整流电路，阻感负载，$R = 5$ Ω，$L = \infty$，$U_2 = 220$ V，$X_B = 0.3$ Ω，求 U_d、I_d、I_{VD}、i_2 和 γ 的值并作出 u_d、i_{VD} 和 i_2 的波形。

10. 三相全控桥，反电动势阻感负载，$E = 200$ V，$R = 1$ Ω，$L = \infty$，$U_2 = 220$ V，$\alpha = 60°$，当 $L_B = 0$ 和 $L_B = 1$ mH 情况下分别求 U_d、I_d 的值，后者还应求 γ 并分别作出 u_d 与 i_T 的波形。

11. 单相桥式全控整流电路，其整流输出电压中含有哪些次数的谐波？其中幅值最大的是哪一次？变压器二次侧电流中含有哪些次数的谐波？其中主要的是哪几次？

12. 三相桥式全控整流电路，其整流输出电压中含有哪些次数的谐波？其中幅值最大的是哪一次？变压器二次侧电流中含有哪些次数的谐波？其中主要的是哪几次？

13. 试计算第 7 题中 i_2 的 5、7 次谐波分量的有效值 I_{25}、I_{27}。

14. 带平衡电抗器的双反星形可控整流电路与三相桥式全控整流电路相比有何主要异同？

15. 整流电路多重化的主要目的是什么？

16. 12 脉波、24 脉波整流电路的整流输出电压和交流输入电流中各含哪些次数的谐波？

17. 使变流器工作于有源逆变状态的条件是什么？

18. 三相全控桥变流器，反电动势阻感负载，$R = 1$ Ω，$L = \infty$，$U_2 = 220$ V，$L_B = 1$ mH，当 $E_M = -400$ V，$\beta = 60°$ 时求 U_d、I_d 与 γ 的值，此时送回电网的有功功率是多少？

19. 单相全控桥，反电动势阻感负载，$R = 1$ Ω，$L = \infty$，$U_2 = 100$ V，$L = 0.5$ mH，当 $E_M = -99$ V，$\beta = 60°$ 时，求 U_d、I_d 和 γ 的值。

20. 什么是逆变失败？如何防止逆变失败？

21. 单相桥式全控整流电路、三相桥式全控整流电路中，当负载分别为电阻负载或电感负载时，要求的晶闸管移相范围分别是多少？

22. 三相全控桥，电动机负载，要求可逆，整流变压器的接法是 Dy－5，采用 NPN 锯齿波触发器，并附有滞后 30° 的 R－C 滤波器，决定晶闸管的同步电压和同步变压器的联结形式。

模块二　逆变电路

任务一　有源逆变电路

知识点 1　全控型电力电子器件

一、门极可关断晶闸管

门极可关断晶闸管(GTO)是一种具有自关断能力的闸流特性功率半导体器件,门极加上正向脉冲电流时就能导通,加上负脉冲电流时就能关断。由于不用换流回路,简化了变流装置主回路,提高了线路的可靠性,减少了关断所需能量,也提高了装置的工作频率。GTO 的基本结构和阳极伏安特性与普通晶闸管相同,门极伏安特性则有较大的差异,它反映了门极可关断的特殊性。由于 GTO 可以用触发电路来开通、关断,故属于全控型器件。GTO 的符号如图 2-1 所示。

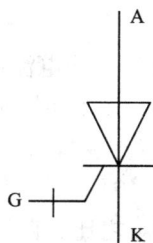

图 2-1　GTO 符号

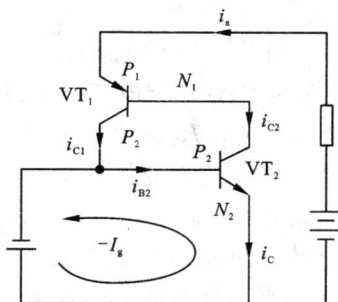

图 2-2　GTO 的关断原理图

在设计制造 GTO 时,应使图 2-2 中等效晶体管 VT_2 的共基极电流放大系数 α_2 较大。由图可知

$$i_{B2} + i_{C2} = i_C$$
$$i_{C2} = \alpha_2 i_C$$
$$i_C = i_{B2}/(1-\alpha_2)$$

当 GTO 处于通态时,$I_g = 0$,$i_{B2} = i_{C1}$,如果突加一个负触发电流 I_g,则有以下变化:

$$i_{B2} = (i_{C1}-I_g)\downarrow \rightarrow i_{C2}\downarrow \rightarrow \alpha_2\downarrow \rightarrow (1-\alpha_2)\uparrow \rightarrow i_C\downarrow \rightarrow i_a\downarrow \downarrow \rightarrow \alpha_1、\alpha_2\downarrow$$

i_C、i_a 继续减小。

由此可见，加上 I_g 后，将引起 i_C、i_a 持续减小的正反馈，最终导致 GTO 阳极电流减小到维持电流 I_H 以下，使 GTO 从通态转入断态。

GTO 的门极伏安特性如图 2 - 3 所示。在元件阻断的情况下，逐渐增加门极正向电压 u_g，门极电流 i_g 随之增加。由于处于阻断状态，阳极电流 $i_a \approx 0$，如①段所示。当门极电流增大到开通门极电流 I_{GF} 时，阳极电流出现，使门极电压发生了跃增，特性曲线从①段跳到了②段，晶闸管导通。导通时门极电压的跳变大小与阳极电流大小有关，i_a 越大，跃增幅度越大。

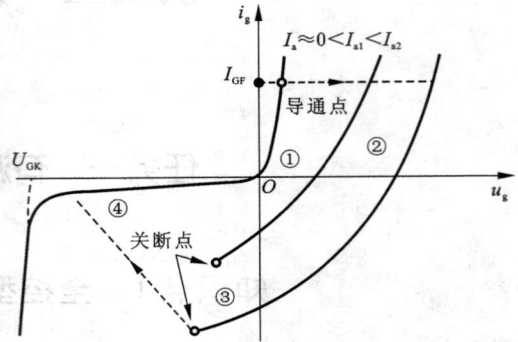

图 2 - 3　GTO 的门极伏安特性

在导通的情况下欲关断晶闸管，可给门极施加反向电压。此时门极特性的工作点根据不同的阳极电流，沿不同特性分支，从第Ⅰ象限经第Ⅳ象限而到达第Ⅲ象限的③段。当门极反向电流达到一定大小时，晶闸管关断，实现了门极控制的关断过程。在关断点上，门极特性再次发生了由③段到④段的跃变。此时门极电压增加，门极电流下降。当完全阻断时，阳极电流 $i_a \approx 0$，门极工作点在门极结的反向特性④上，其中 U_{GK} 为门极结反向击穿电压。从门极伏安特性可以看出，GTO 的阳极电流 i_a 越大，关断时所需的门极脉冲电流也越大。

GTO 主要参数如下。

(1)最大可关断阳极电流 I_{ATO}

I_{ATO} 是表示 GTO 额定电流大小的参数。它与普通晶闸管用通态平均电流作为额定电流不同。在实际应用中，I_{ATO} 随着工作频率、再加电压、阳极电压上升率、结温、门极负电流的波形及电路参数的变化而变化。

(2)电流关断增益 β_{off}

β_{off} 是指最大可关断阳极电流 I_{ATO} 与门极负脉冲电流最大值 I_{GM} 之比，它是表征 GTO 关断能力强弱的重要特征参数。β_{off} 一般较小，数值为 3 ~ 5，因此要关断已导通的 GTO 所需门极负脉冲电流的最大值就比较大，这是 GTO 比较明显的缺点。

GTO 的其他参数与普通晶闸管的参数相似，这里就不再介绍。目前，GTO 产品的额定电流、额定电压已超过 6 kA、6 kV，在 10 MV·A 以上的特大型电力电子变流装置中得到应用。

二、大功率晶体管

大功率晶体管(GTR)是一种具有两种极性载流子(空穴及电子)均起导电作用的半导体器件，称为双极型器件。它与晶闸管不同，具有线性放大特性，但在变流应用中却是工作在开关状态，以减小其功率损耗。它可以通过基极信号方便地进行通、断控制，是典型的全控型器件。

1. 结构

从工作原理和基本特性上看，大功率晶体管与普通晶体管并无本质上的差别，但它们在工作特性的侧重面上有较大的差别。对于普通晶体管，被关注的特性参数为电流放大倍数、线性度、频率响应、噪声、温漂等；而对于大功率晶体管，重要参数是击穿电压、最大允许功耗、开关速度等。为了承受高压大电流，大功率晶体管不仅尺寸要随容量的增加而加大，其内部结构、外形也需做相应的变化。

普通晶体管的结构已在模拟电子技术中做过专门介绍，它是由两个 PN 结相间而成的。图 2-4(a)为 NPN 型普通晶体管的结构示意图。图 2-4(b)为 GTR 的结构原理图，一个 GTR 芯片包含大量的并联晶体管单元，这些晶体管单元共用一个大面积集电极，而发射极和基极则被化整为零。这种结构可以有效解决所谓的发射极电流聚边现象。图 2-4(c)为 GTR 的标志符号，与普通晶体管完全相同。

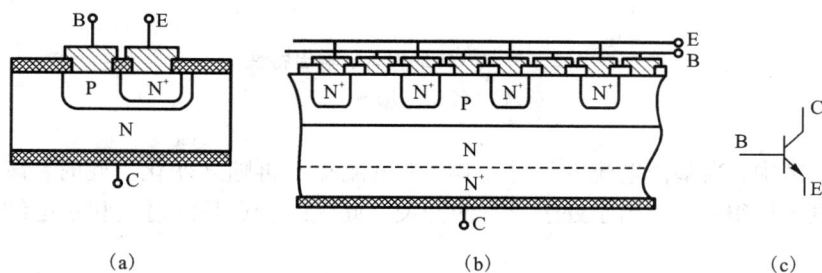

图 2-4　GTR 的结构与符号

(a)普通晶体管结构示意图；(b)GTR 结构原理图；(c)GTR 的标志符号

2. 工作特性

(1)静态特性

GTR 的静态特性可分为输入特性和输出特性。

①输入特性

输入特性如图 2-5(a)所示，它表示 U_{CE} 一定时，基极电流 I_B 与基极-发射极间电压 U_{BE} 之间的函数关系，它与二极管 PN 结的正向伏安特性相似。当 U_{CE} 增大时，输入特性右移。一般情况下，GTR 的正向偏压 U_{BE} 大约为 1 V。

②输出特性

大功率晶体管运行时常采用共射极接法，共射极电路的输出特性是指集电极电流 I_C 和集电极-发射极电压 U_{CE} 的函数关系，如图 2-5(b)所示。由图中可以看出，GTR 的工作状态可以分成四个区域：截止区(也称阻断区)、线性放大区、准饱和区和饱和区(也称深饱和区)。截止区对应于基极电流 $I_B = 0$ 的情况，在该区域中，GTR 承受高电压，仅有很小的漏电流存在，相当于开关处于断态的情况。该区的特点是发射结和集电结均为反向偏置。

在线性放大区中，集电极电流与基极电流呈线性关系，特性曲线近似平直。该区的特点是集电结反向偏置、发射结正向偏置。对工作于开关状态的 GTR 来说，应当尽量避免工作于线性放大区，否则由于工作在高电压大电流下，功耗会很大。准饱和区是指线性放大区和饱和区之间的区域，正是输出特性中明显弯曲的部分。在此区域中，随着基区电流的增加，开始出现基区宽调制效应，电流增益开始下降，集电极电流与基区电流之间不再呈线性关系，但仍保持着发射结正偏、集电结反偏。

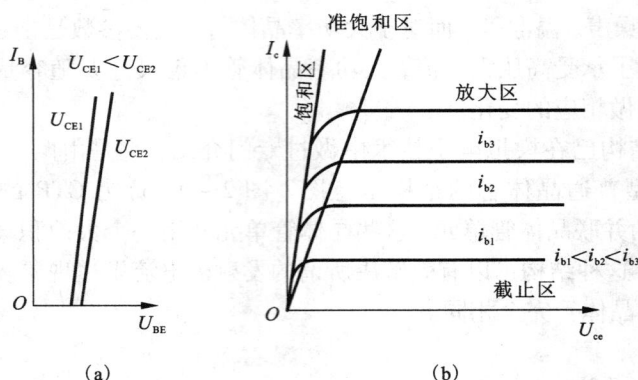

图 2 – 5　GTR 的输入、输出特性

（a）输入特性；（b）输出特性

　　而在饱和区中，当基极电流变化时，集电极电流却不再随之变化。此时，该区域的电流增益与导通电压均很小，相当于处于通态的开关。此区的特点是发射结和集电结均处于正向偏置状态。

　　（2）动态特性

　　GTR 主要工作在截止区及饱和区，切换过程中快速通过放大区，这个开关过程反映了 GTR 的动态特性。当在 GTR 基极施以脉冲驱动信号时，GTR 将工作在开关状态，如图 2 – 6 所示。在 t_0 时刻加入正向基极电流，GTR 经延迟和上升阶段后达到饱和区，故开通时间 t_{on} 为延迟时间 t_d 与上升时间 t_r 之和，其中 t_d 是由基极与发射极间结电容 C_{be} 充电而引起的，t_r 是由基区电荷储存需要一定时间而造成的。当反向基极电流信号加到基极时，GTR 经存储和下降阶段才返回截止区，则关断时间 t_{off} 为存储时间 t_s 与下降时间 t_f 之和，其中 t_s 是除去基区超量储存电荷过程引起的，t_f 是基极与发射极间结电容 C_{be} 放电而产生的结果。

　　在实际应用时，增大驱动电流，可使 t_d 和 t_r 都减小，但电流也不能太大，否则将增大存储时间。在关断 GTR 时，加反向基极电压可加快电容上电荷的释放，从而减少 t_s 与 t_f，但基极电压不能太大，以免使发射结击穿。

　　为提高 GTR 的开关速度，可选用结电容比较小的快速开关晶体管，也可利用加速电容来改善 GTR 的开关特性。在 GTR 基极电路电阻 R_b 两端并联一电容 C_{be}，利用换流瞬间其上电压不能突变的特性可改善晶体管的开关特性。

　　3. 主要参数

　　（1）电压参数

　　①集电极额定电压 U_{CEM}

　　加在 GTR 上的电压如越过规定值时，会出现电压击穿现象。击穿电压与 GTR 本身特性及外电路的接法有关。各种不同接法时的击穿电压的关系如下：

$$BU_{CBO} > BU_{CEX} > BU_{CES} > BU_{CER} > BU_{CEO}$$

式中：BU_{CBO} 为发射极开路时，集电极与基极间的反向击穿电压；BU_{CEX} 为发射极反向偏置时，集电极与发射极间的击穿电压；BU_{CES}、BU_{CER} 分别为发射极与基极间用电阻连接或短路连接

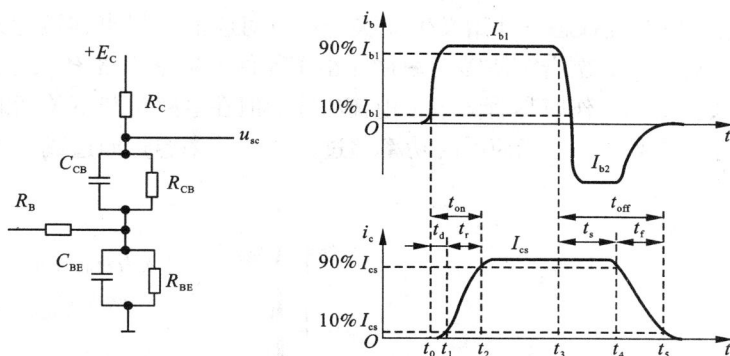

图 2-6 GTR 动态等效电路及开关特性

时，集电极和发射极间的击穿电压，BU_{CEO} 为基极开路时，集电极和发射极间的击穿电压。GTR 的最高工作电压 U_{CEM} 应比最小击穿电压 BU_{CEO} 低，从而保证元件工作安全。

②饱和压降 U_{CES}

单个 GTR 的饱和压降一般不超过 1.5 V，U_{CES} 随集电极电流 I_{CM} 的增大而增大。

（2）电流参数

①集电极额定电流（最大允许电流）I_{CM}

集电极额定电流是取决于最高允许结温下引线、硅片等的破坏电流，超过这一额定值必将导致晶体管内部结构件的烧毁。在实际使用中可以利用热容量效应，根据占空比来增大连续电流，但不能跑过峰值额定电流。

②基极电流最大允许值 I_{BM}

基极电流最大允许值比集电极额定电流的数值要小得多，通常 $I_{BM} = (1/10 \sim l/2)I_{CM}$，而基极－发射极间的最大电压额定值通常只有几伏。

③集电极最大耗散功率 P_{CM}

集电极最大耗散功率是指最高工作温度下允许的起散功率。它受结温的限制，由集电极工作电压和电流的乘积决定。

4. 二次击穿现象与安全工作区

（1）二次击穿现象

二次击穿是 GTR 突然损坏的主要原因之一，成为影响其安全可靠使用的一个重要因素。二次击穿现象可以用图 2-7 来说明。当集射极电压 U_{CE} 增大到集射极间的击穿电压 U_{CEO} 时，集电极电流 I_C 将急剧增大，出现击穿现象，如图 2-7(a) 的 AB 段所示。这是首次出现正常性质的雪崩现象，称为一次击穿，一般不会损坏 GTR 器件。一次击穿后如继续增大外加电压 U_{CE}，电流 I_C 将持续增长。当达到图示的 C 仍继续让 GTR 工作时，由于 U_{CE} 较高，将产生相当大的能量，使集电极局部过热。当过热持续时间超过一定程度时，U_{CE} 会急剧下降至某一低电压值，如果没有限流措施，则将进入低电压、大电流的负阻区 CD 段，电流增长直至元件烧毁。这种向低电压大电流状态的跃变称为二次击穿。C 点为二次击穿的临界点。所以二次击穿是在极短的时间内（纳秒至微秒级），能量在半导体处局部集中，形成热斑点，导致热电击穿的过程。

二次击穿在基极正偏($I_B > 0$)、反偏($I_B < 0$)及基极开路的零偏状态下均成立,如图 2－7(b)所示。把不同基极偏置状态下开始发生二次击穿所对应的临界点连接起来,可形成二次击穿临界线。由于正偏时二次击穿所需功率往往小于元件的功率容量 P_{CM},故正偏对 GTR 安全造成的威胁最大。反偏工作时尽管集电极电流很小,但在电感负载下关断时将有感应电势叠加在电源电压上形成高压,也能使瞬时功率超过元件的功率容量而造成二次击穿。

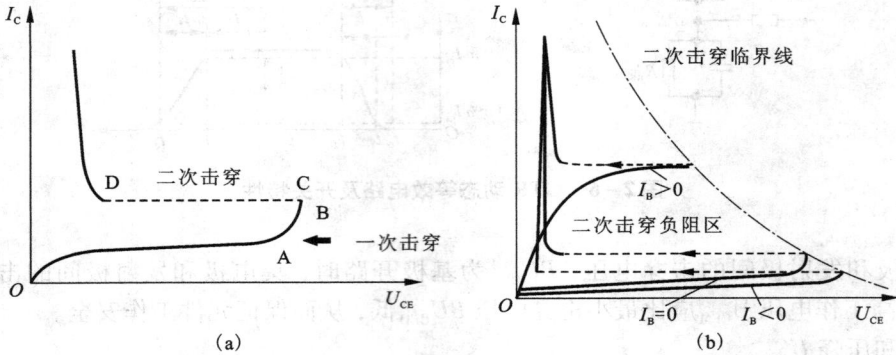

图 2－7　GTR 的二次击穿现象

为了防止发生二次击穿,重要的是保证 GTR 开关过程中瞬时功率不要超过允许的功率容量 P_{CM},这可通过规定 GTR 的安全工作区及采用缓冲(吸收)电路来实现。

(2)安全工作区

GTR 在工作时不能跑过最高工作电压 U_{CEM}、最大允许电流 I_{CM}、最大耗散功率 P_{CM} 及二次击穿临界线 P_{SB}。这些限制条件构成了 GTR 的安全工作区(safe operating area,SOA),如图 2－8所示。

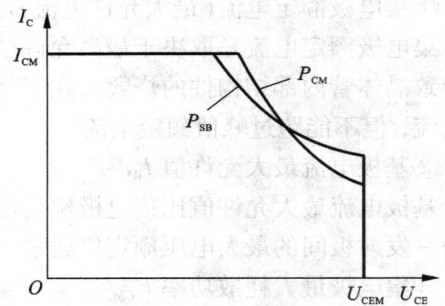

图 2－8　GTR 的安全工作区

当器件工作在脉冲状态下时,安全工作区域要比工作在直流状态下大,安全工作区随脉冲宽度 PW 减小而进一步扩大,故 GTR 在高频工作时安全区最大。

三、功率场效应晶体管

功率场效应晶体管(P－MOSFET)是一种单极型(只有电子或空穴作单一导电机构)电压控制半导体元件,其特点是控制极(栅极)静态内阻极高($10\ \Omega$),驱动功率很小,开关速度高,无二次击穿,安全工作区宽等。开关频率可高达 500 kHz,特别适合高频化的电力电子装置,但由于 MOSFET 电流容量小,耐压低,一般只适用小功率的电力电子装置。

1. 结构与工作原理

(1)结构

MOSFET 的类型很多,按导电沟道可分为 P 沟道和 N 沟道;根据栅极电压与导电沟道出现的关系可分为耗尽型和增强型。功率场效应晶体管一般为 N 沟道增强型。从结构上看,功率场效应晶体管与小功率 MOS 管有比较大的差别。小功率 MOS 管的导电沟道平行于芯片表面，是横向导电器件。而 P‑MOSFET 常采用垂直导电结构，称 MOSFET(vertical mosfet) ，这种结构可提高 MOSFET 器件的耐电压、耐电流的能力。图 2‑9 给出了具有垂直导电双扩散 MOS 结构的(vertical double-diffused MOSFET，VD‑MOSFET) 单元的结构图及电路符号。一个 MOSFET 器件实际上是由许多小单元并联组成。

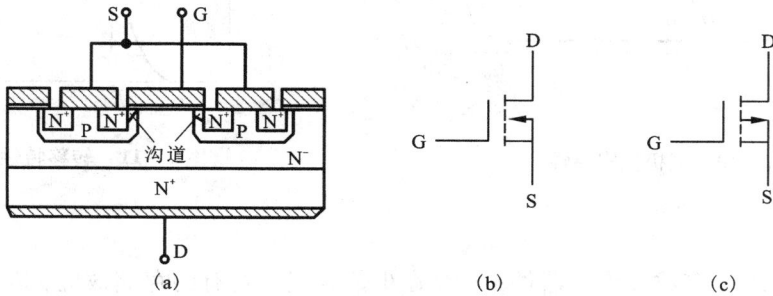

图 2‑9　MOSFET 的结构图及电路符号

(a)结构图；(b)符号(N 沟道)；(c)符号(P 沟道)

（2）工作原理

如图 2‑9 所示，MOSFET 的三个极分别为栅极 G、漏极 D 和源极 S。当漏极接正电源，源极接负电源，栅源极间的电压为零时，P 基区与 N 区之间的 PN 结反偏，漏源极之间无电流通过。如在栅源极间加一正电压 U_{GS}，则栅极上的正电压将其下面的 P 基区中的空穴推开，而将电子吸引到栅极下的 P 基区表面，当 U_{GS} 大于开启电压 $U_{GS(th)}$ 时，栅极下 P 基区表面的电子浓度将超过空穴浓度，从而使 P 型半导体反型成 N 型半导体，成为反型层，由反型层构成的 N 沟道使 PN 结消失，漏极和源极间开始导电。U_{GS} 数值越大，P‑MOSFET 导电能力越强，i_D 也就越大。

2. 工作特性

（1）静态特性

①漏极伏安特性

漏极伏安特性也称输出特性，如图 2‑10 所示，可以分为三个区：可调电阻区 Ⅰ，饱和区 Ⅱ，击穿区 Ⅲ。在 Ⅰ 区内，固定栅极电压 U_{GS}，学习漏源电压 U_{DS} 从零上升过程中，漏极电流 i_D 首先线性增长，接近饱和区时，i_D 变化减缓，而后开始进入饱和。达到饱和区 Ⅱ 后，虽 U_{DS} 增大，但 i_D 维持恒定。从在这个区域中的曲线可以看出，在同样的漏源电压 U_{DS} 下，U_{GS} 越高，漏极电流 i_D 也越大。当 U_{DS} 过大时，元件会出现击穿现象，进入击穿区 Ⅲ。

②转移特性

漏极电流 i_D 与栅源极电压 U_{GS} 反映了输入电压和输出电流的关系，称为转移特性，如图 2‑11所示。当 i_D 较大时，该特性基本上为线性。曲线的斜率 $g_m = \Delta i_D / \Delta U_{GS}$ 称为跨导，表示 P‑MOSFET 栅源电压对漏极电流的控制能力，与 GTR 的电流增益 β_{off} 含义相似。图 2‑11中所示的 $U_{GS(th)}$ 为开启电压，只有 $U_{GS} > U_{GS(th)}$ 时才会出现导电沟道，产生栅极电流 i_D。

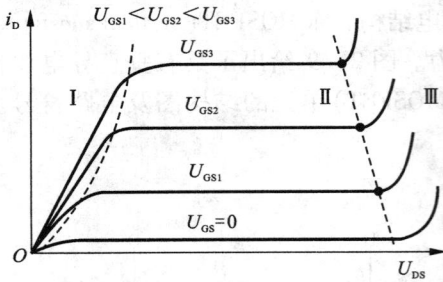

图 2 – 10　漏极伏安特性

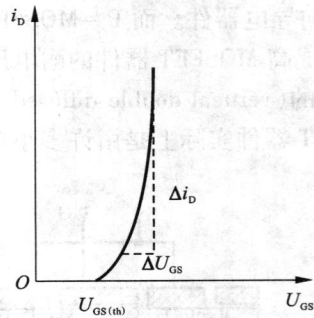

图 2 – 11　转移特性

（2）开关特性

P – MOSFET 是多数载流子器件，不存在少数载流子特有的存储效应，因此开关时间很短，典型值为 20 ns，而影响开关速度的主要是器件极间电容。图 2 – 12 为元件极间电容的等效电路，从中可以求得器件输入电容为 $C_{in} = C_{GS} + C_{GD}$ 在开关过程中需要进行充、放电，影响了开关速度。同时也可看出，静态时虽栅极电流很小，驱动功率小，但动态时由于电容充放电电流有一定强度，故动态驱动仍需一定的栅极功率。开关频率越高，栅极驱动功率也越大。

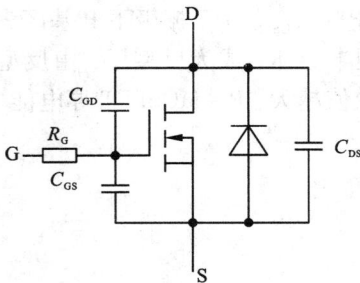

图 2 – 12　输入电容等效电路

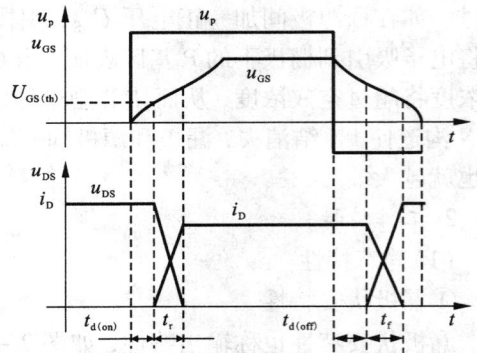

图 2 – 13　开关特性

P – MOSFET 的开关过程如图 2 – 13 所示，其中 u_p 为驱动电源信号，u_{GS} 为栅极电压，i_D 为漏极电流，P – MOSFET 所接负载为电阻性负载。当 u_p 信号到来时，输入电容 C_{in} 有一充电过程，使栅极电压 u_{GS} 只能按指数规律上升。当 u_{GS} 达开启电压 $U_{GS(th)}$ 时，开始形成导电沟道，出现漏极电流 i_D，这段时间 $t_{d(on)}$ 为开通延迟时间。此后 i_D 随 u_{GS} 上升，u_{DS} 下降直至接近饱和区，漏极电流从零上升至此所需时间 t_r 为上升时间。这样，P – MOSFET 的开通时间为 $t_{on} = t_{d(on)} + t_r$。i_D 达到稳定值后，栅极电压 u_{GS} 继续上升达到稳定值。器件的关断过程与其开通过程相反，当即信号下降为零后，栅极输入电容 C_{in} 上储存的电荷将通过信号跟进行放电，使栅极电压 u_{GS} 按指数下降，到 u_p 结束后的 $t_{d(off)}$ 时刻，i_D 电流才开始减小，故 $t_{d(off)}$ 称为关断延迟时间。以后 C_{in} 继续放电，u_{GS} 继续下降，i_D 亦继续下降。到 $U_{GS} < U_{GS(th)}$ 时，导电沟道消失，$i_D = 0$。漏极电流从稳定值下降到零所需时间 t_f 称为下降时间，这样 P – MOSFET 的关断时间应为 $t_{off} = t_{d(off)} + t_f$。从以上分析看出，要提高器件开关速度，须减小 $t_{d(on)}$、t_r、$t_{d(off)}$、t_f 时间，在元件极间电容已存在的条件下，需要减小栅极驱动电源内阻，以提高 C_{in} 的充、放电速度，同时驱动电路还要能向栅极输入电容 C_{in} 提供足够的充、放电功率。

　　3. 主要参数与安全工作区

　　（1）主要参数

　　① 漏极电压 U_{DS}

　　漏极电压 U_{DS} 为 P – MOSFET 的电压定额。

　　② 电流定额 I_D

　　电流定额 I_D 为漏极直流电流，I_{DM} 为漏极脉冲电流幅值。

　　③ 栅源电压 U_{GS}

　　栅源间加的电压不能大于此电压，否则将击穿元件。

　　（2）安全工作区

　　P – MOSFET 是多数载流子工作的器件，元件的通态电阻具有正的温度系数，即温度升高通态电阻增大，使漏极电流能随温度升高而下降，因而不存在电流集中和二次击穿的限制，有较宽的安全工作区。P – MOSFET 的正向偏置安全工作区由四条边界包围框成，如图 2 – 14 所示，其中 I 为漏源通态电阻限制线；II 为最大漏极电流 I_{DM} 限制线；III 为最大功耗限制线；IV 为最大漏源电压限制线。

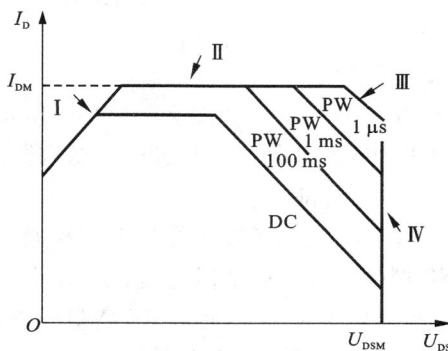

图 2 – 14　P – MOSFET 正向偏置安全工作区

四、绝缘栅双极型晶体管

　　由于 GTR 是电流控制型器件，对基极驱动功率要求高，常常会因驱动功率、关断时间、开关损耗等问题引起器件损坏，还有二次击穿的特殊问题。此外受存储时间影响，开关速度不高。P – MOSFET 为电压控制型器件，驱动功率小，开关速度快，但存在通态压降大、电流容量低等问题，难以制成高电压、大电流器件。20 世纪 80 年代出现了将它们与导通机制相结合的第三代功率半导体器件——绝缘栅双极型晶体管 IGBT。这是一种双（导通）机制的复合器件，它的输入控制部分为 MOSFET，输出级为 GTR，集中了 MOSFET 及 GTR 分别具有的优点：高输入阻抗，可采用逻辑电平来直接驱动，实现电压控制，开关速度高，饱和压降低，电阻及损耗小，电流、电压容量大，抗浪涌电流能力强，没有二次击穿现象，安全工作区宽等。

　　1. 结构与工作原理

　　（1）结构

　　IGBT 的基本结构如图 2 – 15（a）所示，与 P – MOSFET 结构十分相似，相当于一个用 MOSFET 驱动的厚基区 PNP 晶体管。IGBT 内部实际上包含了两个双极型晶体管 P$^+$ NP 及

N^+PN，它们又组合成了一个等效的晶闸管。这个等效晶闸管将在 IGBT 器件使用中引起一种"擎住效应"，会影响 IGBT 的安全使用。

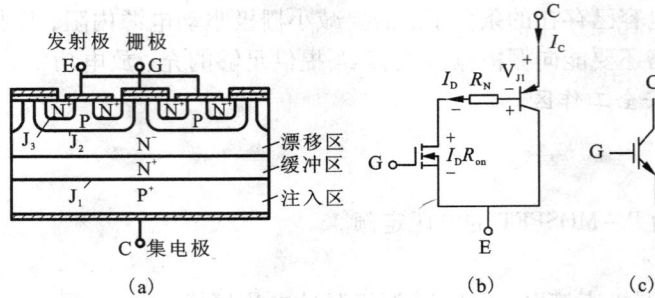

图 2 - 15　IGBT 示意图

(a)基本结构；(b)等效电路；(c)电路符号

(2)工作原理

IGBT 的等效电路如图 2 - 15(b)所示，是以 PNP 型厚基区 GTR 为主导元件、N 沟道 MOSFET 为驱动元件的达林顿电路结构器件，R_{dr} 为 GTR 基区内的调制电阻。图 2 - 15(c)则是 IGBT 的电路符号。

IGBT 的开通与关断由栅极电压控制。栅极上加正向电压时 MOSFET 内部形成沟道，并为 PNP 型晶体管提供基极电流，此时从 P^+ 注入 N 区的少数载流子空穴对 N 区进行电导调制，减少该区电阻 R_{dr}，使 IGBT 高阻断态转入低阻通态。在栅极加上反向电压后，MOSFET 中的导电沟道消除，PNP 型晶体管的基极电流被切断，IGBT 关断。

2. 工作特性

(1)静态特性

IGBT 的静态特性主要有输出特性及转移特性，如图 2 - 16 所示。输出特性表达了集电极电流 I_C 与集电极 - 发射极间电压 U_{CE} 之间的关系，分饱和区、放大区及击穿区，饱和导通时管压降比 P - MOSFET 低得多，一般为 2 ~ 5 V。IGBT 输出特性的特点是集电极电流 I_C 由栅极电压 U_G 控制，U_G 越大 I_C 越大。在反向集射极电压作用下器件呈反向阻断特性，一般只流过微小的反向漏电流。

IGBT 的转移特性表示了栅极电压 U_G 对集电极电流 I_C 的控制关系。在大部分范围内，I_C 与 U_G 呈线性关系；只有当 U_G 接近开启电压 $U_{G(th)}$ 时才呈非线性关系，I_C 变得很小；当 $U_G < U_{G(th)}$ 时，$I_C = 0$，IGBT 处于关断状态，由于 U_G 对 I_C 有控制作用，所以最大栅极电压应受最大集电极电 I_{CM} 的限制，其最佳值为 $U_G = 15$ V。

(2)动态特性

IGBT 的动态特性即开关特性，如图 2 - 17 所示，其开通过程主要由其 MOSFET 结构决定。当栅极电压 U_G 达开启电压 $U_{G(th)}$ 后，集电极电流 i_C 迅速增长，其中栅极电压从负偏置值增大至开启电压所需时间 $t_{d(on)}$ 为开通延迟时间；集电极电流由 10% 额定值增长至 90% 额定值所需时间为电流上升时间 t_{ri}，故总的开通时间 $t_{on} = t_{d(on)} + t_{ri}$。

IGBT 的关断过程较为复杂，其中 u_G 由正常 15 V 降至开启电压 $U_{G(th)}$ 所需时间为关断延

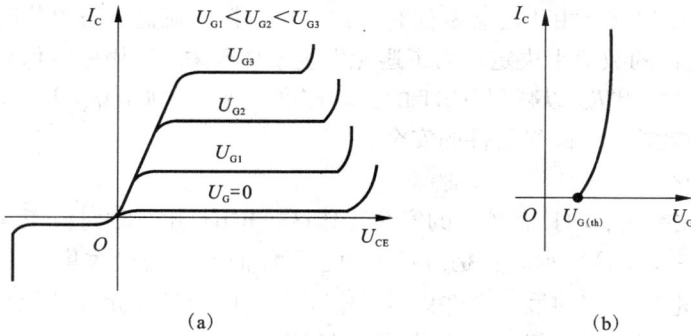

图 2−16　IGBT 的输出特性和转移特性

（a）输出特性；（b）转移特性

迟时间 $t_{d(off)}$，自此 i_C 开始衰减。集电极电流由 90% 额定值下降至 10% 额定值所需时间为下降时间 $t_{fi} = t_{fi1} + t_{fi2}$，其中 t_{fi1} 对应器件中 MOSFET 部分的关断过程，t_{fi2} 对应器件中 PNP 晶体管中存储电荷的消失过程。由于经 t_{fi1} 时间后 MOSFET 结构已关断，IGBT 又未承受反压，器件内存储电荷难以被迅速消除，所以集电极电流需较长时间下降，形成电流拖尾现象。由于此时集射极电压 u_{CE} 已建立，电流的过长拖尾将形成较大功耗，使结温升高。总的关断时间则为 $t_{off} = t_{d(off)} + t_{fi}$。

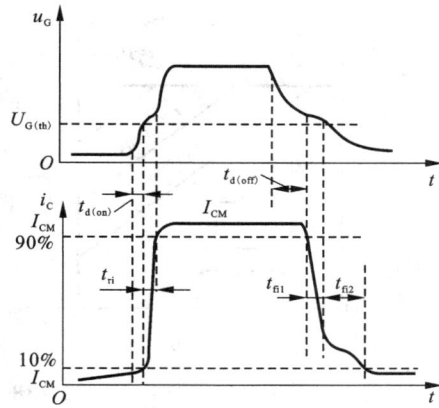

图 2−17　IGBT 的开关特性

IGBT 的开通时间 t_{on}、上升时间 t_{ri}、关断时间 t_{off} 及下降时间 t_{fi} 均随集电极电流和栅极电阻 R_G 的增加而变大，其中 R_G 的影响最大，故可用 R_G 来控制集电极的电流变化速率。

3. 擎住效应和安全工作区

（1）擎住效应

如前所述，在 IGBT 管内存在一个由两个晶体管构成的寄生晶闸管，同时 P 基区内存在一个体区电阻 R_{br}，跨接在 N^+PN 晶体管的基极与发射极之间，P 基区的横向空六电流会在其上产生压降，在 J_3 结上形成一个正向偏置电压。若 IGBT 的集电极电流 I_C 大到一定程度，这个 R_{br} 上的电压足以使 N^+PN 晶体管开通，经过连锁反应，可使寄生晶闸管导通，从而 IGBT 栅极对器件失去控制，这就是所谓的擎住效应。它将使 IGBT 集电极电流增大，产生过高功耗导致器件损坏。

擎住现象有静态与动态之分。静态擎住是指通态集电极电流大于某临界值后产生的擎住现象；动态擎住现象是指关断过程中产生的擎住现象。IGBT 关断时，MOSFET 结构部分关断速度很快，J_2 结的反压迅速建立，反压建立速度与 IGBT 所受 du_{CE}/dt 大小有关。du_{CE}/dt 越大，J_2 结反压建立越快，关断越迅速，但在 J_2 结上引起的位移电流 $C_{J_2}(du_{CE}/dt)$ 也越大。此位移电流流过体区电阻 R_{br} 时可产生足以使 N^+PN 管导通的正向偏置电压，使寄生晶闸管开通，即发生动态擎住现象。由于动态擎住时允许的集电极电流比静态擎住时小，故器件的 I_{CM} 应按动态擎住所允许的数值来决定。为了避免发生擎住现象，使用中应保证集电极电流不超过 I_{CM} 或者增大栅极电阻 R_G 以减缓 IGBT 的关断速度，减小重加 du_{CE}/dt 的值。总之，使用中必须避免发生擎住效应，以确保器件的安全。

（2）安全工作区

IGBT 开通与关断时，均具有较宽的安全工作区。IGBT 开通时对应正向偏置安全工作区（FBSOA），如图 2-18（a）所示。它是由避免动态擎住而确定的最大集电极电流 I_{CM}、器件内 P^+NP 晶体管击穿电压确定的最大允许集射极电压 U_{CEO} 以及最大允许功耗线所框成。值得指出的是，由于饱和导通后集电极电流 I_C 与集射极间电压 U_{CE} 无关，其大小由栅极电压 U_G 决定 [图 2-18（a）]，故可通过控制 U_G 来控制 I_C，进而避免擎住效应发生，因此还可确定出与最大集电极电流 I_{CM} 对应的最大栅极电压 U_{GM}。

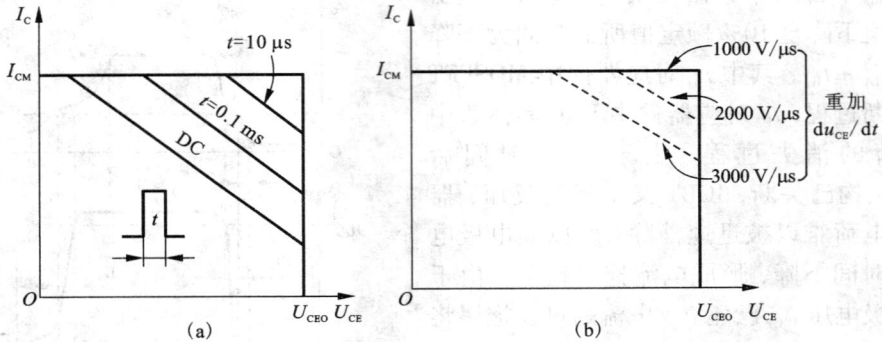

图 2-18　IGBT 的安全工作区
（a）FBSOA；（b）RBSOA

IGBT 关断时所对应的为反向偏置安全工作区（RBSOA），如图 2-18（b）所示。它随着关断时的重加电压上升率 du_{CE}/dt 变化，du_{CE}/dt 越大，越易产生动态擎住效应，安全工作区越小。一般可以通过选择适当栅极电压 U_G 和栅极驱动电阻 R_G 来控制 du_{CE}/dt，避免擎住效应发生，扩大安全工作区。

五、其他功率开关器件

1. 静电感应晶体管和静电感应晶闸管

静电感应晶体管（SIT）和静电感应晶闸管（SITH）是两种结构与原理有许多相似之处的新型高频大功率电力电子器件，是利用静电感应原理控制工作电流的功率开关器件。SIT 和 SITH 具有功耗低、开关速度高、输入阻抗高、可用栅压控制开关等优点，在感应加热、超声波加工、广播发射等高频大功率装置以及逆变电源、开关电源、放电设备电源等新型电源中得到应用。

（1）静电感应晶体管

静电感应晶体管是一种结型场效应晶体管，于 1970 年开始被研制。SIT 的结构如

图 2-19(a)所示。在一块掺杂浓度很高的 N 型半导体两侧有 P 型半导体薄层，分别引出漏极 D、源极 S 和栅极 G。当 G、S 之间电压 $U_{GS} = 0$ 时，电源 U_S 可以经很宽的 N 区(有多数载流子电子，可导电)流过电流，N 区通道的等效电阻不大，SIT 处于通态。如果 G、S 两端外加负电压即($U_{GS} < 0$)，即图 2-19(a)中半导体 N 接正电压，半导体 P 接负电压，P_1N 与 P_2N 这两个 PN 结都加了反向电压，则会形成两个耗尽层 A_1 和 A_2(耗尽层中元载流子，不导电)，使原来可以导电的 N 区变窄，等效电阻加大。当 G、S 之间的反偏电压大到一定的临界值以后，两侧的耗尽层变宽到连在一起时，若导电的 N 区消失，则漏极 D 和源极 S 之间的等效电阻变为无限大而使 SIT 转为断态。由于 2 耗尽层是由外加反偏电压形成外静电场而产生的，通过外加电压形成静电场作用控制管子的通、断状态，故称为静电感应晶体管 SIT。SIT 在电路中的开关作用类似于一个继电器的常闭触点，G、S 两端元外加电压 $U_{GS} = 0$ 时 SIT 处于通态(闭合)接通电路，有外加电压 U_{GS} 作用后 SIT 由通态(闭合)转为断态(断开)。

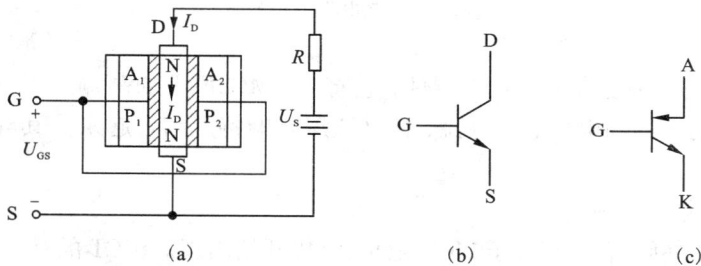

图 2-19　SIT 的结构和符号
(a)SIT 结构原理图；(b)RBSOA；(c)SITH 符号

图 2-19(a)为 SIT 的结构原理图，图 2-19(b)和图 2-19(c)分别为 SIT 和 SITH 的符号。SIT 通态电阻较大，故导通时损耗也较大。

(2)静电感应晶闸管

静电感应晶闸管(SITH)又称为场控晶闸管(field controlled thyristor，FCT)，其通-断控制机理与 SIT 类似。结构上的差别仅在于 SITH 是在 SIT 结构基础上增加了一个 PN 结，而在内部多形成了一个三极管，两个三极管构成一个晶闸管而成为静电感应晶闸管。栅极不加电压时，SITH 与 SIT 一样也处于通态；外加栅极负电压时，由通态转入断态。由于 SITH 比 SIT 多了一个具有注入功能的 PN 结，所以 SITH 属于两种载流子导电的双极型功率器件。实际使用时，为了使器件可靠地导通，常取 5~6 V 的正栅压而不是零栅压以降低器件通态压降。一般关断 SIT 和 SITH 需要几十伏的负栅压。

2. MOS 控制晶闸管和集成门极换流晶闸管

(1)MOS 控制晶闸管

MOS 控制晶闸管(MCT)的静态特性与晶闸管相似，由于它的输入端由 MOS 管控制，MCT 属场控型器件，其开关速度快，驱动电路比 GTO 的驱动电路要简单；MCT 输出端为晶闸管结构，其通态压降较低，与 SCR 相当，比 IGBT 和 GTR 都要低。

MCT 出现于 20 世纪 80 年代，开始发展很快，但其结构和制造工艺比较复杂，成品率不高。由于这些关键技术问题没有得到很好的解决，目前 MCT 没能投入实际使用。MCT 的结

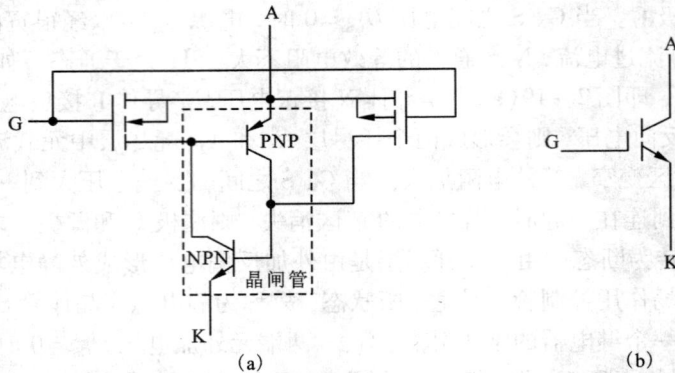

图 2 – 20　MCT 等效电路及符号

（a）MCT 等效电路；（b）符号

构类似于 IGBT，是一种复合型大功率器件，它将 P – MOSFET 的高输入阻抗、低驱动功率及快开关速度和晶闸管的高电压、大电流、低导通压降的特点结合起来。其等效电路和符号如图 2 – 20 所示。

（2）集成门极换流晶闸管

集成门极换流晶闸管（IGCT）于 20 世纪 90 年代开始出现。IGCT 的结构是将 GTO 芯片与反并联二极管和门极驱动电路集成在一起，再将其门极驱动器在外部以低电感方式连接成环状的门电极。IGCT 具有大电流、高电压、高开关频率（比 GTO 高 10 倍）、结构紧凑、可靠性好、损耗低、制造成品率高等特点。目前，IGCT 已在电力系统中得到应用，以后有可能取代 GTO 在大功率场合应用的地位。

3. 功率模块与功率集成电路

近 20 多年来，功率半导体器件研制和开发中的一个共同趋势是模块化。功率半导体开关模块（功率模块）是把同类的开关器件或不同类的一个或多个开关器件，按一定的电路拓扑结构连接并封装在一起的开关器件组合体。模块化可以缩小开关电路装置的体积，降低成本，提高可靠性，便于电力电子电路的设计、研制，更重要的是由于各开关器件之间的连线紧凑，减小了线路电感，在高频工作时可以简化对保护、缓冲电路的要求。

功率模块（power module）最常见的拓扑结构有串联、并联、单相桥、三相桥以及它们的子电路，而同类开关器件的串、并联目的是要提高整体额定电压、电流。如将功率半导体器件与电力电子装置控制系统中的检测环节、驱动电路、故障保护、缓冲环节、自诊断等电路制作在同一芯片上，则构成功率集成电路（power integrated circuit，PIC）。PIC 中有高压集成电路（high voltage IC，HVIC）、智能功率集成电路（smart power IC，SPIC）、智能功率模块（intelligent power module，IPM）等，这些功率模块已得到了较为广泛的应用。

三菱电机公司在 1991 年推出的 IPM 是较为先进的混合集成功率器件，由高速、低功耗的 IGBT 芯片和优化的门极驱动及保护电路构成，其基本结构如图 2 – 21 所示。由于采用了能连续监测功率器件电流的具有电流传感功能的 IGBT 芯片，从而实现了高效的过流保护和短路保护。IPM 集成了过热和欠压锁定保护电路，系统的可靠性得到进一步提高。目前，

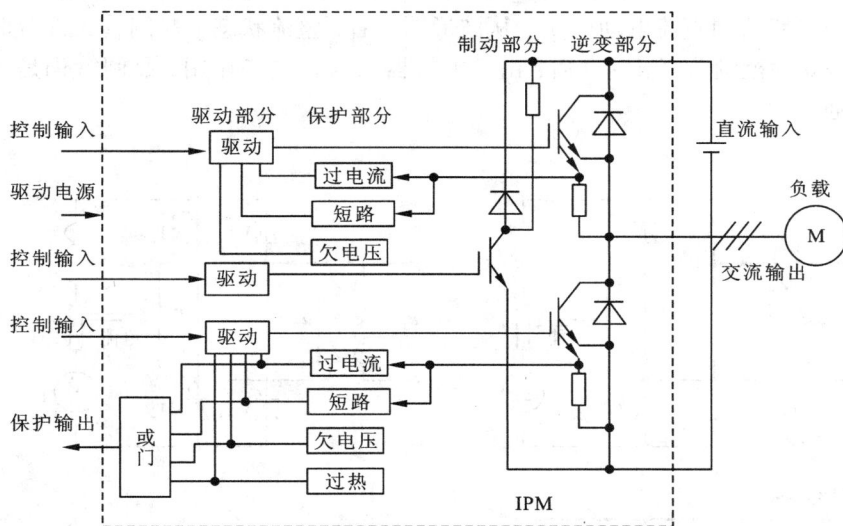

图 2 – 21 IPM 的原理框图

IPM 已经在中频(<20 kHz)、中功率范围内得到了应用。

IPM 的特点为:采用低饱和压降、高开关速度、内设低损耗电流传感器的 IGBT 功率器件。采用单电源、逻辑电平输入、优化的栅极驱动。实行实时逻辑栅压控制模式,以严密的时序逻辑,对过电流、欠电压、短路、过热等故障进行监控保护。提供系统故障输出,向系统控制器提供报警信号。对输出三相故障,如桥臂直通、三相短路、对地短路故障也提供了良好的保护。

知识点 2　整流电路的有源逆变工作状态

在生产实际中除了需要将交流电转变为大小可调的直流电供给负载外,常常还需要将直流电转换成交流电,这种对应于整流的逆过程称为逆变。变流器工作在逆变状态时,如交流侧接至交流电网上,直流电将被逆变成与电网同频的交流电并反馈回电网,称为有源逆变。

一、有源逆变的工作原理及实现的条件

1. 有源逆变的工作原理

图 2 – 22 为单相桥式全控电路分别工作在整流及逆变状态下的电能传递关系及波形图。分析中假设平波电抗器 L_d 的电感量足够大,使流过电机电枢绕组的直流电流连续、平直,同时忽略变压器的漏抗、晶闸管压降;电动机理想化为一电势源; L_d、R_d 代表电路的总电感及总电阻。

图 2 – 22(a) 中设电机运行在电动机状态,反电势 E 上(+)下(−)。此时晶闸管变流电路必须工作在整流状态,使输出直流平均电压 $U_d >0$,亦上(+)下(−),克服反电势 E 的作用,输出直流平均电流 I_d 供给电枢绕组。此时晶闸管控制角 $\alpha =0 \sim \pi/2$,且调节 α 使 $U_d >E$。

由于 $I_d = (U_d - E)/R_d$，一般 R_d 很小，为限制 I_d 不过大，必须控制 $U_d \approx E$。此时，电能由交流电网通过变流电路流向直流电动机侧。从波形图上看，整流状态下晶闸管大部分时间工作在交流电压 $u_2 > 0$ 的范围。当 $u_2 < 0$ 后，由于电抗器的自感电势作用，晶闸管仍是承受正向阳极电压而导通。

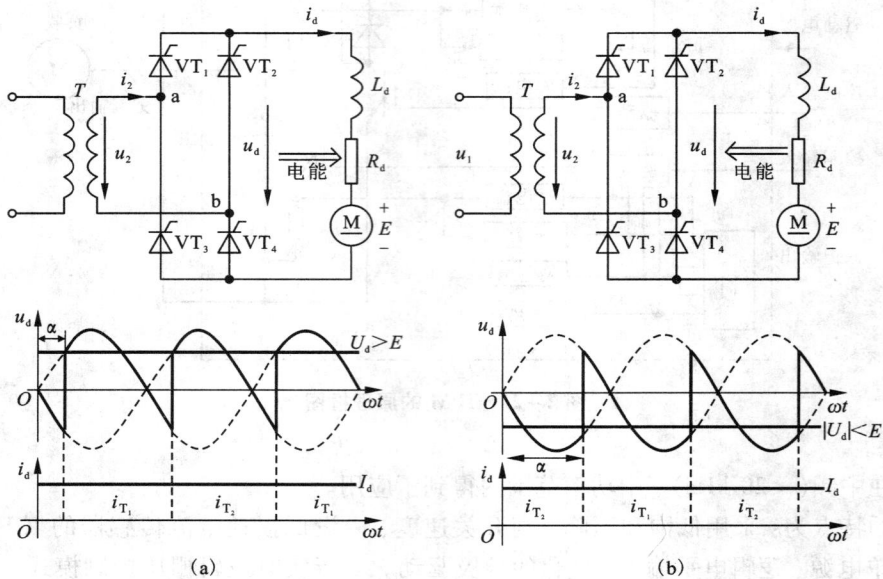

图 2 - 22　单相桥式全控电路

(a) 整流；(b) 逆变

图 2 - 22(b) 中设电机运行在发电制动状态，反电势 E 极性反向。由于晶闸管元件的单向导电性，决定了电路内电流流向不能倒转，若要改变电能的传递方向，只能改变电压的极性。在反电势极性变反的情况下，变流电路直流平均电压 U_d 的极性也必须反过来。即 U_d 应上 (-) 下 (+)，否则反电势 E 将与 U_d 顺串短路。为了使电流能从直流侧送至交流侧，必须 $E > U_d$，此时 $I_d = (E - U_d)/R_d$，为了防止过电流，同样要 $E \approx U_d$。这时，电能从直流电机侧通过变流电路流向交流电网，实现了直流电能转换成交流电能的逆变。

要使直流平均电压 U_d 的极性反向，可以调节控制角 α。在可控整流电路的分析中已证明，在电流连续的条件下，$U_d = U_{d0}\cos\alpha$（U_{d0} 为 $\alpha = 0$ 时的 U_d 值）。只要保持电流连续，这个 α 角的余弦关系在全部整流和逆变范围内均适用。当 $\alpha = \pi/2 \sim \pi$，$U_d < 0$，变流电路工作在逆变状态。

2. 逆变产生的条件

以下两个条件必须同时具备才能实现有源逆变：

（1）有一个能使电能倒流的直流电势，电势的极性和晶闸管元件的单向导电方向一致，电势的大小稍大于变流电路直流平均电压。

（2）变流电路直流侧应是能产生负值的直流平均电压。

二、三相半波有源逆变电路

当 ωt_1 时刻触发 VT_1 时，虽 $u_a = 0$，但在反电势 E 的帮助下，VT_1 仍承受正向阳极电压而导通。以后即使 $u_a < 0$，也因反电势的作用继续导通。在 $|u_2| = |E|$ 的 ωt_2 时刻之前，直流电流 i_D 处于增长阶段，电抗器 L_d 两端自感电势 e_L 极性左（＋）右（－），变流电路给电抗器储能。过 ωt_2 时刻之后，$|E| < |u_2|$，电流 i_D 呈减小趋势，自感电势改变极性，左（－）右（＋）。此种极性的 e_L 施加在晶闸管上将使元件继续承受正向电压而导通。

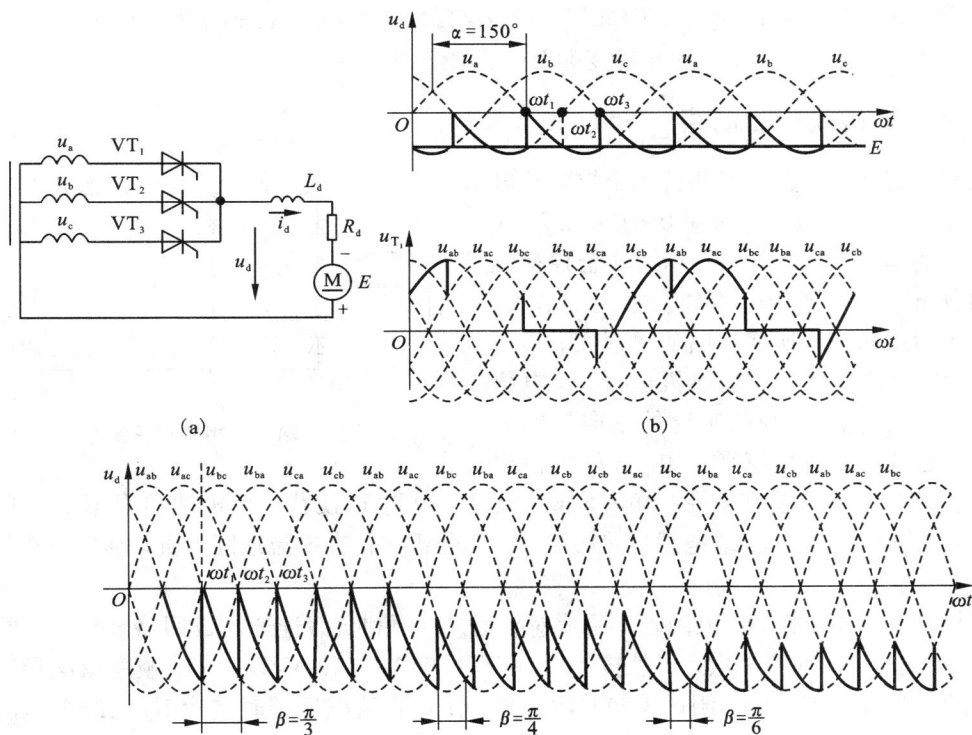

图 2－23 三相半波有源逆变电路

由于假设 L_d 电感量极大，足以维持 VT_1 导通至 VT_2 触发导通的 ωt_3 时刻为止。ωt_3 时刻 b 相电压 $u_b = 0$，但仍有 $u_b > u_a$，故能完成 VT_1 至 VT_2 的换流，输出直流电压 $u_d = u_b$。以后各晶闸管按此规律轮流触发、导通，循环重复。可以看出逆变电路的工作过程，特别是换流过程是与整流电路相同的。逆变工作状态下直流电压 U_d 波形如图 2－23（b）所示。当 $\alpha = \pi/2 \sim \pi$ 范围内变化时，U_d 波形有正有负，但负面积总是大于正面积，使直流电压平均值 U_d 为负，其极性上（－）下（＋），满足逆变工作要求。由于电机反电势 $|E| > |U_d|$，使直流电流 I_d 自 E 正端输出，至 U_d 负端流入，所以电能自直流侧倒送至交流侧，实现电能的回馈。逆变状态下晶闸管上承受的电压波形仍和三相半波可控整流电路中分析的相同，由三段组成，每段各占 1/3 周期。即一导通段，波形为管压降，近似为零；两阻断段，波形分别为该管所在相与相邻两相间的线电压。图 2－23（b）给出了 $\alpha = 150°$ 时晶闸管 VT_1 两端的电压 u_{T1} 的波形。

三相半波逆变电路是三相半波可控整流电路在控制角 $\pi/2 < \alpha < \pi$ 范围内的运行方式。如果在 $0 < \alpha < \pi$ 范围内均能保持电流连续，每个晶闸管导通角均为 $2\pi/3$，则直流平均电压 U_d 的计算方法与三相半波可控整流电路带大电感时的相同，即

$$U_d = \frac{1}{2\pi/3} \int_{\frac{\pi}{6}+\alpha}^{\frac{5\pi}{6}+\alpha} \sqrt{2} U_2 \sin\omega t \mathrm{d}\omega t = 1.17 U_2 \cos\alpha \qquad (2-1)$$

为了计算方便，常希望逆变时控制角的大小限制在 $\pi/2$ 范围之内，为此可以采用 α 角的补角 $\beta = \pi - \alpha$ 来表示。β 角称为逆变角，规定以 $\alpha = \pi$ 处作为 $\beta = 0$ 的计算起点，向 ωt 减小方向（向左）计量，故有逆变超前角之称。相反，α 角是向 ωt 增大方向（向右）计量，故有整流滞后角之称。由于 $\beta = \pi - \alpha$，则整流工作时 $0 < \alpha < \pi/2$，即 $\pi/2 < \beta < \pi$；逆变工作时 $\pi/2 < \alpha < \pi$，即 $0 < \beta < \pi/2$。在实际运行中为防止逆变颠覆，必须做到 $\beta > 0$。

三、三相桥式逆变电路

三相桥式逆变电路是三相桥式全控整流电路在 $\pi/2 < \alpha < \pi$ 范围内（对应 $0 < \beta < \pi/2$）作有源逆变的运行方式，因此三相桥式全控整流电路的分析方法在逆变电路分析中完全适用。图 2-24 为三相桥式逆变电路的接线图，为了进行逆变，直流电机应作发电机运行，反电势极性上（-）下（+），与晶闸管的单向导电方向一致。这样，要求直流平均电压 U_d 极性也

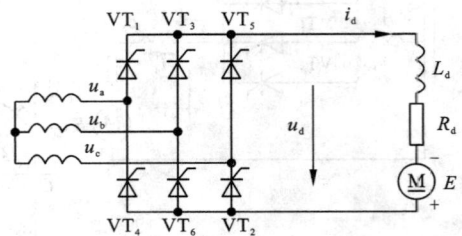

图 2-24　三相桥式逆变电路

应上（-）下（+），故晶闸管控制角 $\alpha > \pi/2$ 或 $\beta < \pi/2$，以便获得反极性的 U_d。为了保证电流平直，应使平波电抗器 L_d 电感量足够大，以下分析就是在电流连续平直的假定下进行的。

1. 工作原理

三相桥式电路工作时，晶闸管必须成对导通，以便和负载连通构成回路。每个晶闸管导通 $2\pi/3$，每隔 $\pi/3$ 换流一次，元件按 $VT_1 \rightarrow VT_2 \rightarrow VT_3 \rightarrow VT_4 \rightarrow VT_5 \rightarrow VT_6$ 顺序依次导通。由于导通的一对晶闸管分属共阴极组和共阳极组，使得直流电压瞬时波形 U_d 为线电压波形中 $\pi/3$ 范围内的一段。这样，逆变波形也可直接从线电压波形上进行分析。图 2-25 为三相桥式逆变电路在不同逆变角 β 下的直流电压 u_d 波形，现选用 $\beta = \pi/3$ 的波形进行逆变过程分析。

设 ωt_1 时刻同时触发晶闸管对 VT_6、VT_1，尽管此时 u_{ab} 以及随后 $u_{ab} < 0$，但在反电势 E 的帮助下，VT_6、VT_1 还是承受正向阳极电压 $u_{ab} + E > 0$ 而导通，使直流电压 $u_d = u_{ab}$。由于假设电感 L_d 足够大，电流连续，VT_6、VT_1 将在反电势 E 及 L_d 上自感电势 e_L 帮助下，一直导通到 VT_6 至 VT_2 的换流时刻 ωt_2 为止。在这段导通期间，直流电流 I_d 从电源 E 的正极流出，经 VT_6 流入交流电源 b 相，再由 a 相流出，经 VT_1 回到 E 的负极，故电能从直流电源经逆变后传送给交流电源。

到 ωt_2 时刻触发 VT_2，此时 $u_{ac} > u_{ab}$。尽管 $u_{ac} \leq 0$，但在反电势 E 及电抗器的续流作用下，晶闸管对 VT_1、VT_2 仍承受正向阳极电压，使 VT_1 继续保持导通，VT_2 仍能被触发导通，同时关断 VT_6 因而直流电压 $u_d = u_{ac}$。同样，以后依次分别触发 VT_3、VT_4、VT_5、VT_6，直流电压 u_d 将分别等于 u_{bc}、u_{ba}、u_{ca}、u_{cb} 四段线电压波形。这样，在一个完整周期内，直流电压波形将是

由六段形状相同、每段宽 $\pi/3$ 的线电压波形所组成，使得直流电压具有 6 倍交流电源频率的脉动。

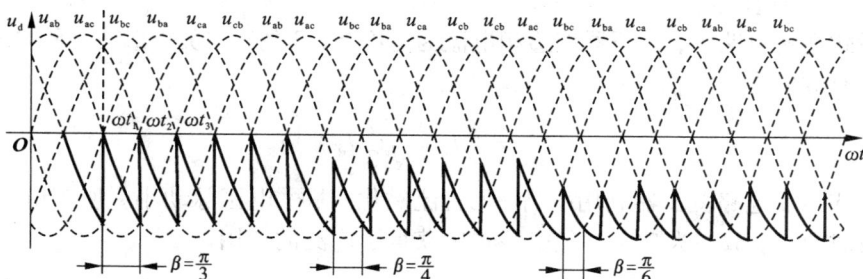

图 2-25　三相桥式逆变电路直流电压波形

图 2-25 中还给出了 $\beta = \pi/4$、$\beta = \pi/6$ 时的直流电压 u_d 波形。随着 β 的减小，波形负值面积增大，平均电压绝对值 $|U_d|$ 增大，逆变运行中将能从直流侧反馈更多能量至交流电网。

在逆变状态下，晶闸管主要承受的是正向阻断电压。逆变状态下承受反向电压的时间长短对晶闸管关断后恢复正向阻断能力起着重要的作用。如果这段时间过短，晶闸管将在正向阻断能力未恢复的条件下重新承受正向阳极电压，此时即使无触发脉冲，管子也会误导通，造成逆变失败。随着逆变角 β 的减小，受反压时间越来越小；当 $\beta = 0$ 时受反压时间为零，元件将无关断时间。可以看出，在逆变工作中必须限定最小逆变角 β_{min}，以确保晶闸管有足够的关断时间。

2. 基本数量关系

（1）直流平均电压 U_d

由于三相桥式逆变电路可看做由两组三相半波逆变电路串联而成，故直流平均电压应为三相半波时的两倍。假设电流连续，则有

$$U_d = -2.34 U_2 \cos\beta \qquad (2-2)$$

（2）直流电流

直流电流平均值为

$$I_d = \frac{U_d - E}{R} \qquad (2-3)$$

式中：R_d 为包括变压器绕组等效电阻、电动机电枢电阻及直流侧回路电阻在内的总电阻。上面二式中电压、电势的参考方向均为整流时的参考方向，逆变状态时，U_d、E 应代以负值，以考虑极性的变化。

（3）晶闸管电流

在电感性负载下，每个晶闸管导通 $2\pi/3$，同一接法下的三个元件共同负担直流平均电流，故每个元件的电流平均值为

$$I_{dT} = \frac{1}{3} I_d \qquad (2-4)$$

晶闸管电流有效值为

$$I_{\mathrm{T}} = \sqrt{\frac{1}{2\pi}\int_0^{\frac{2\pi}{3}} I_{\mathrm{d}}^2 \mathrm{d}\omega t} = \frac{1}{\sqrt{3}} J_{\mathrm{d}} \tag{2-5}$$

（4）变压器副边电流

三相桥式逆变电路中，变压器副边相电流为宽度 $2\pi/3$ 的正、负矩形波，平均值为零，无直流分量。有效值为

$$I_2 = \sqrt{2} I_{\mathrm{T}} = \sqrt{\frac{2}{3}} I_{\mathrm{d}} \tag{2-6}$$

三相桥式逆变电路变压器利用率高，无直流磁化问题，电压脉动小。所需电抗器电感量比三相半波时要小，故在大功率有逆变装置中获得了广泛的应用。

四、逆变颠覆及其防止

晶闸管电路工作于整流状态时，如果脉冲丢失或快速熔断器烧断，晶闸管触发不导通以及交流电源本身原因造成缺相时，后果只是输出直流电压为缺相波形，平均电压减小，不会造成电路重大事故。但在逆变状态下发生以上情况时，事情要严重得多。逆变时的直流电势可能会通过逆变电路晶闸管形成短路，也可能使直流电势与逆变电路直流电压顺串短路。由于逆变电路中限流电阻很小，将会形成很大的短路电流，使逆变电路不能正常工作，造成重大事故。这种情况称为逆变颠覆或逆变失败。逆变颠覆的原因归纳起来大致有：

（1）触发电路工作不可靠，造成脉冲丢失或脉冲延时，使得该导通的晶闸管不能导通，该关断的晶闸管一直导通至 $U_{\mathrm{d}} > 0$ 的正半周，致使交流电源与直流电势顺极性串联短路而造成逆变颠覆。

（2）触发脉冲正常，晶闸管故障。如断态重复峰值电压裕量不够，正向阻断期误导通，造成输出直流电压 u_{d} 瞬时变正，也构成交流、直流侧顺极性串联短路，逆变颠覆。

（3）交流电源发生故障，如缺相、电源突然消失，但反电势 E 仍存在，晶闸管仍可导通。由于此时没有平衡直流电势的交流电压，反电势将通过晶闸管被短路，也造成逆变颠覆。

（4）当逆变角 β 较小时，由于换流重叠角的影响，造成晶闸管因承受反向电压时间不够而关不断，导致逆变颠覆。

逆变电路和可控整流电路一样，当考虑交流电源侧的电抗时，如变压器漏抗、线路杂散电抗等，晶闸管的换相不能瞬时完成，同样有一个换流重叠的过程，其机理和整流电路中换流重叠现象一样。唯一的差异是整流过程的换流重叠现象将使输出直流电压 U_{d} 波形减小一块面积，造成整流电压平均值 U_{d} 降低；而逆变过程的换流重叠现象将使直流电压 u_{d} 波形增加一块画有阴影面积的波形，如图 2 - 26 三相半波逆变电路波形所示，造成直流平均电压 U_{d} 略有提高。

存在换流重叠现象会对逆变运行带来不良后果，可以用共阴极接法三相半波整流电路中晶闸管 VT_3 至 VT_1 的换流来说明。当逆变角 β 大于换流重叠角 μ 时，经过 μ 角后可以发现 $u_{\mathrm{a}} > u_{\mathrm{c}}$，说明经过换流重叠期后 VT_1 仍承受正向阳极电压而导通，VT_3 将承受反向阳极电压而关断。如果逆变角 β 小于换流重叠角 μ，则当经过自然换流点 P 后将有 $u_{\mathrm{a}} < u_{\mathrm{c}}$。然而换流尚未结束，结果 VT_3 将承受正向阳极电压而继续导通。VT_1 将承受反向阳极电压而重新关断，再次 $u_{\mathrm{d}} = u_{\mathrm{d}}$。随着 c 相电压越来越高并转为正值 U_{d} 将改变极性与反电势 E 构成顺串短路，造成逆变颠覆。因此，为了防止逆变颠覆，逆变角不能太小，必须限制在一个允许的最

小角度 $\beta_{\min}$ 内。一般常取 $\beta_{\min} = 30° \sim 35°$。逆变电路工作时必须保证 $\beta \geq \beta_{\min}$。

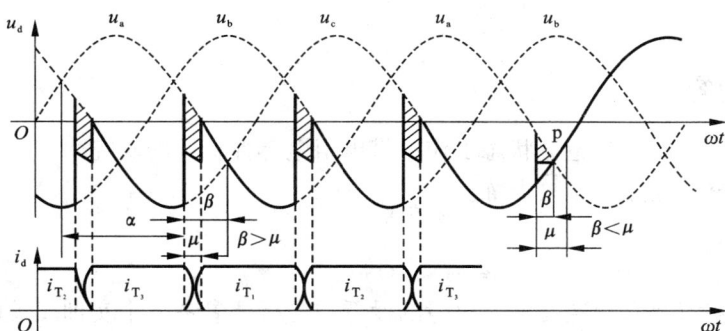

图 2 – 26　换流重叠现象对逆变电路的影响

实操训练

一、实训目的

1. 理解三相半波有源逆变电路的工作原理，验证可控整流电路在有源逆变时的工作条件，并比较与整流工作时的区别。

2. 熟悉三相半波有源逆变电路故障的分析与处理。

二、实训所需挂件及附件

实训所需挂件及附件见表 2 – 1。

表 2 – 1　挂件及附件

序号	型号	备注
1	PWD – 01 电源控制屏	该控制屏包含"三相电源输出"、"芯式变压器"等模块
2	PWD – 11 晶闸管主电路	
3	PWD – 12 三相晶闸管触发电路	该挂件包含"触发电路"、"功放电路"等模块
4	双踪示波器	自备
5	万用表	自备

三、实训线路及原理

其工作原理请参考电力电子技术教材中的相关内容。

晶闸管可选用 PWD – 11 上的正桥，电感 L_d 用 PWD – 11 上的 700 mH，电阻 R 接 1800 Ω（将两个 900 Ω 接成串联形式），直流电源用 PWD – 01 上的励磁电源，其中 PWD – 01 上的心式变压器用作升压变压器使用，变压器接成 Y/Y 接法，逆变输出的电压接心式变压器的中压端 A_m、B_m、C_m，返回电网的电压从高压端 A、B、C 输出。直流电压、电流表均在 PWD – 11 上。

四、实训内容

1. 三相半波整流电路在整流状态工作下带电阻电感性负载的研究。

2. 三相半波整流电路的排故训练。

五、实训方法

1. 三相半波整流及有源逆变电路故障的设置与分析请参考上个实训相关内容。

2. PWD – 11 和 PWD – 12 上的"触发电路"调试。

①打开 PWD – 01 总电源开关，操作"电源控制屏"上的"三相电网电压指示"开关，观察输入的三相电网电压是否平衡。

②用弱电导线将 PWD – 01 电源控制屏的"同步变压器 Δ/Y"三相同步信号输出端和 PWD – 12"三相同步信号输入"端相连，打开 PWD – 12 电源开关，拨动"触发脉冲指示"钮子开关，使"窄"的发光管亮。

③观察 A、B、C 三相的锯齿波，并调节 A、B、C 三相锯齿波斜率调节电位器（在各观测孔左侧），使三相锯齿波斜率尽可能一致。

④将 PWD – 01 电源控制屏上的"给定"输出 U_g 直接与 PWD – 12 的移相控制电压 U_{ct} 相接，将给定开关 S_2 拨到接地位置（即 $U_{ct} = 0$），调节 PWD – 12 上的偏移电压电位器，用双踪示波器观察 A 相同步电压信号和"双脉冲观察孔"VT_1 的输出波形，使 $\alpha = 170°$。

⑤适当增加给定 U_g 的正电压输出，观测 PWD – 12 上"脉冲观察孔"的波形，此时应观测到单窄脉冲和双窄脉冲。

⑥将 PWD – 12 面板上的 U_{lf} 端接地，用 20 芯的扁平电缆，将 PWD – 12 的"正桥触发脉冲输出"端和 PWD – 11"正桥触发脉冲输入"端相连，观察正桥 VT_1 至 VT_6 晶闸管门极和阴极之间的触发脉冲是否正常。

3. 三相半波整流及有源逆变电路

①按图 2 – 27 接线，将负载电阻放在最大阻值处，输出给定调到零。

②按下"启动"按钮，此时三相半波处于逆变状态，$\alpha = 150°$，用示波器观察电路输出电压 U_d 波形，缓慢调节给定电位器，升高输出给定电压。观察电压表的指示，其值由负的电压值向零靠近，当到零电压的时候，也就是 $\alpha = 90°$，继续升高给定电压，输出电压由零向正的电压升高，进入整流区。在这过程中记录 $\alpha = 30°$、$60°$、$90°$、$120°$、$150°$ 时的电压值以及波形。

表 2 – 2　测量数据表

α	30°	60°	90°	120°	150°
U_1					
U_1（计算值）					

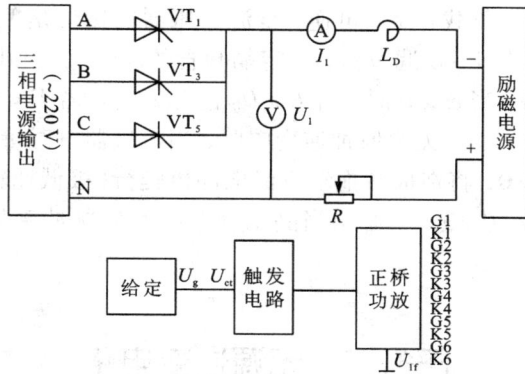

图 2 - 27　三相半波有源逆变电路实训原理图

六、实训报告

1. 画出实验所得的各特性曲线与波形图。

2. 对可控整流电路在整流状态与逆变状态的工作特点作比较。

3. 分析实验过程中所出现的故障现象。

七、注意事项

1. 为防止逆变颠覆，逆变角必须安置在 $30° < \beta < 90°$ 范围内。即 $U_{ct} = 0$ 时，$\beta = 30°$，调整 U_{ct} 时，用直流电压表监视逆变电压，待逆变电压接近零时，必须缓慢操作。

2. 在实验过程中调节 β，必须监视主电路电流，防止 β 的变化引起主电路出现过大的电流。

3. 在实验接线过程中，注意三相心式变压器高压侧的和中压侧的中线不能接一起。

4. 有时会发现脉冲的相位只能移动 120° 左右就消失了，这是因为触发电路的原因，触发电路要求相位关系按 A、B、C 的排列顺序，如果 A、C 两相相位接反，结果就会如此，对整流实验无影响，但在逆变时，由于调节范围只能到 120°，实验效果不明显，用户可自行将四心插头内的 A、C 相两相的导线对调，就能保证有足够的移相范围。

习题及思考

1. 使变流器工作于有源逆变状态的条件是什么？

2. 三相全控桥变流器，反电动势阻感负载，$R = 1\ \Omega$，$L = \infty$，$U_2 = 220\ V$，$L_B = 1\ mH$，当 $E_M = -400\ V$，$\beta = 60°$ 时求 U_d、I_d 与 γ 的值，此时送回电网的有功功率是多少？

3. 单相全控桥，反电动势阻感负载，$R = 1\ \Omega$，$L = \infty$，$U_2 = 100\ V$，$L = 0.5\ mH$，当 $E_M = -99\ V$，$\beta = 60°$ 时，求 U_d、I_d 和 γ 的值。

4. 什么是逆变失败？如何防止逆变失败？

5. 单相桥式全控整流电路、三相桥式全控整流电路中，当负载分别为电阻负载或电感负载时，要求的晶闸管移相范围分别是多少？

6. 三相全控桥，电动机负载，要求可逆，整流变压器的接法是 Dy – 5，采用 NPN 锯齿波触发器，并附有滞后 30 °的 R – C 滤波器，决定晶闸管的同步电压和同步变压器的联结形式。

7. 三相半波逆变电路，当 $\alpha > \pi$ 时，若 $E > U_d$ 情况如何？若 $E < U_d$ 情况又如何？

8. 试从电压波形图上分析，无论何种逆变电路，当电抗器电感量不够大时，则在 $\alpha = \pi/2$ 时输出直流平均电压 $U_d > 0$，将造成被拖动直流电动机爬行（极低速转动）。

9. 三相半波逆变电路，$\beta = 30 °$，画出当晶闸管 VT_2 触发脉冲丢失一次时输出电压 U_d 的波形。

任务二　无源逆变电路

将直流电变换成交流电，即 DC – AC 变换称为逆变，是将交流电变换成直流电（AC – DC 变换）的逆过程。根据逆变后交流电能的使用方式，逆变又分为两类：将直流电逆变成电网频率的恒频交流电并输送给电网、再通过电网供给用电负载的变换称有源逆变，可控整流器在满足逆变条件下即可运行在有源逆变状态，这已在任务一中讨论过；将直流电逆变成频率可变的交流电并直接供给用电负载，称为无源逆变。

可以看出，只有无源逆变能实现变频，但无源逆变不等于变频的全部。变频是指将一种频率的交流电变换成另一种频率的交流电的过程，也有两种变换形式，即将一种频率的交流经整流变换成直流，再经无源逆变变换成可变频率交流的交 – 直 – 交变换，以及将一种频率的交流直接变换成另一种可变频率交流的交 – 交变换。可见逆变与变频在概念上既有联系，又有区别。本章讨论的 DC – AC 变换就是无源逆变，即交 – 直 – 交变频的后半部分。

DC – AC 变换应用非常广泛，各类直流电源（如蓄电池、电瓶、太阳能光伏电池等）需向交流负载供电时就需先进行逆变；交流电机用的变频器、不间断电源、有源滤波器、感应加热装置等其核心变换就是逆变；现代风电技术中产生的直流能量也需采用逆变技术变换成交流电能予以利用，所以 DC – AC 逆变技术是电力电子中最为重要的变换技术。

在 DC – AC 变换中有两个问题值得特别关注。一个是换流问题，另一个是输出电能质量的控制问题。换流指变流电路工作中电流从一条支路向另一支路的转移，伴随的是器件的导通与关断。对于全控型器件而言可以采用触发信号来控制器件的通断，但半控器件（晶闸管）就有关断问题，特别是工作在电压极性不变的直流电源条件下的逆变电路、换流方式的讨论更具意义。DC – AC 变换输出的是交流电能，要求其波形正弦、输出谐波含量少，为此可从逆变电路拓扑结构上改造，如果用多重化、多电平化变换电路；也可从控制方法上解决，如果用正弦脉宽调制（SPWM）技术。因此本章首先介绍逆变电路晶闸管的换流问题，并按换流方式讲述负载谐振式逆变器、强迫换流式逆变器。对于采用全控型器件的逆变电路则重点介绍脉宽调制控制，包括正弦脉宽调制、电流滞环控制脉宽调制和电压空间矢量控制脉宽调制。最后对逆变的多重化和多电平化，以及改善逆变器输出特性的技术措施和采用 PWM 技术实现整流的技术进行讨论。

知识点 1 逆变电路概述

一、晶闸管逆变电路的换流问题

DC – AC 变换原理可用图 2 – 28 所示单相逆变电路来说明，其中晶闸管元件 VT_1、VT_4，VT_2、VT_3 成对导通。当 VT_1、VT_4 导通时，直流电源 E 通过 VT_1、VT_4 向负载送出电流，形成输出电压 u_0 左（+）、右（−），如图 2 – 28（a）所示。当 VT_2、VT_3 导通时，设法将 VT_1、VT_4 关断，实现负载电流从 VT_1、VT_4 向 VT_2、VT_3 的转移，即换流。换流完成后，由 VT_2、VT_3 向负载输出电流，形成左（−）、右（+）的输出电压 u_0，如图 2 – 28（b）所示。这两对晶闸管轮流切换导通，则负载上便可得到交流电压 u_0，波形如图 2 – 28（c）所示。控制两对晶闸管的切换导通频率就可调节输出交流频率，改变直流电源 E 的大小就可调节输出电压幅值。输出电流的波形、相位则取决于交流负载的性质。

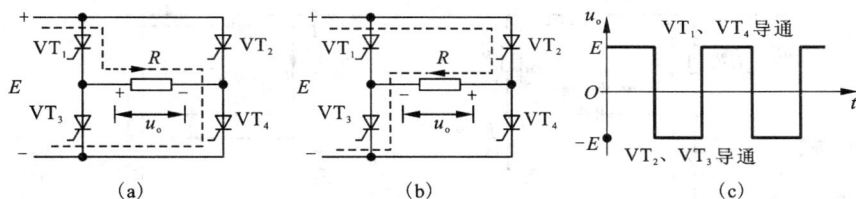

图 2 – 28 DC – AC 变换原理

要使逆变电路稳定工作，必须解决导通晶闸管的关断问题，即换流问题。晶闸管为半控器件，在承受正向电压条件下只要门极施加正向触发脉冲即可导通；但导通后门极失去控制作用，只有使阳极电流衰减至维持电流以下才能关断。为此，关断导通晶闸管有两种方法：一是在晶闸管阳极电路中串高值电阻，使该管阳极电流降至维持电流以下而关断，但此方法技术上无法实现，不实用；二是使晶闸管承受阳极反压并维持一定时间 t_q，且 t_0 应大于晶闸管的关断时间 t_q。在 DC – AC 变换中逆变器晶闸管工作在恒定不变的阳极电压下，要使晶闸管关断必须要解决反向阳极电压施加的技术问题，即换流方式。

常用的晶闸管换流方式有以下三种。

（1）电网换流

该方法利用电网交流电压自动过零变负的特点，使晶闸管承受反向阳极电压而关断。其方法简单，无须附加换流电路，称为自然换流，常用于可控整流、有源逆变电路，交流调压和相控交 – 交变频电路，但不适用于没有电压极性变化的 DC – AC 逆变电路。

（2）负载谐振式换流

此方法利用负载回路中电感、电容形成的振荡特性，使电流自动过零。只要负载电流超前于电压的时间大于晶闸管的关断时间，即能保证该导通晶闸管可靠关断，触发导通另一晶闸管，完成电流转移。与电网换流相同，主电路无须附加换流电路，只要求负载电流呈容性，也属自然换流。负载谐振式换流电路分并联谐振和串联谐振两大类，具体换流过程将在负载谐振式逆变器中介绍。此外晶闸管逆变器供电同步电机(无换向器电机),当电机过激励时,电机电流呈容性,即可采用负载自然换流。由于参与谐振的负载电路电容、电感都要流过负载电流,所需容量大,不经济,故只适合于负载及频率变化不大的逆变器,如冶炼用的中频电源。

(3)强迫换流

电网换流和负载谐振式换流不能使变流器在任意时刻进行换流,具有很大局限性。此时可在电路中附加换流环节,并使换流环节中的储能元件(如电容)在换流前先储存一定电能,在需要换流的时刻通过释能产生一个短暂脉冲电流,使导通晶闸管中电流下降至零,并以此施加一个持续时间 t_0 大于晶闸管关断时间 t_q 的反向阳极电压,确保晶闸管可靠关断。这种利用电容储能实现晶闸管强迫关断的换流方式称(电容)强迫换流。

强迫换流又可分为直接耦合式强迫换流和电感耦合式强迫换流。直接耦合式强迫换流是由换流电容直接提供极性正确的反向电压使晶闸管关断,可用图 2-29 电路来说明换流过程。

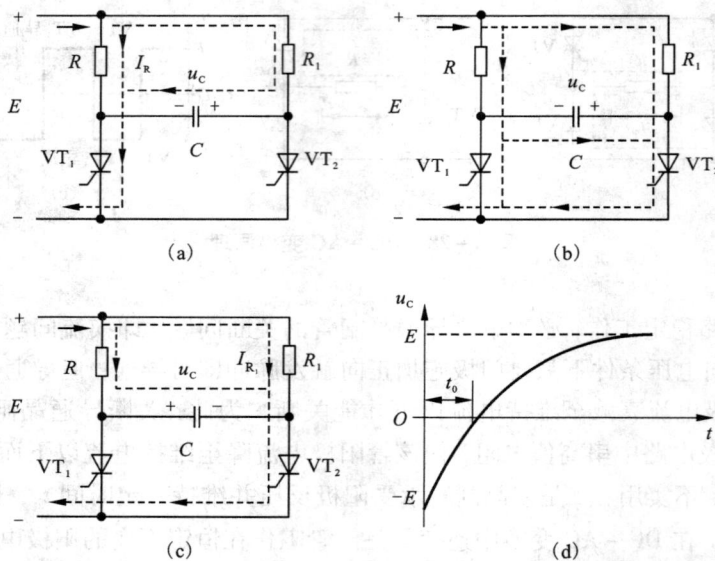

图 2-29　直接稿合式强迫换流过程

当主晶闸管 VT_1 触发导通后,电容 C 补充至 $u_c = E$,极性左(-)、右(+),如图 2-29(a)所示。换流时,触发导通辅助晶闸管 VT_2,此时 VT_1、VT_2 都导通,两管进行换流,如图 2-29(b)所示。在 VT_1-C-VT_2 回路中,由于 VT_2 导通使电容电压 u_c 反极性地直接加在 VT_1 上,使其承受反向阳极电压而关断。VT_1 关断后,电源通过负载电阻 R 和导通的 VT_2 对电容反向充电,如图 2-29(c)所示。电容上电压 u_c 由 $-E$ 上升过零直至 E,如图 2-29(d)所示,其中 $u_c = -E$ 至 $u_c = 0$ 的时间 t_0 即为 VT_1 承受反压时间。如重新触发导通 VT_1,则电容电压 u_c 反极性地施加在 VT_2 上使之关断,再次进入 VT_1 稳定导通的下一个周期。

电感耦合式强迫换流原理性示意图如图 2-30 所示,图 2-30(a)、图 2-30(b)中换流电容上电压 u_c 极性不同,导致产生两处不同的换流过程。图 2-30(a)中 u_c 正极性正好施加在欲关断的晶闸管 VT 阴极上，当接通开关 S（通常是一辅助晶闸管）后，LC 振荡电流将反向流过 VT，促使其电流减小，在 LC 振荡的第一个半周期内就可使 VT 中阳极电流减小至零而关断，残余电流经 VD 继续流动，导通的 VD 管压降构成了对 VT 的反向阳极电压。图 2-30(b) 中 u_c 负极性施加在 VT 的阴极，当接通开关 S 后，LC 振荡电流先正向流经

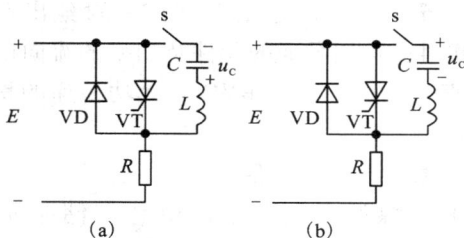

图 2-30 电感耦合式强迫换流原理图

VT 使其电流加大，但经半个振荡周期后，振荡电流反向流过 VT，使 VT 中合成正向电流衰减至零而关断，残余电流经 VD 继续流动，VD 上管压降构成对 VT 的反向阳极电压，确保其可靠关断。

二、逆变电路的类型

逆变器的交流负载中包含电感、电容等无源元件，它们与外电路间必然有能量的交换，这是构成无功的原因。由于逆变器的直流输入与交流输出间有无功功率的流动，所以必须在直流输入端设置储能元件来缓冲无功的需求。在交-直-交变频电路中，直流环节的储能元件往往被当作滤波元件来看待，但它更有向交流负载提供无功功率的重要作用。

根据直流输入储能元件类型的不同，逆变电路可分为两种类型。

1. 电压源型逆变器

电压源型逆变器是采用电容作储能元件，图 2-31 为单相桥式电压源型逆变器原理图。电压源型逆变器有如下特点。

(1)直流输入侧并联大电容 C 用作无功功率缓冲环节(滤波环节)，构成逆变器低阻抗的电源内阻特性(电压源特性)，即输出电压确定，其波形接近矩形，电流波形与负载有关，接近正弦。

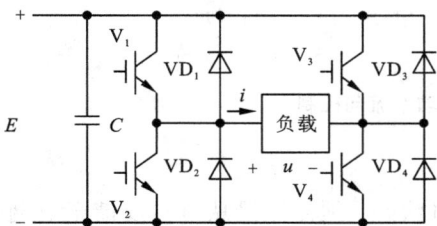

图 2-31 单相桥式电压源型逆变器原理图

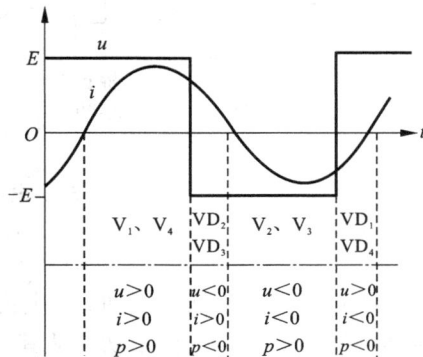

图 2-32 无功二极管的作用

(2)由于直流侧电压极性不允许改变，功率从交流向直流回馈时只能通过无功功率改变电流方向来传送，为此应在这种功率开关元件旁反并联续流二极管，为感性负载电流提供反

馈能量至直流的无功通路。图 2 - 32 绘出一个周期内负载电压 u、负载电流 i 的理想波形，按 u，i 极性分区内导通的元件及功率的流向（$P > 0$，功率从直流流向交流；$P < 0$，功率从交流流向直流，可用以说明 VD 对无功传递的重要作用。三相电压源型逆变器将在知识点 4 中讨论。

2. 电流源型逆变器

电流源型逆变器采用电感作储能元件，图 2 - 33 所示为单相桥式电流源型逆变器原理图，但图中未绘出晶闸管换流电路。电流源型逆变器有如下特点：

（1）直流回路串以大电感 L_d 作无功元件（滤波元件）储存无功功率，也就构成了逆变器高阻抗的电源内阻特性（电流源特性），即输出电流确定，波形接近矩形；电压波形与负载有关，在正弦波基础上叠加换流电压尖峰。

图 2 - 33 电流源型逆变器

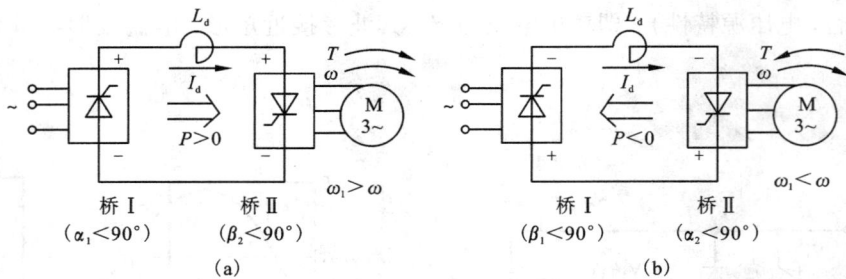

（2）由于直流环节电流 I_d 不能反向，只有改变逆变器两端直流电压极性来改变能量流动方向、反馈无功功率，无需设置无功二极管作为反馈通道。这个过程可用图 2 - 34 所示三相电流源型交 - 直 - 交变频调速系统运行状态的变化来说明。

当电机运行在电动状态时，需要能量从交流电网送至电动机，从逆变器（桥 II 的角度看，即要求功率从直流侧送至交流侧，此时应控制桥 I 工作在整流状态、桥 II 工作在逆变状态。在图示设定的 I_d 电流方向下，两桥直流电压均上（+）、下（-），确保了功率 $P > 0$ 的流向，如图 2 - 34（a）所示。

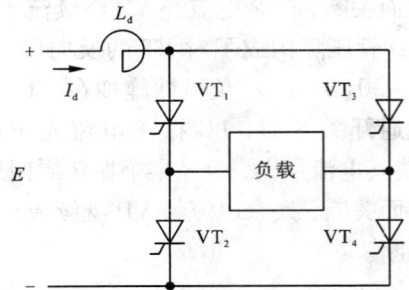

图 2 - 34 电流源型逆变器功率流向控制

（a）$P > 0$；（b）$P < 0$

当电机运行在再生回馈制动时，电机运行在发电状态，须使能量从电机反馈至电网。从原逆变器（桥 II）角度看，要求功率从其交流侧反馈至直流侧，此时应控制桥 II 工作在整流状态、桥 I 工作在逆变状态下，两桥直流电压极性改变为上（-）、下（+），在设定的 I_d 电流方向下，确保了功率 $P < 0$ 的流向，如图 2 - 34（b）所示。由此可见，电流源型逆变器只要改变两桥移相触发角的范围，通过直流电压极性的改变即可实现功率的双向流动。

三相电流源型逆变器将在知识点 3 中讨论。

3. 两类逆变器的比较

（1）电压源型逆变器采用大电容作储能（滤波）元件，逆变器呈现低内阻特性，直流电压大小和极性不能改变，能将负载电压箝在电源电压水平上，浪涌过电压低，适合于稳频稳压电源、不可逆电力拖动系统、多台电机协同调速和快速性要求不高的应用场合。

电流源型逆变器电流方向不变，可通过逆变器和整流器的工作状态变化，获得能量流向改变，实现电力拖动系统的电动、制动运行，故可应用于频繁加、减速，正、反转的单机可逆拖动系统。

（2）电流源型逆变器因采用大电感储能（滤波），主电路抗电流冲击能力强，能有效抑制电流突变、延缓故障电流上升速率，过电流保护容易。电压源型逆变器输出电压稳定，一旦出现短路电流则上升极快，难以获得保护处理所需时间，过电流保护困难。

（3）采用晶闸管元件的电流源型逆变器依靠电容与负载电感间的谐振来实现换流，负载构成换流回路的一部分，故不接入负载系统不能运行。

（4）电压源型逆变器必须设置反馈（无功）二极管来给负载提供感性无功电流通路，主电路结构较电流源型逆变器复杂。电流源型逆变器无功率由滤波电感储存，无需二极管续流，主电路结构简单。

知识点 2　负载谐振式逆变电路

负载谐振式逆变电路根据换流电容与负载电感的连接方式可分为并联和串联两种。换流电容与负载电感并联、利用电容与电感的并联谐振特性实现自然换流的逆变电路称为并联谐振逆变器。同理，换流电容与负载电感串联、利用电容与负载电感的串联谐振特性实现自然换流的逆变电路称为串联谐振逆变器。它们是构成中频感应加热电源的主要电路形式。本节仅以并联谐振式负载换流逆变器为代表进行介绍。

并联谐振式逆变器原理电路如图 2－35 所示，直流电源 E 可由整流电源获得。由于负载在并联谐振时表现出阻抗最大，必须采用电流源向逆变电路供电，故逆变器直流环节采用大电感 L_d 滤波，所以并联谐振逆变电路属电流源型，流过晶闸管的电流近似为矩形，负载电流为交变矩形波。

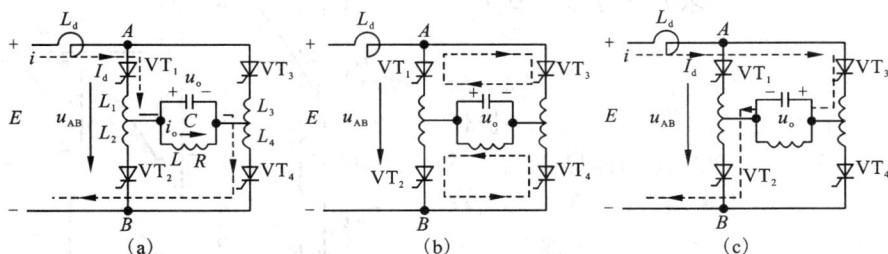

图 2－35　并联谐振式逆变器工作过程示意图

逆变器由四个桥臂构成，每个桥臂均由一只晶闸管和一限流电抗器串联而成。由于工作频率为 1～2.5 kHz 的中频，采用快速晶闸管。限流电抗器 $L_1 \sim L_4$ 自感值相等，互感为零，用于晶闸管导通时对流经的电流作 di/dt 限制。滤波电感 L_d 不仅使直流电流平直，而且还可限制中频电流进入直流电源，起交 – 直流隔离作用。

　　由于晶闸管交替触发的频率与负载回路谐振频率接近，负载电路工作在谐振状态，这样可以得到较高的功率因数和效率。又由于谐振电路对所施加的矩形波电压基波分量呈现高阻抗，而对高次谐波分量电压可近似看作短路，故负载两端电压 u_o 接近正弦波。负载电流 i_o 在滤波电感 L_d 作用下近似为交变矩形波。换流电容 C 提供了负载所需无功功率，并使 i_o 超前 u_o 一定相位，从而可利用 i_o 过零来关断已导通的晶闸管，实现负载谐振换流。并联谐振式逆变器工作过程可分成导通与换流两种阶段。

　　1. VT₁、VT₄ 导通阶段

　　晶闸管 VT₁、VT₄ 同时触发、导通，电流路线如图 2 – 35(a) 所示。负载电流近似为恒流。电容 C 上建立起极性为左(+)、右(-)的电压，负载 L 上电压 u_o 为正弦波，相应各处波形如图 2 – 36 中的 $t_1 \sim t_2$ 时间段所示。

　　2. 换流阶段

　　电流路径如图 2 – 35(b) 所示。t_2 时刻触发导通 VT₂、VT₃，此时负载两端振荡电压 u_o 极性左(+)、右(-)。由于电容两端电压不能突变，u_o 经 VT₂、VT₃ 分别反向施加在原先导通的 VT₁、VT₄ 上，迫使其电流 i_{T_1}、i_{T_4} 迅速减小至零，而 VT₂、VT₃ 中电流 i_{T_2}、i_{T_3} 从零迅速增长至 I_d。这段时间里，四个晶闸管重叠导通，称为换流时间 t_μ，折算成角度则为换流重叠角 $\mu = \omega t_\mu$，ω 为电路工作角频率。由于桥臂电感 $L_1 \sim L_4$ 较小，与负载电流交变周期 T 相比，$t_\mu < T$。虽在换流期间四个晶闸管同时导通，但由于有大电感 L_d 的限流作用，短时间内电源不会短路。要使导通晶闸管关断，在其电流下降至零以后还必须承受一段 t_β 时间的反压，以恢复其正向阻断能力，且要求 t_β 大于晶闸管关断时间 t_q，即

$$t_\beta = K_\beta \cdot t_q \qquad (2-7)$$

式中：K_β 如不能满足式(2 – 7)，则当 u_o 极性改变时 VT₁、VT₄ 尚未恢复正向阻断能力，就会在 u_o 正向电压任务下重新导通，形成四管稳定导通的短路状态，即造成了逆变失败。

　　为了保证电路可靠换流，VT₂、VT₃ 应在距 u_o 过零之前的 t_δ 时间触发，故 $t_\delta = t_\mu + t_\beta$ 称触发引前时间。而从电容电压与电流相位来看，

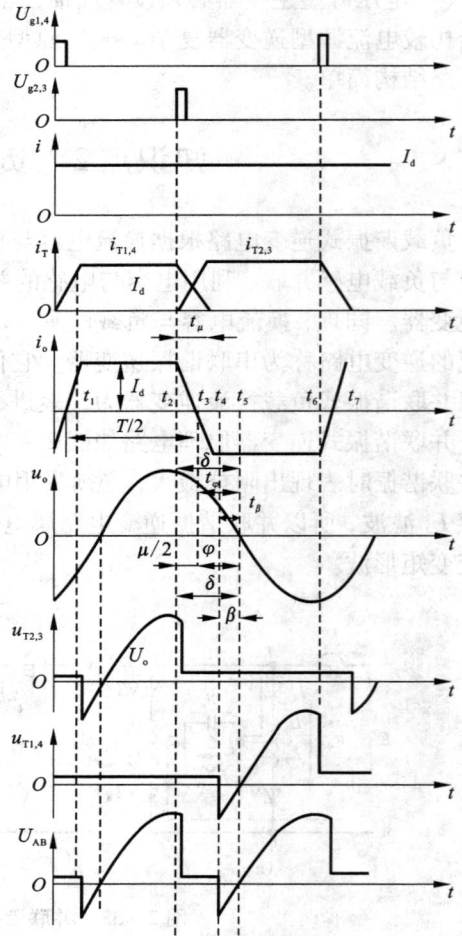

图 2 – 36　并联谐振式逆变器波形

相当于负载电流 i_o 的基波分量超前负载电压 u_o 一个 $t_\varphi = \dfrac{t_\mu}{2} + t_\beta$ 时间，相应电角度为

$$\varphi = \omega\left(\frac{t_\mu}{2} + t_\beta\right) \tag{2-8}$$

3. VT_2、VT_3 导通阶段

换流阶段结束后，VT_1、VT_4 关断，进入 VT_2、VT_3 稳定导通阶段，电流路径如图 2-35 (c) 所示。负载电流方向已改变，电容电压极性为左（-）、右（+）。如在图 2-36 的 t_6 时刻再次触发导通 VT_1、VT_4，又将重复换流过程，从而获得一交变电源。

根据图 2-35，可以导出并联谐振式逆变器可靠换流的条件。并联谐振回路的复阻抗可写为

$$Z = \frac{(R + j\omega L)\left(-j\dfrac{1}{\omega C}\right)}{R + j\omega L - j\dfrac{1}{\omega C}} = \frac{\dfrac{1}{C}\left(1 + j\dfrac{R}{\omega L}\right)}{R + j\left(\omega L - \dfrac{1}{\omega C}\right)} \tag{2-9}$$

一般 R 很小，谐振点处 $R = \omega L$，故有

$$Z \approx \frac{1}{C} \cdot \frac{1}{R + j\left(\omega L - \dfrac{1}{\omega C}\right)} = \frac{L}{C} \cdot \frac{R - j\left(\omega L - \dfrac{1}{\omega C}\right)}{R^2 + \left(\omega L - \dfrac{1}{\omega C}\right)^2} \tag{2-10}$$

要使负载呈现容性，必须 $\omega L > l/(\omega C)$，即 $\omega > 1/\sqrt{LC} = \omega_0$，故逆变器可靠换流的必要条件是逆变器工作频率 ω 高于负载谐振频率 ω_0。而逆变器可靠换流的充分条件则是

$$t_\varphi = \frac{\varphi}{\omega} = \frac{1}{\omega}\left(\frac{\dfrac{1}{\omega C} - \omega L}{R}\right) > t_q \tag{2-11}$$

并联谐振式逆变器输入电流 I_d、输出电流 i_o，以及输入电压 E、输出电压 u_o 的关系可通过如下推导求得。

忽略换流过程，将 i_o 看成矩形波，其傅里叶级数展开为

$$i_o = \frac{4}{\pi}I_d\sum_{k=1}^{\infty}\left(\frac{1}{k}\sin k\omega t\right),\ k = 1,\ 3,\ 5,\ \cdots \tag{2-12}$$

其基波电流有效值为

$$I_o = \frac{4}{\sqrt{2}\pi}I_d = 0.9I_d \tag{2-13}$$

忽略平波电抗器 I_d 的压降，图 2-35 是 AB 两点间电压 u_{AB} 平均值应等于直流电源电压 E。取图 2-36 中 u_{AB} 波形的一个重复半周期作积分平均，可得

$$E = \frac{1}{\pi}\int_{-\beta}^{\pi-\delta}u_{AB}\mathrm{d}\omega t = \frac{1}{\pi}\int_{-\beta}^{\pi-(\mu+\beta)}\sqrt{2}U_o\sin\omega t\mathrm{d}\omega t$$

$$= \frac{\sqrt{2}U_o}{\pi}[\cos(\mu + \beta) + \cos\beta]$$

$$= \frac{2\sqrt{2}U_o}{\pi}\cos\left(\frac{\mu}{2} + \beta\right) \cdot \cos\frac{\mu}{2}$$

考虑到换流重叠角 u 小，$\cos\dfrac{\mu}{2}\approx1$；再考虑到式（2-8），即

$$\varphi=\omega(t_\mu/2+t_\beta)=\frac{\mu}{2}+\beta$$

可得

$$E=\frac{2\sqrt{2}}{\pi}U_o\cos\varphi \tag{2-14}$$

或

$$U_o=\frac{\pi E}{2\sqrt{2}\cos\varphi}=1.11\frac{E}{\cos\varphi} \tag{2-15}$$

例：有一台功率 $P=100$ kW，工作频率 $f=1000$ Hz 中频电源。输入直流电压 $E=500$ V，电流 $I_d=250$ A；逆变输出功率因数 $\cos\varphi=0.8$，逆变效率，负载功率因数 $\cos\varphi=0.1$；采用 di/dt 20 A/μs 的普通晶闸管元件构成并联谐振式逆变器，试选择晶闸管定额，限流电抗器电感值理换流电容容量。

解：（1）晶闸管额定电压。

负载电压

$$U_o=\frac{\pi E}{2\sqrt{2}\cos\varphi}=\frac{\pi\times500}{2\sqrt{2}\times0.8}=700(\text{V})$$

设晶闸管最大正向及反向电压均等于负载电压峰值，并取 1.5 倍电压裕量，则晶闸管额定电压为

$$U_R=1.5\times\sqrt{2}U_o=1.5\times\sqrt{2}\times700=1484.7\approx1500(\text{V})$$

（2）晶闸管额定电流。

负载电流有效值

$$I_o=\frac{P}{U_o\eta\cos\varphi}=\frac{100\times10^3}{700\times0.98\times0.8}=180(\text{A})$$

晶闸管通态平均电流

$$I_{T(AV)}=\frac{f_m I_o}{1.57K_b}=\frac{1.6\times180}{1.57\times2}=90(\text{A})$$

式中：$f_m=1.6$，为 1000 Hz 时晶闸管损耗系数；$K_b=2$，为单相桥式逆变器并联导通元件数。

若取 2 倍电流裕量，则应选 $I_{T(AV)}$ 为 200 A 的器件。

（3）限流电抗器电感 L。根据换流阶段的计算，可以导出换流重叠角 μ 的表达式

$$\mu=\arccos\left(\cos\beta-\frac{2\omega L I_d}{\sqrt{2}U_o}\right)-\beta$$

式中：$\beta=\omega t$，β 为反压角。

由于换流重叠角可按 di/dt 计算

$$\mu=\frac{2\pi f I_d}{di/dt}=\frac{2\pi\times10^3\times250}{20/10^{-6}}=\frac{\pi}{40}$$

反压角

$$\beta=\varphi-\mu/2=\arccos0.8-\pi/80=\pi/5-\pi/80$$

从而

$$L = \frac{\sqrt{2}U_o}{2\omega L_d}[\cos\beta - \cos(\mu + \beta)] = 16.3(\mu\text{H})$$

（4）换流电容 C 应能补偿负载所需感性无功外，还要能使负载电流 I。超前负载电压 U_o，以实现可靠换流。

补偿负载的无功功率为

$$Q_1 = \frac{P}{\cos\varphi_L}\sin\varphi_L$$

满足换流所需无功功率为

$$Q_2 = \frac{P}{\cos\varphi}\sin\varphi$$

则电容器应提供的全部无功功率为

$$Q = Q_1 + Q_2 = P(\tan\varphi_L + \tan\varphi) = 100 \times (10 + 0.726) = 1073(\text{kvar})$$

若选 750 V、90 kvar、1000 Hz、容量为 25 μF 的电容器，则每个电容器实际无功容量为

$$Q_c = U_o^2\omega C = 700^2 \times 2\pi \times 10^3 \times 25 \times 10^{-6} = 77(\text{kvar})$$

因此，共需 $1073/77 \approx 14$ 个电容器并联。

知识点 3　强迫换流式逆变电路

工业生产中异步电动机是应用最为广泛的动力设备，常采用变频器供电作调速运行，此时需由逆变器提供励磁用感性无功电流，致使由晶闸管元件构成的逆变器不能采用负载换流方式，只能采用电容储能方式的强迫换流，给其他感性负载供电的逆变器也如此。

采用强迫换流的晶闸管型逆变电路根据直流滤波环节储能元件的不同分为电压源型和电流源型。由于晶闸管电压源型逆变器输出电压为方波，除基波外富含低次谐波，输出特性差，已被采用全控型器件的脉宽调制型逆变器所替代，但仍是多重化逆变器中的基本单元电路。电流源型逆变器发展较晚，由于具有一系列优点，目前在交流电机调速，尤其在单机可逆调速系统中应用很多，其中以串联二极管式电流源型逆变器的应用最为广泛。

一、串联二极管式电流源型逆变器结构

串联二极管式电流源型逆变器主电路如图 2 - 37 所示。图中 $\text{VT}_1 \sim \text{VT}_6$ 为晶闸管，$C_1 \sim C_6$ 为换流电容，$\text{VD}_1 \sim \text{VD}_6$ 为隔离二极管，用于使换流回路与负载隔离，防止电容上的充电电压经负载释放而影响晶闸管换流。由于隔离二极管与晶闸管串联，故称串联二极管式换流电路。逆变器直流侧经大电感 L_d 滤波，使输入平直，构成了电流源内阻特性。

逆变器晶闸管为 120°导通型，即：①每管导通 1/3 周期；②除换流期间有三相通电外，其余时间均只有分属不同相的桥臂上、下二晶闸管导通，负载两相轮流通电，形成三相负载电流确定的状态，其上、下桥臂元件导通顺序如图 2 - 38 所示，即晶闸管导通顺序为 $\text{VT}_1 \rightarrow \text{VT}_2 \rightarrow \text{VT}_3 \rightarrow \text{VT}_4 \rightarrow \text{VT}_5 \rightarrow \text{VT}_6 \rightarrow \text{VT}_1 \rightarrow \cdots$ 各管触发脉冲相隔 60°，每管导通 120°；③元件换流在上或下桥臂元件组内进行，即在 VT_1、VT_3、VT_5 及 VT_2、VT_4、VT_6 间进行。

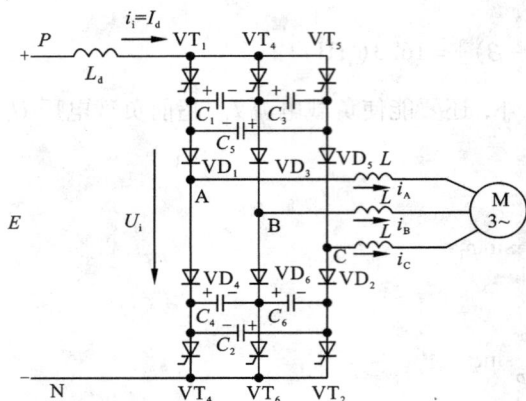

图 2 – 37 串联二极管式电流源型逆变器主电路图　　图 2 – 38 120°导通型三相逆变器各管换流顺序

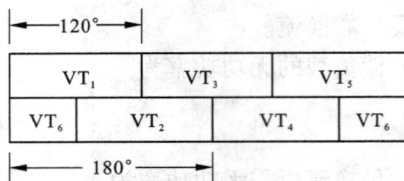

二、工作过程(换流机理)

串联二极管式电流源型逆变器换流电路由换流电容、隔离二极管和负载阻抗组成。由于负载为换流电路的一部分,故其换流过程要比电压源型逆变器复杂。假定原先逆变器中的 VT_5、VT_6 导通,构成负载电机的 C、B 相通电;现要换流至 VT_6、VT_1 导通,即负载的 A、B 相通电,中间发生的 VT_5 至 VT_1 的换流过程可通过图 2 – 39 来说明。

1. 换流前运行阶段

设 VT_5、VT_6 导通,负载电流 I_d 由直流电源(+)极出发,经 VT_5、VD_5,通过电机 C 相绕组和 B 相绕组,经由 VD_6、VT_6 流返回电源(-)极,其路径如图 2 – 39(a)所示,图中涂黑器件表示导通器件。与此同时,电容 C_5 充有极性左(-)、右(+)的一定电压为关断 VT_1 作了准备。

2. 晶闸管换流与恒流充、放电阶段

触发导通 VT_1 后,使电容 C_5 上的电压反向施加在 VT_5 两端,实现电容强迫换流,VT_6 立即关断。此时负载电流 I_d 将经 VT_1,电容 C_1、C_2 串联再和 C_5 并联构成的等效电容(其值为 $3C/2$,C 为每个电容的电容量),二极管 VD_5 继续流通,如图 2 – 39(b)所示。在等效电容 $3C/2$ 放电至零之前,VT_5 一直承受反压,以保证其可靠关断。由于电流源逆变器中负载电流 I_d 一般恒定不变,则 I_d 对由 C_1 和 C_3 串联、再与 C_5 并联而成的等效电容进行恒流充电,使 C_1、C_3 和 C_5 上的电压极性变反。当电容 C_5 上的电压 u_{C_5} 等于电机 A、C 相绕组上电压 u_{AC} 时,二极管 VD_1 开始导通,进入 VD_5 和 VD_1 的换流阶段。

3. 二极管换流阶段

VD_1、VD_5 同时导通时,由 C_1、C_3 和 C_5 构成的等效电容 $3C/2$ 与电机 A、C 两相绕组漏电感 $2L$ 构成串联谐振,其固有频率为 $\omega_0 = 1/\sqrt{3LC}$。谐振过程使 A 相电流由零上升至 I_d,C 相电流从 I_d 下降至零,实现了二极管间的负载谐振换流。二极管换流的电流路径如图 2 – 39(c)所示。此阶段由于 A、C 两相绕组中电流迅速发生变化,将在漏感上引起相当大的自感电势 Ldi/dt,叠加在正弦的反电势上,使相电压波形出现高达图 2 – 40 负载电机相电流、相电

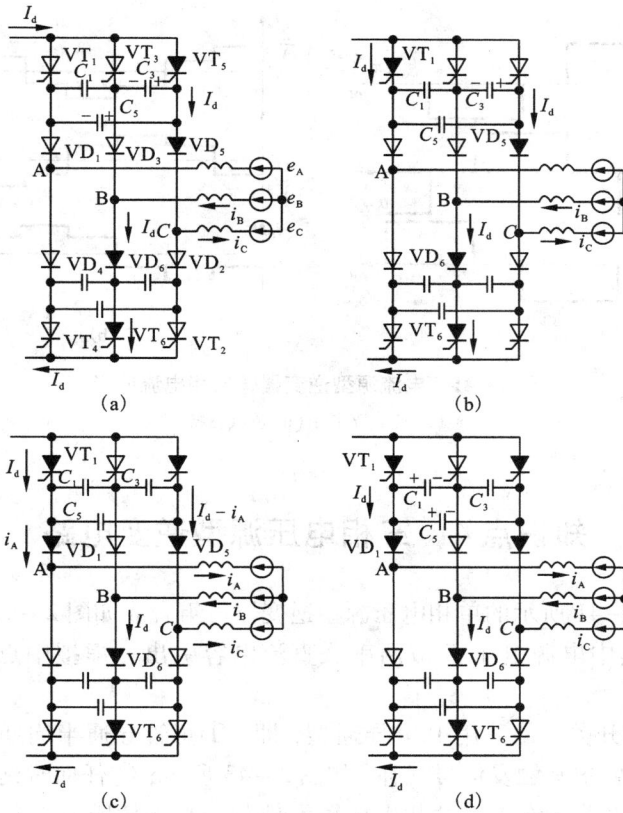

图 2 - 39 串联二极管电流源型逆变器换流过程

压波形 1.5 倍额定电压的尖峰。同样在电机线电压
上也会出现不希望的尖峰，这对电机运行和隔离二极
管电压耐量都是不利的，故电流型逆变器供电电机常
希望绕组漏抗尽可能小。

4. 换流后运行阶段

当 A 相电流 $i_A = I_d \cdot C$ 相电流 $i_C = 0$ 时，二极管

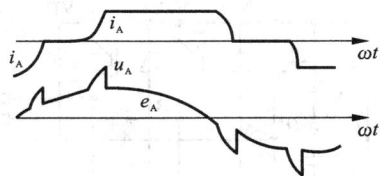

图 2 - 40 电压波形图

换流结束，进入 VT_1、VD_1 与 VT_6、VD_6 及电机 A、B 相的稳定导通新阶段。此时 VD_5 承受反
压而截止，电容 C_1 上电压充成左（+）、右（−），为下次 VT_1 的强迫关断作准备。

电流源型逆变器理想、输出波形如图 2 - 41 所示。当负载 Y 接时，每相电流波形如
图 2 - 41(a) 所示，当负载 A 接时，每相负载中电流波形如图 2 - 41(b) 所示。

三相桥式电流源型逆变器还可以用于过激同步电动机的调速驱动，利用滞后于电流相位
的电机反电势可以实现自然换流，因为同步电机是逆变器的负载，因此这种换流方式也属于
负载换流。

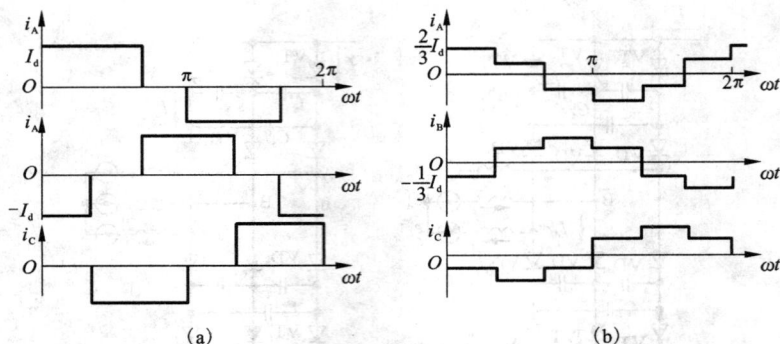

图 2 - 41　电流源型逆变器输出相电流波形

(a)负载 Y 接；(b)负载 △ 接

知识点 4　三相电压源型逆变电路

采用三个如图 2 - 41 所示的单相电压源型逆变器可组合成如图 2 - 42 所示的三相桥式电压摆型逆变电路，其中电源电压 E 被两串联直流电容引出一虚拟中点 O'，用于电路波形分析。

电压源型逆变器开关元件采用 180°导通型，即：①每管导通半周期；②换流在同相上、下桥臂元件间进行，要求其触发信号互补，如图 2 - 43 所示；③任何时刻均有三管导通（一相上桥臂元件和两相下桥臂元件，或两相上桥臂元件和一相下桥臂元件），形成三相负载电压确定的状态。

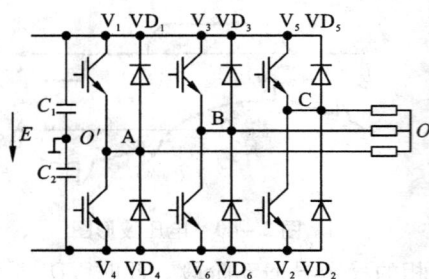

图 2 - 42　三相桥式电压源型逆变器

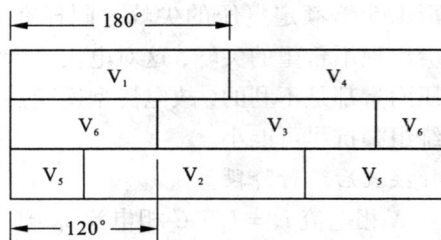

图 2 - 43　180°导通型三相逆变器各管换流顺序

三相电压源型逆变器输出电压、电流波形如图 2 - 44 所示，可以看出：

(1)负载各相对电源中点 O' 电压 $u_{AO'}$、$u_{BO'}$、$u_{CO'}$ 为 180°方波，幅值为 $E/2$，互差 120°，如图 2 - 44(a)、图 2 - 44(b)、图 2 - 44(c)所示，这是 180°导通型开关过程的结果。

(2)负载线电压波形可求得为

$$u_{AB} = u_{AO'} - u_{BO'}$$
$$u_{BC} = u_{BO'} - u_{CO'} \qquad (2-16)$$
$$u_{CA} = u_{CO'} - u_{AO'}$$

图 2 - 44(d)为 A、B 相线电压 u_{AB} 波形，是(a)、(b)波形之差。

(3)负载相电压波形可通过负载中点 O 与直流电源虚拟中点 O' 间电压 $u_{CO'}$ 来表达，即

$$u_{AO} = u_{AO'} - u_{OO'}$$
$$u_{BO} = u_{BO'} - u_{OO'} \qquad (2-17)$$
$$u_{CO} = u_{CO'} - u_{OO'}$$

上式相加可解出

$$u_{OO'} = \frac{1}{3}(u_{AO'} + u_{BO'} + u_{CO'}) - \frac{1}{3}(u_{AO} + u_{BO} + u_{CO}) \qquad (2-18)$$

考虑三相负载对称，有 $u_{AO} + u_{BO} + u_{CO} = 0$，则有

$$u_{OO'} = \frac{1}{3}(u_{AO'} + u_{BO'} + u_{CO'}) \qquad (2-19)$$

波形如图 2 - 44(e)所示，是一个 3 倍输出频率、幅值为 $E/6$ 的交变方波。利用式(2 - 17)、式(2 - 19)可求得三相负载相电压波形，图 2 - 44(f)为 A 相 u_{AO} 波形。可以看出，这是一个典型的六阶梯波，幅值为 $2E/3$。B、C 相波 u_{BO}、u_{CO} 和 u_{AO} 相同，仅相应依次互差 120°。

(4)负载相电流波形与负载阻抗角 φ 有关，图 2 - 44(g)为阻感性负载 φ(π/3 时的 A 相电流 i_{AO}。波形分析中必须注意同相上、下桥臂元件的换流过程：V_1 从通态转入断态时，由于感性负载电流不能突变，在自感电势作用下 VD_4 导通续流，直至电流为零，为 V_4 导通创造条件，实现 V_1 至 V_4 的换流；同样，飞从通态转入断态时也必须经过 m 的续流过程，才能完成 V_4 至 V_1 的换流。这样，图 2 - 44(g)波形中 i_A 的上升段为上桥臂元件组 V_1、VD_1 的导通区间，其中 $i_A < 0$ 时 VD_1 导通；$i_A > 0$ 时 V_1 导

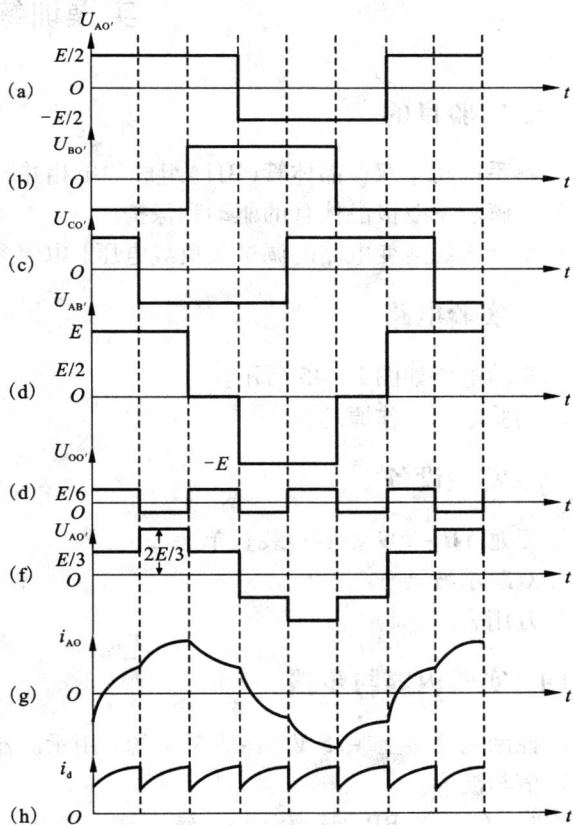

图 2 - 44 三相电压源型逆变器工作波形

通；i_A 的下降段为下桥臂元件组 V_4、VD_4 的导通区间，其中 $i_A > 0$ 时 VD_4 导通，$i_A < 0$ 时 V_4 导通。

i_B、i_C 波形与 i_A 波形相同，相位上依次相差 120°。

（5）直流母线电流均为上或下桥臂三相电流之和，如图 2 - 44（h）所示，每隔 60°脉动一次。由于直流电源电压 E 恒定，故逆变器从交流侧传送至直流侧的功率存在脉动。

由于三相电压型逆变输出电压为方波（六阶梯波），包含丰富的低次谐波，会对负载造成负面效应，应进行定量分析。

电压源型逆变器功率开关器件采用 180°导通型，同相上、下桥臂元件互补通断，这在无开关过程的理想条件下成立。但任何实际器件均有开通与关断的过程，可能会出现一管导通而另一管尚未关断的局面，造成开关器件的永久性损伤。

为此，可采取"先断后通"的触发原则，即先给应关断的器件以关断信号，待其关断后留一定时间裕量再给应导通的器件以导通信号，在关断与导通信号间设置一短暂的均不工作的"死区时间"。死区时间长短视器件的开关速度而定，器件开关速度越高，死区时间越短。死区时间设置虽可避免桥臂的直通，但会使实际输出电压波形偏离理想的优化波形，带来附加的谐波增加和电压损失，在某种情况下需要予以校正。这种设置死区的办法对上、下桥臂通、断互补工作的其他变流电路也适用。

实操训练

一、实验目的

1. 熟悉由功率双极晶体管（BJT）组成的单相并联逆变电路的工作原理。

2. 了解功率双极晶体管的驱动和保护。

3. 掌握无源逆变电路的调试及负载电压、电流参数和波形的测量。

二、实验电路

1. 实验电路如图 2 - 45 所示。

2. 实验电路工作原理。

三、实验设备

1. 亚龙 YL - 209 型实验装置单元（5）。

2. 双踪示波器。

3. 万用表。

四、实验内容与步骤

1. 控制电路接上 + 15 V 和 + 5 V 电源，用示波器观测控制电路各点（3、4、5、6、7 点）电压的数值与波形。

观察：①调节 RP，频率是否连续可调，读出此时频率为多少？频率改变时，脉宽有无变化？

②4、5 点频率是否是 3 点的一半，4、5 两点波形是否正好相反。

③6、7 点波形与幅值与 4、5 点是否相同。

2. 将主电路中的 + 12 V 电源（因电流较大，建议采用直流可调电源），电压表，电流表和

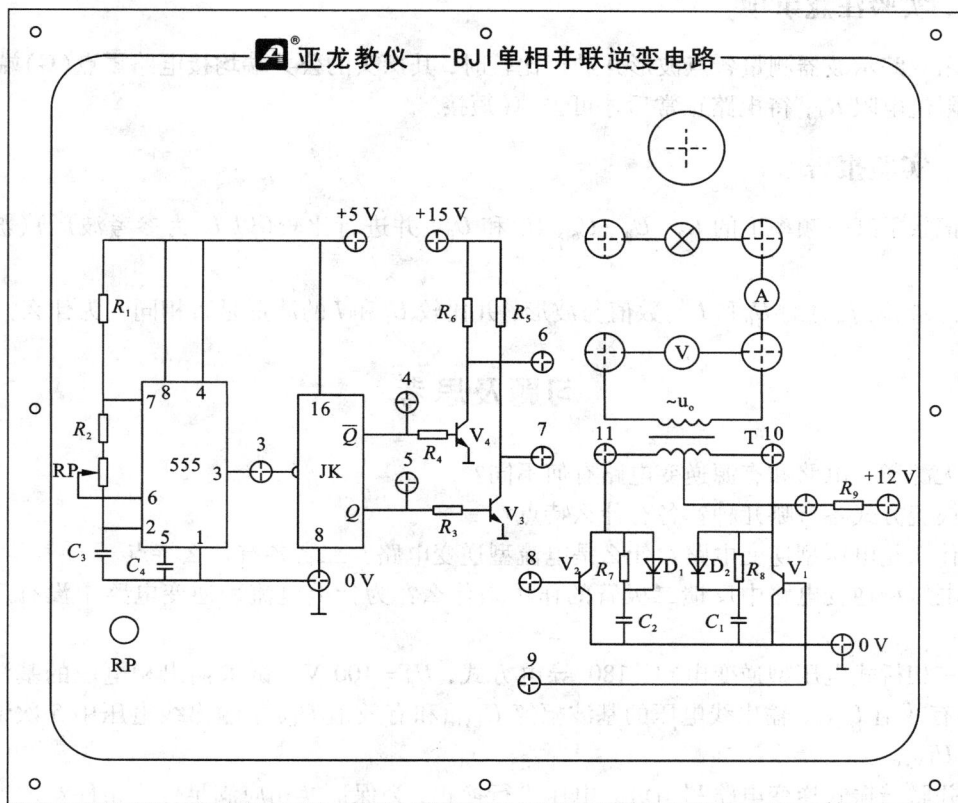

图 2-45　单相并联逆变电路(单元 5)

负载(白炽灯)全部接上,并将主电路与控制电路接通。

3. 用示波器测量负载上的电压波形,观察逆变电路工作是否正常。

观察: ①11、12 点(或 10、12 点)间的电压波形。

②电压表和电流表读数。

③负载(白炽灯)上的电压波形。

若正常,则将 R_9 短接。

4. 调节 RP,记录下 RP 为零(频率 $f=f_0$)和 RP 为最大($f=f_m$)时负载电压 U_0 和逆变电路输入电流 I 的数值与波形。

表 2-3　测量数据表

观测量 频率/Hz	U_0/V	I/A	U_0 波形	I 波形
f_0				
f_m				

五、实验注意事项

1. 用双踪示波器测量各点波形并进行比较时,其探头的公共端均接电路零点(G)端。

2. 限流电阻 R_9,待电路正常后才可去掉(短接)。

六、实验报告

1. 记录下某一频率下的 U_3、U_4、U_6、U_{12} 和 U_0,并进行比较(以 U_3 为参考波形)(波形竖排)。

2. 记录 f_0、f_m 时的 U_0 和 I 的数值与波形,并比较 U_0 和 I 的波形是否相同?为什么?

习题及思考

1. 无源逆变电路和有源逆变电路有何不同?

2. 换流方式各有哪几种?各有什么特点?

3. 什么是电压型逆变电路?什么是电流型逆变电路?二者各有什么特点。

4. 电压型逆变电路中反馈二极管的作用是什么?为什么电流型逆变电路中没有反馈二极管?

5. 三相桥式电压型逆变电路,180°导电方式,$U_d = 100$ V。试求输出相电压的基波幅值 U_{UN1m} 和有效值 U_{UN1}、输出线电压的基波幅值 U_{UV1m} 和有效值 U_{UV1}、输出线电压中 5 次谐波的有效值 U_{UV5}。

6. 并联谐振式逆变电路利用负载电压进行换相,为保证换相应满足什么条件?

7. 串联二极管式电流型逆变电路中,二极管的作用是什么?试分析换流过程。

8. 逆变电路多重化的目的是什么?如何实现?串联多重和并联多重逆变电路各用于什么场合?

模块三　直流斩波电路

任务　基本直流斩波电路

将大小固定的直流电压变换成大小可调的直流电压的变换称为直流–直流(DC–DC)变换，或称直流斩波。DC–DC变换技术可以用来降压、升压和变阻，已被广泛应用于直流电动机调速、蓄电池充电、开关电源等方面，特别是在电力牵引上，如地铁、城市轻轨、电气机车、无轨电车、电瓶车、电铲车等。这类电动车辆一般采用恒定直流电源(如蓄电池、不可控整流电源)供电，以往采用变阻器来实现电动车的启动、调速和制动，耗电多、效率低、有级调速、运行平稳性差等。采用DC–DC变换器后，可方便地实现无级调速、平稳运行，更重要的是比变阻器方式节电20%～30%，节能效果巨大。此外在AC–DC变换中，还可采用不可控整流加直流斩波调压方式替代晶闸管相控整流，以提高变流装置的输入功率因数，减少网侧电流谐波和提高系统动态响应速度。

DC–DC变换器可分为无变压器隔离的DC–DC变换器和有变压器隔离的DC–DC变换器。无变压器隔离的DC–DC变换器主要有Buck(降压型)变换器、Boost(升压型)变换器、Boost-Buck(升–降压型)变换器、Cuk变换器、双向DC–DC变换器、桥式可逆斩波器等几种形式。此外，在许多DC–DC变换电路应用场合中，需在输入、输出间实现电隔离，此时应采用有变压器隔离的DC–DC变换器，其主要形式有正激式变换器、反激式变换器、桥式隔离变换电路等。

无变压器隔离的DC–DC变换器中，Buck和Boost为基本类型变换器，Boost-Buck和Cuk为组合变流器，而双向DC–DC变换器和桥式可逆斩波器则是Buck、Boost变换器的结合或拓展，具有能量可在电源与负载之间双向流动的能力。此外还有复合斩波和多相、多重斩波电路，它们更是基本DC–DC变换器的组合或多重化。限于本书的对象和篇幅，本章主要讨论无变压器隔离的DC–DC变换器，重点讨论Buck、Boost及桥式可逆变换器。

DC–DC变换是采用一个或多个开关(功率开关器件)将一种直流电压变换为另一种直流电压。当输入直流电压大小恒定时，可通过控制开关的通断时间来改变输出直流电压的大小，这种开关型DC–DC变换器原理及工作波形如图3–1所示。如果开关S导通时间为t_{on}、关断时间为t_{off}，则在输入电压E恒定条件下，控制开关的通、断时间t_{on}、t_{off}的相对长短，便可控制平均电压U_o的大小实现元损耗直流调压。从工作波形来看，相当于是一个将恒定直流进行"斩切"输出的过程，故亦称直流斩波器。

直流斩波器有时间比控制和瞬时值控制两种基本控制方式。

1. 时间比控制

时间比控制是DC–DC变换中采用最多的控制方式，它是通过改变斩波器的通、断时间来连续控制输出电压平均值的大小，即

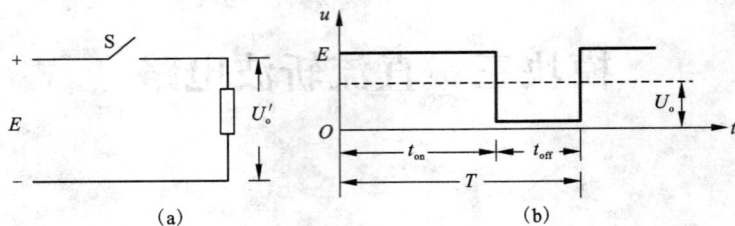

图 3 - 1　DC - DC 变换器原理电路及工作波形
(a)原理电路;(b)工作波形

$$U_o = \frac{1}{T}\int_0^T u\mathrm{d}t = \frac{t_{on}}{T}E = \alpha E \tag{3-1}$$

式中:$T = t_{on} + t_{off} = \dfrac{1}{f}$,为斩波周期;$f$ 为斩波频率;$\alpha = \dfrac{t_{on}}{T}$,为导通比。可以看出,改变导通比 α 即可改变输出电压平均值 U_o,而 α 的变化又是通过对 T、t_{on} 控制实现的。时间比控制又有以下几种实现方式。

(1)脉宽控制

斩波频率固定(即 T 不变),改变导通时间 t_{on} 实现 α 变化,控制输出电压平均值 U_o 大小,常称定频调宽,或脉宽调制(直流 PWM)。实现脉宽控制的原理性电路及斩波器开关控制信号波形如图 3 - 2 所示。图 3 - 2(a)为一个电压比较器,U_T 为频率固定的锯齿波或三角波电压,U_c 为直流电平控制信息,其大小代表期望的斩波器输出电压平均值 U_o。当 $U_c > U_T$,比较器输出 U_{PWA} = "1"(高);当 $U_c < U_T$,U_{PWM} = "0"(低),从而获得斩波器功率开关控制信号 U_{PWM}。改变 U_c 大小,改变斩波器开关导通时间,在 U_T 固定条件下,斩波器开关频率固定,实现了定频调宽。

由于斩波器开关频率固定,这种控制方式为消除开关频率谐波的滤波器设计提供了方便。

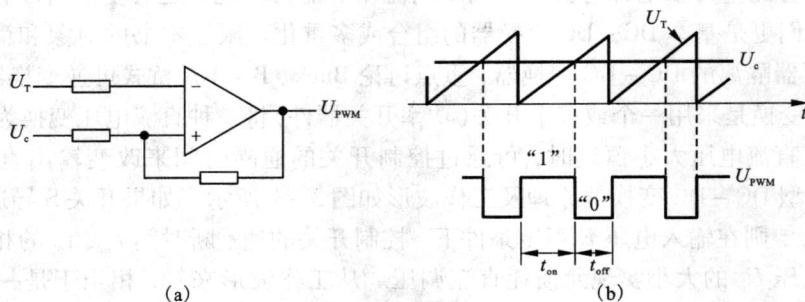

图 3 - 2　脉宽控制方式
(a)原理电路;(b)控制波形

（2）频率控制

固定斩波器导通时间 t_{on}，改变斩波周期 T 来改变导通比 α 的控制方式。这种方式的实现电路比较简单，但由于斩波频率变化，消除开关谐波的滤波电路设计较难。

（3）混合控制

混合控制是一种既改变斩波频率（即周期 T），又改变导通时间 t_{on} 的控制方式。其优点是可较大幅度地改变输出电压平均值，但也由于斩波频率变化，滤波困难。

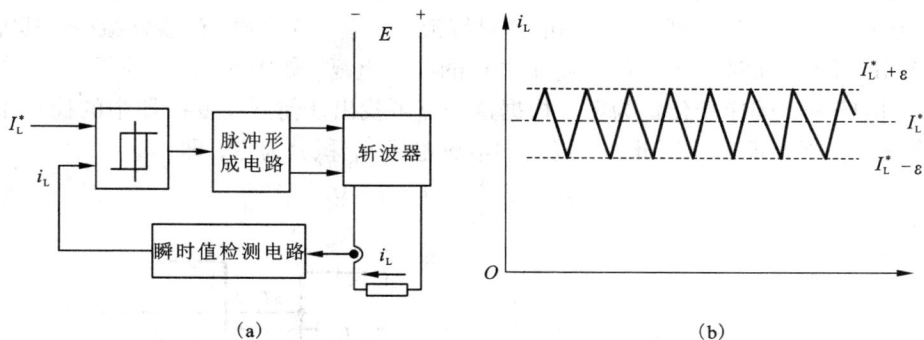

图 3 - 3　瞬时值控制原理图

（a）控制框图；（b）输出电流波形

2. 瞬时值控制

在恒值（恒压或恒流）控制或波形控制中，常采用瞬时值控制的斩波方式。此时将期望值或波形作为参考值 U^*，规定一个控制误差 ε，当斩波器实际输出瞬时值达到指令值上限 $U^* + \varepsilon$ 时，关断斩波器 f，当斩波器实际输出瞬时值达到指令值下限 $U^* - \varepsilon$ 时，导通斩波器，从而获得围绕参考值 U^* 在误差带 2ε 范围内的斩波输出。图 3 - 3 为实现恒流瞬时值控制的原理性框图及斩波器输出波形。

采用瞬时值控制时斩波器功率器件的开关频率较高，非恒值波形控制中开关频率也不恒定，此时要注意功率器件的开关损耗、最大开关频率的限制等实际应用因素，确保斩波电路安全、可靠地工作。

知识点 1　降压斩波电路

如图 3 - 4 所示，变换电路是一种降压型 DC - DC 变换器，即其输出电压平均值 U_o 恒小于输入电压 E，主要应用于开关稳压电源、直流电机速度控制及需要直流降压变换等环节。为获得平直的输出直流电压，输出端采用了 $L - C$ 形式的低通滤波电路。根据功率器件 V 的开关

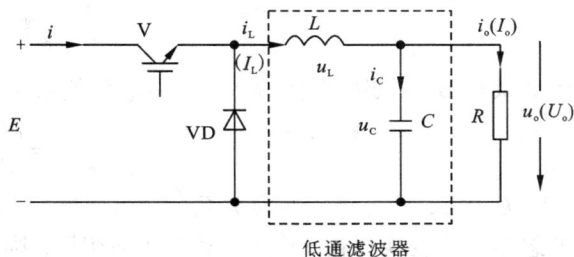

图 3 - 4　Buck 变换器

频率，L、C 的数值，电感电流 i_L 可能连续或断续，影响变换器的输出特性，需分别讨论。

一、电流连续时

图 3-5 给出了电感电流连续且 $i_L(t) > 0$ 时的有关波形及 V 导通(t_{on})、关断(t_{off})两种工作模式下的等效电路。

在 t_{on} 时间内，V 导通，其等效电路如图 3-5(a)所示，此时电源 E 通过电感 L 向负载供电。在电感电压 $u_L = E - U_o$(U_o 为输出电压 U_o 平均值)作用下，电感电流 i_L 线性增长，使电感储能。在 t_{off} 时间内，V 关断，电感储能通过续流二极管 VD 释放，i_L 线性减少，其等效电路如图 3-5(b)所示，此时 $u_L = -U_o$。稳定运行的波形重复，如图 3-5(c)所示。一个稳定运行周期中，电感电流的净变化量为零。根据这一点可找出任何开关变换器中的稳定条件——电感伏秒(磁链)平衡原理。因此，一周期内电感电压 u_L 积分为零，即

$$(E - U_o)T_{on} - U_o t_{off} = 0$$

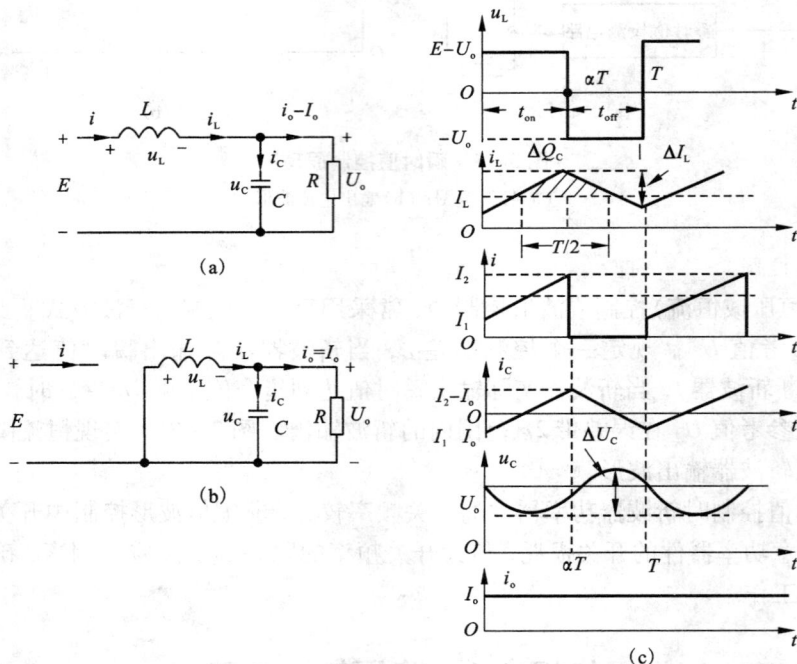

图 3-5　Buck 变换器工作模式及电流连续时各点波形
(a)导通(t_{on})模式；(b)关断(t_{off})模式；(c)各点波形

由此求得 Buck 变换器的输入、输出电压关系为

$$\frac{U_o}{E} = \frac{t_{on}}{t_{on} + t_{off}} = \frac{t_{on}}{T} = \alpha \tag{3-2}$$

因 $\alpha \leqslant 1$，$U_o \leqslant E$，故为降压变换关系。

若忽略电路变换损耗，输入、输出功率相等，则有

$$EI = U_o I_o$$

式中：I 为输入电流 i 平均值；I_o 为输出电流 i_o 平均值。则可求得变换器的输入、输出电流关

系为

$$\frac{I_o}{I} = \frac{E}{U_o} = \frac{1}{\alpha} \qquad (3-3)$$

因此电流连续时 Buck 变换器完全相当于一个"直流"变压器。

二、电流断续时

电流连续与否临界状态是 V 关断结束时(或导通开始时)电感电流 $i_L = 0$，如图 $3-6$ 所示。根据导通(t_{on})模式的电感电压方程，可计算出临界连续时电感电流平均值 I_{LB}，此时应注意到电感的伏秒(磁链)还可用电感与电流的乘积来表示。

$$I_{LB} = \frac{1}{2}i_{LP} = \frac{1}{2}\frac{(E-U_o)T_{on}}{L} = \frac{1}{2L}(E-U_o)\alpha T \qquad (3-4)$$

因电流连续，有 $U_o = \alpha E$，则式($3-4$)可进一步化为

$$I_{LB} = \frac{ET}{2L}\alpha(1-\alpha) \qquad (3-5)$$

当 E、T、L 不变时，这是一个关于导通比 α 的凸形函数，可以求出 $\alpha=0.5$ 时具有电流极值

$$I_{LBmax} = \frac{ET}{8L} \qquad (3-6)$$

这样，式($3-5$)可改用电感电流极值表达为

$$I_{LB} = 4I_{LBmax}\alpha(1-\alpha) \qquad (3-7)$$

如果在电流临界连续状态下保持 E、T、L 及 α 不变，减少输出负载电流，此时电感电流平均值 I_L 将小于临界平均值 I_{LB}，Buck 变换器进入电流断续运行状态，波形如图 $3-7$ 所示，其特征是续流二极管 VD 提早在 $\delta_1 T < t_{off}$ 时刻关断负使 $\delta_2 T$ 期间内电感电流断流($i_L = 0$)，此时负载电流将由滤波电容供给，电感电压 $u_L = 0$。这样，根据电感伏秒平衡原理，一个周期内电感电压积分为零的条件可表示为

$$(E-U_o)\alpha T + (-U_o)\delta_1 T = 0 \qquad (3-8)$$

或

$$\frac{U_o}{E} = \frac{\alpha}{\alpha+\delta_1} \qquad (3-9)$$

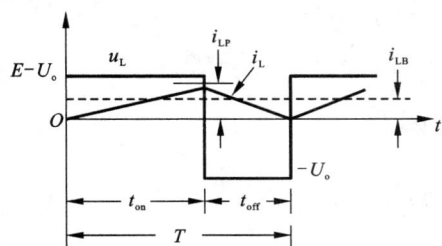

图 3-6 电流临界连续波形

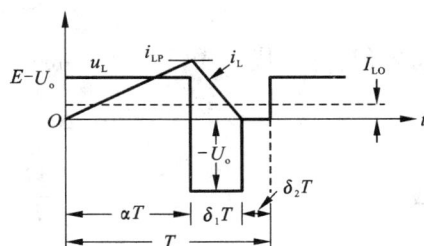

图 3-7 电流断续时波形

式中：$\alpha + \delta_1 < 1$。式（3-9）原则上就是电流断续时 Buck 变换器的输入 - 输出关系，但需要解决品的明确表达。

在 VD 导通的 $\delta_1 T$ 期间，电感电流在 $-U_o$ 作用下线性衰减，则电流断续下电感电流峰值 i_{LP} 可写为

$$i_{LP} = \frac{U_o}{L} \delta_1 T \tag{3-10}$$

因此电流断续时电感电流平均值 I_{Lo} 可表示为

$$I_{LO} = i_{LP} \frac{\alpha + \delta_1}{2} = \frac{U_o T}{2L}(\alpha + \delta_1)\delta_1 = \frac{ET}{2L}\alpha\delta_1 = 4I_{LBmax}\alpha\delta_1 \tag{3-11}$$

故有

$$\delta_1 = \frac{I_{Lo}}{4I_{LBmax}\alpha} \tag{3-12}$$

这样，电流断续时 Buck 变换器的输入 - 输出关系为

$$\frac{U_o}{E} = \frac{\alpha^2}{\alpha^2 + \frac{1}{4}\dfrac{I_{Lo}}{I_{LBmax}}} \tag{3-13}$$

三、滤波器设计

为了获得平直的直流输出电压 U_o，应设计好输出低通滤波器，这可通过对电流连续时输出电容电压 u_c 纹波的计算来估算 L、C 值。

按照电路拓扑，$i_L = i_o + i_c$。假定滤波后负载电流平直，$i_o = I_o$，则电感电流的脉动成分 Δi_L 全部流入电容，即 $\Delta I_C = \Delta I_L$。稳定运行时流经电容的电流平均值应为零，因而半周期 $T/2$ 内电容电量的变化为 $\Delta Q_C = \frac{1}{2}\left(\frac{\Delta I_L}{2} \cdot \frac{T}{2}\right)$，由此引起的电容电压纹波峰 - 峰值 ΔU_c 为

$$\Delta U_C = \frac{\Delta Q_C}{C} = \frac{1}{8C}\Delta I_L T \tag{3-14}$$

纹波电流 ΔI_L 可通过关断模式下差分形式电压方程求得，即

$$L\frac{\Delta I_L}{t_{off}} = L\frac{\Delta I_L}{(1-\alpha)T} = U_o$$

$$\Delta I_L = \frac{U_o}{L}(1-\alpha)T \tag{3-15}$$

将式（3-15）代入式（3-14），得

$$\Delta U_C = \frac{1}{8C} \cdot \frac{U_o}{L}(1-\alpha)T^2$$

或

$$\frac{\Delta U_C}{U_o} = \frac{1}{8LC}(1-\alpha)T^2 \tag{3-16}$$

这样，按照期望的纹波比例 $\dfrac{\Delta U_C}{U_o}$、斩波周期 T 及导通比 α 可大体确定出所需的 L、C 值。

例 1：有一理想 Buck 变换电路，斩波频率 20 kHz，滤波元件参数为 $L = 2$ mH，$C = 220$ nF。若电源电压 $E = 12$ V，希望输出电压 $U_o = 5$ V，输出平均电流 $I_0 = 200$ mA，试计算：

（1）电感上电流纹波 ΔI_{L}；

（2）输出电压纹波比值 $\dfrac{\Delta U_{\mathrm{C}}}{U_{\mathrm{o}}}$。

解 （1）斩波周期

$$T = \frac{1}{f} = \frac{1}{20 \times 10^3} = 5 \times 10^{-5}(\,\mathrm{s}\,)$$

导通比

$$\alpha = \frac{U_{\mathrm{o}}}{E} = \frac{5}{12} = 0.417$$

$$\Delta I_{\mathrm{L}} = \frac{U_{\mathrm{o}}}{L}(1 - \alpha)\,T = \frac{5}{2 \times 10^{-3}} \times (1 - 0.417) \times 5 \times 10^{-5} = 0.0729(\,\mathrm{A}\,)$$

$$(2)\ \frac{\Delta U_{\mathrm{C}}}{U_{\mathrm{o}}} = \frac{1}{8LC}(1 - \alpha)\,T^2$$

$$= \frac{1}{8 \times (2 \times 10^{-3}) \times (200 \times 10^{-5})} \times (1 - 0.417) \times (5 \times 10^{-5})^2$$

$$= 4 \times 10^{-4} = 0.04\%$$

知识点 2　升压斩波电路

Boost 变换电路如图 3 – 8 所示，它是一种升压型 DC – DC 变换器，其输出电压平均值 U_{o} 要大于输入电压 E，主要用于开关稳压电源、直流电机能量回馈制动中。同样根据功率开关器件 V 的开关频率、储能电感 L、滤波电容 C 的数值，电感电流 i_{L} 或负载电流

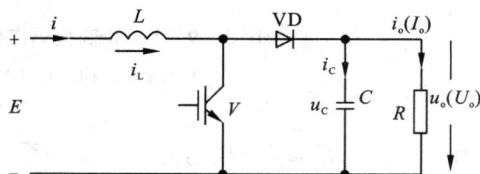

图 3 – 8　Boost 变换器

i_{o} 可能连续或断续，此时变换器的特性不同，需分开讨论。

一、电流连续时

图 3 – 9 给出了电感电流连续且 $i_{\mathrm{L}}(t) > 0$ 时，有关波形及 V 导通（t_{on}）、关断（t_{off}）两种工作模式下的等效电路。

在 t_{on} 时间内，V 导通，其等效电路如图 3 – 9（a）所示，此时二极管 VD 反向偏置，使输入与输出隔离，电源 E 通过导通的 V 给电感供电，在电感电压 $u_{\mathrm{L}} = E$ 作用下，电感电流 i_{L} 线性增长，电感储能。在 t_{off} 时间内，V 关断，在电感上的自感电势及电源电压共同作用下，VD 导通，将电源能量及电感储能共同供给负载，其等效电路如图 3 – 9（b）所示，此时电感电压 $u_{\mathrm{L}} = E - U_{\mathrm{o}}$。

稳定运行时波形重复，如图 3 – 9（c）所示。电感电压 u_{L} 一周期内积分平均为

$$Et_{\mathrm{on}} + (E - U_{\mathrm{o}})\,t_{\mathrm{off}} = 0$$

由此求得 Boost 变换器的输入、输出电压关系为

$$\frac{U_{\mathrm{o}}}{E} = \frac{t_{\mathrm{on}} + t_{\mathrm{off}}}{t_{\mathrm{off}}} = \frac{T}{T - t_{\mathrm{on}}} = \frac{1}{1 - \alpha} \tag{3 – 17}$$

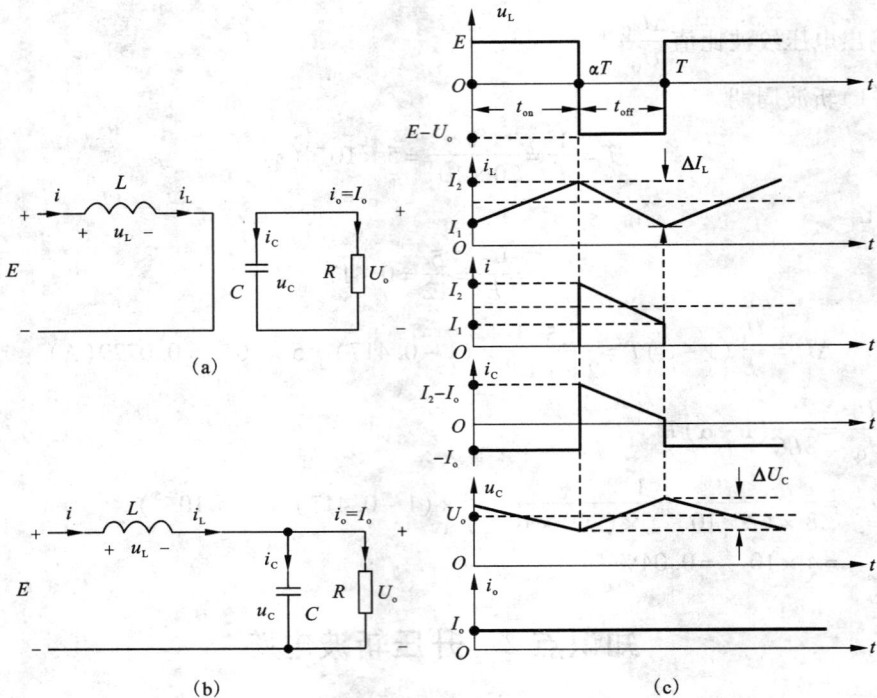

图 3 - 9　Boost 变换器工作模式及电流连续时各点波形

(a)导通(t_{on})模式；(b)关断(t_{off})模式；(c)各点波形

因为 $\alpha \leqslant 1$，$U_o \geqslant E$，故为升压变换关系。

若忽略电路变换损耗，输入、输出功率相等

$$EI = U_o I_o$$

式中：I 为输入电流 i 平均值；I_o 为输出电流 i_o 平均值。则可求得变换器的输入、输出电流关系为

$$\frac{I_o}{I} = \frac{E}{U_O} = 1 - \alpha \tag{3 - 18}$$

因此，电流连续时 Boost 变换器相当于一个升压的"直流"变压器。

二、电流断续时

随着负载的减小，电感电流 i_L 将减小。当 V 关断结束时(或导通开始时)$i_L = 0$，则进入电流连续与否的临界状态，其电感电压 u_L、电感电流 i_L 波形如图 3 - 10(a)所示。同样根据导通(t_{on})模式的电压方程式，考虑到电感磁链采用电压和电流表示时的关系，可以计算出临界连续时电感电流平均值

$$I_{LB} = \frac{1}{2} i_{LP} = \frac{1}{2} \frac{E t_{on}}{L} = \frac{1}{2L} \left[(1 - \alpha) U_o \right] \alpha T = \frac{U_o T}{2L} \alpha (1 - \alpha) \tag{3 - 19}$$

Boost 变换器中输入 $i = i_L$，再考虑表示电流连续时输入、输出电流关系的式(3 - 18)，则

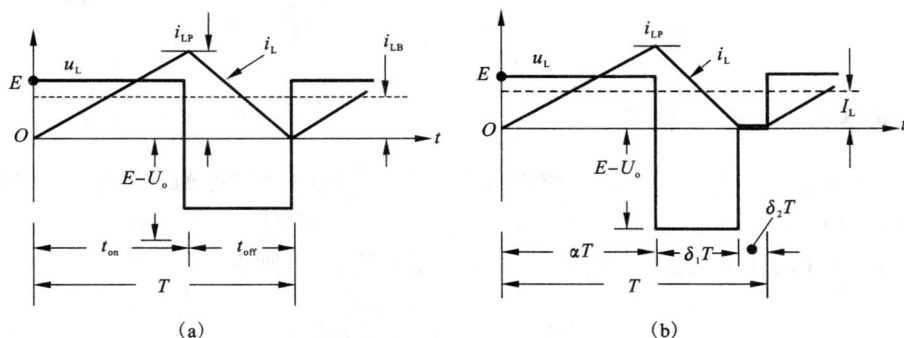

图 3-10　电流临界连续及断续时波形

（a）电流临界连续；（b）电流断续

可求得临界连续时输出电流平均值 I_{OB} 为

$$I_{OB} = (1 - \alpha) I_{LB} = \frac{U_o T}{2L} \alpha (1 - \alpha)^2 \tag{3-20}$$

Boost 变换器应用中一般多保持 E 恒定而改变导通比 α 来调节输出电压 U_o，此时 I_{LB}、I_{OB} 为导通比 α 的凸形函数，可求得其极值。

当 $\alpha = 0.5$ 时，I_{LB} 有最大值

$$I_{LBmax} = \frac{U_o T}{8L} \tag{3-21}$$

当 $\alpha = 1/3$ 时，I_{OB} 有最大值

$$I_{OBmax} = \frac{2}{27} \cdot \frac{U_o T}{L} \tag{3-22}$$

这样 I_{LB}、I_{OB} 改用其最大值表示时，分别有

$$I_{LB} = 4\alpha (1 - \alpha) I_{LBmax} \tag{3-23}$$

$$I_{OB} = \frac{27}{4} \alpha (1 - \alpha^2) I_{OBmax} \tag{3-24}$$

如果保持输入电压 E、导通比 α 不变减少负载电流，使 $I_L < I_{LB}$ 或 $I_o < I_{OB}$，则 Boost 变换器进入电流断续运行状态，其波形如图 3-10（b）所示。此时电感电流 i_L 不能维持到 V 关断时间 t_{off} 结束，将在 $\delta_1 T < t_{off}$ 某时刻下降为零，出现一段断流（$i_L = 0$）的时间 $\delta_2 T$。

根据一个周期内电感电压积分为零的事实，可以求得电流断续时 Boost 变换器的输入、输出的关系。

$$E\alpha T + (E - U_o) \delta_1 T = 0$$

$$\frac{U_o}{E} = \frac{\alpha + \delta_1}{\delta_1} \tag{3-25}$$

$$\frac{I_o}{I_L} = \frac{\delta_1}{\alpha + \delta_1} \tag{3-26}$$

如果进一步考虑输入电流 i 与电感电流 i_L 平均值相等

$$I = I_L = \frac{ET}{2L} \alpha (\alpha + \delta_1)$$

则式（3-26）可改写为

$$I_\text{o} = \frac{\delta_1}{\alpha + \delta_1} I_\text{L} = \frac{ET}{2L}\alpha\delta_1 \qquad (3-27)$$

三、电感 L、电容 C 估算

通过对电流连续时电感电流 i_L 的纹波 Δi_L 及电容电压的纹波 ΔU_c 估算，可以大致确定 Boost 变换器中 L、C 的值。

根据图 3-9(c) 中 i_L 波形，$Et_\text{on} = \Delta i_\text{L} L = -(E - U_\text{o})t_\text{off}$，则有

$$T = t_\text{on} + t_\text{off} = \frac{\Delta I_1 L U_\text{o}}{E(U_\text{o} - E)}$$

$$\Delta I_\text{L} = \frac{E(U_\text{o} - E)}{fLU_\text{o}} = -\frac{\alpha E}{fL} \qquad (3-28)$$

式中：$f = \dfrac{1}{T}$；$\alpha = \dfrac{U_\text{o} - E}{U_\text{o}}$。

根据图 3-9(a) 的导通（t_on）模式，t_on 期间负载电流由电容电流提供，若忽略负载电流纹波，则有 $i_\text{c} = I_\text{o}$，此时电容上的电量变化反映电容电压的峰-峰值脉动纹波

$$\Delta U_\text{c} = \frac{1}{C}\int_0^{t_\text{on}} i_\text{c}\,\mathrm{d}t = \frac{I_\text{o}t_\text{on}}{C} \qquad (3-29)$$

因 $t_\text{on} = \alpha T = \dfrac{U_\text{o} - E}{U_\text{o}f}$，所以

$$\Delta U_\text{c} = \frac{I_\text{o}(U_\text{o} - E)}{fCU_\text{o}} = -\frac{I_\text{o}\alpha}{fL} \qquad (3-30)$$

例 2：有一理想 Boost 变换器，输出端电容很大，开关频率设为 50 kHz 输入电压在 12～36 V 较宽范围内变化。要求通过调整导通比使输出电压等于 48 V，最大输出功率为 120 W。为满足稳定性要求，变换器工作在电流断续状态，试求可能使用的最大电感。

解　根据图 3-8，$U_\text{o} = 48$ V，$T = \dfrac{1}{f} = 20$ μs，$I_\text{o} = \dfrac{P_\text{o}}{U_\text{o}} = \dfrac{120}{48} = 2.5$（A）。当 $E = 12～36$ V 变化时，算得导通比 α 在 0.25～0.75 之间变化，且当 $\alpha = 0.75$ 时，临界连续时输出电流平均值最小，为 $I_\text{oB} = I_\text{o} = 2.5$（A）。根据式（3-20），可求得

$$L_\text{max} = \frac{U_\text{o}T}{2I_\text{oB}}\alpha(1 - \alpha)^2 = \frac{48 \times 20 \times 10^{-6}}{2 \times 2.5} \times 0.75 \times (1 - 0.75)^2 = 9(\mu\text{H})$$

此为保证 Boost 变换器在 $E = 12$ V，$P_\text{o} = 120$ W，$\alpha = 0.75$ 时电流连续的临界条件。为确保工作在电流断续状态，应 $L < 9$ μH。

知识点 3　升降压斩波电路

一、Boost-Buck 变换电路

Boost-Buck 变换电路如图 3-11 所示，其特点是：①输出电压 U_o 可以小于（降压）、也可以大于（升压）输入电压 E；②输出电压与输入电压反极性。

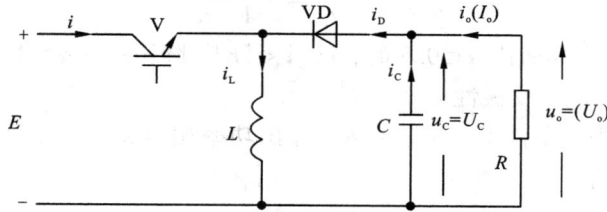

图 3 − 11　Boost-Buck 变换器

1. 输入、输出关系

图 3 − 12 给出了电感电流连续且 $i_L(t) > 0$ 时变换器的有关波形及 V 导通(t_{on})、关断(t_{off})两种工作模式下的等效电路。

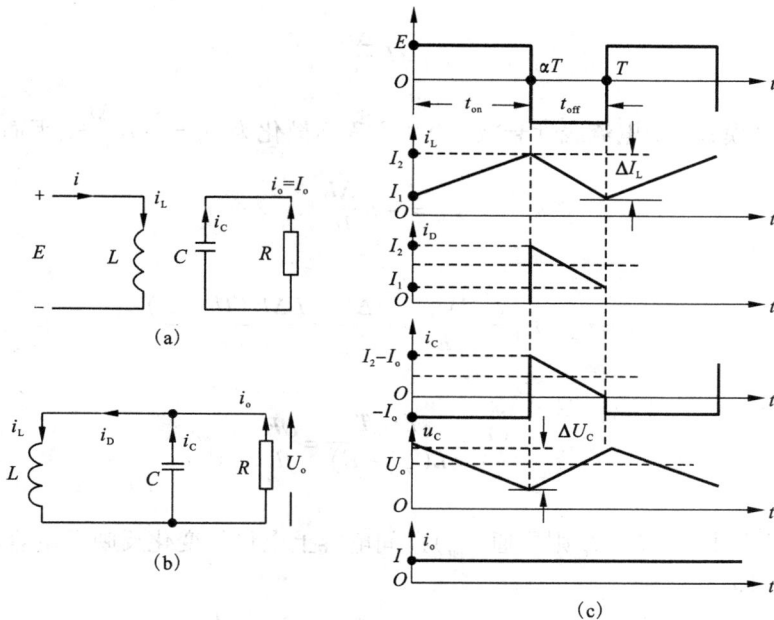

图 3 − 12　Boost-Buck 变换器工作模式及电流连续时各点波形

（a）导通(t_{on})模式；（b）关断(t_{off})模式；（c）各点波形

在 t_{on} 期间，V 导通，VD 反偏关断，输入、输出被隔离，其等效电路如图 3 − 12(a) 所示。在电源电压 E 作用下，电感电流 i_L 线性增长，电感储能。在 t_{off} 期间，V 关断，电感储能以自感电势形式释放，导通续流二极管 VD 形成如图 3 − 12(b) 的电路拓扑。电感电流 i_L 通过负载 R、电容 C 流动且线性衰减，负载电压平均值 U_o 与输入电压 E 极性相反。

稳定运行时波形重复，如图 3 − 12(c) 所示。考虑到导通(t_{on})期间电感电压 $u_L = E$，关断(t_{off})期间电感电压 $u_L = U_o$，一周期内电感电压 u_L 积分平均值为零的事实，即

$$Et_{on} + U_o t_{off} = 0$$

由此求得 Boost-Buck 变换器的输入、输出电压关系为

$$\frac{U_o}{E} = -\frac{t_{on}}{t_{off}} = -\frac{\alpha}{1-\alpha} \qquad (3-31)$$

式(3-31)说明，当导通比 $\alpha \leq 0.5$ 时，$|U_o| < |E|$，降压；当 $\alpha > 0.5$ 时，$|U_o| > |E|$，升压，且输出电压与输入电压反极性。

同样在忽略变换损耗条件下，根据输入、输出功率相等关系，可导出变换器的输入、输出电流平均值间关系为

$$\frac{I_o}{I} = \frac{1-\alpha}{\alpha} \qquad (3-32)$$

2. 电压 L、电容 C 估算

通过对电感电流纹波 ΔI_L 及电容电压纹波 ΔU_c 的计算，可以大致确定 Boost-Buck 变换器中 L、C 之值。

在导通 (t_{on}) 模式下，电流线性增长，电压方程可离制 $E = L\dfrac{\Delta I_L}{t_{on}}$，因而

$$t_{on} = L\frac{\Delta I_L}{E} \qquad (3-33)$$

在关断 (t_{off}) 模式下，电流线性衰减，电压方程离散化为 $U_o = -L\dfrac{\Delta I_l}{t_{off}}$，因而

$$t_{off} = -L\frac{\Delta I_l}{U_o} \qquad (3-34)$$

根据

$$T = t_{on} + t_{off} = L\frac{\Delta I_L}{E} - L\frac{\Delta I_L}{U_o} = \frac{L\Delta I_L(U_o - E)}{EU_o}$$

可得

$$\Delta I_L = \frac{EU_oT}{L(U_o - E)} = \frac{\alpha E}{fL} \qquad (3-35)$$

式中：$f = 1/T$。

忽略负载电流脉动，$i_o = I_o$ 则导通 (t_{on}) 期间电容上电量的变化反映了电容电压的峰-峰值脉动量 ΔU_c，即

$$\Delta U_c = \frac{1}{C}\int_0^{t_{on}} i_c \mathrm{d}t = \frac{1}{C}\int_0^{t_{on}} i_0 \mathrm{d}t = \frac{I_o t_{on}}{C} \qquad (3-36)$$

由式(3-33)可求得 $t_{on} = \alpha T = \dfrac{U_o}{U_o - E} \cdot \dfrac{1}{f}$，代入式(3-36)则有

$$\Delta U_c = \frac{I_oU_o}{(U_o - E)fC} = \frac{I_o}{\alpha fC} \qquad (3-37)$$

二、Cuk 变换器

Cuk 变换器也是一种升降压变换器，电路结构如图 3-13 所示。其输出电压可以比输入电压低、也可以比输入电压高，而且输出与输入电压具有反极性关系。

1. 输入、输出关系

Cuk 变换器输入、输出关系是通过分别对电感 L_1、L_2 在导通 (t_{on}) 与关断 (t_{off}) 模式切换

中，电流纹波及电容 C_1 电压平均值 U_{c1} 的分析导出。

（1）L_1 中电流变化

t_{on} 期间，V 导通，受电容电压 U_c 作用 VD 反偏关断，变换器等效电路如图 3-14（a）所示。在电源电压 E 作用下，电感电流 i_{L1} 线性增长，如图 3-14（c）所示。

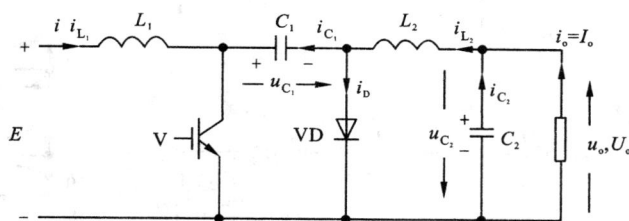

图 3-13 变换器 Cuk

此时输入回路电压方程离散形式为

$$E = L_1 \frac{I_{L12} - I_{L11}}{t_{on}} = L_1 \frac{\Delta I_1}{t_{on}} \qquad (3-38)$$

故有

$$t_{on} = L_1 \frac{\Delta I_1}{E} \qquad (3-39)$$

而 t_{off} 期间，V 关断、VD 导通，变换器等效电路如图 3-14（b）所示。电源通过 VD 对电容 C_1 充电，电感电流 i_{L1} 线性下降。设 U_{c1} 为电容电压平均值，则输入回路电压方程离散形式为

$$E - U_{c1} = L_1 \frac{\Delta I_1}{t_{on}} \qquad (3-40)$$

故有

$$t_{on} = L_1 \frac{\Delta I_1}{E - U_{c1}} \qquad (3-41)$$

从式（3-39）、式（3-41）可得

$$\Delta I_1 = \frac{E t_{on}}{L_1} = \frac{(E - U_{c1}) t_{off}}{L_1} \qquad (3-42)$$

设开关周期为 T，导通比为 α，则有 $t_{on} = \alpha T$，$t_{off} = (1-\alpha)T$。代入式（3-42）解得

$$U_{C1} = \frac{E(1-2\alpha)}{1-\alpha} \qquad (3-43)$$

（2）L_2 中电流变化

t_{on} 期间变换器按导通（t_{on}）模式工作，在 $U_{c1} - U_o$ 作用下，电感中电流 i_{L2} 线性增长

$$U_{c1} - U_o = L_2 \frac{I_{L22} - I_{L21}}{t_{on}} = L_2 \frac{\Delta I_2}{t_{on}} \qquad (3-44)$$

故有

$$t_{on} = L_2 \frac{\Delta I_2}{U_{c1} - U_o} \qquad (3-45)$$

式中：U_o 为输出电压 u_o 的平均值。

而 t_{off} 期间，变换器按关断（t_{off}）模式工作。VD 导通，L_2 承受反向输出电压，电感电流 i_{L2} 线性衰减

$$-U_o = L_2 \frac{\Delta I_2}{t_{off}} \qquad (3-46)$$

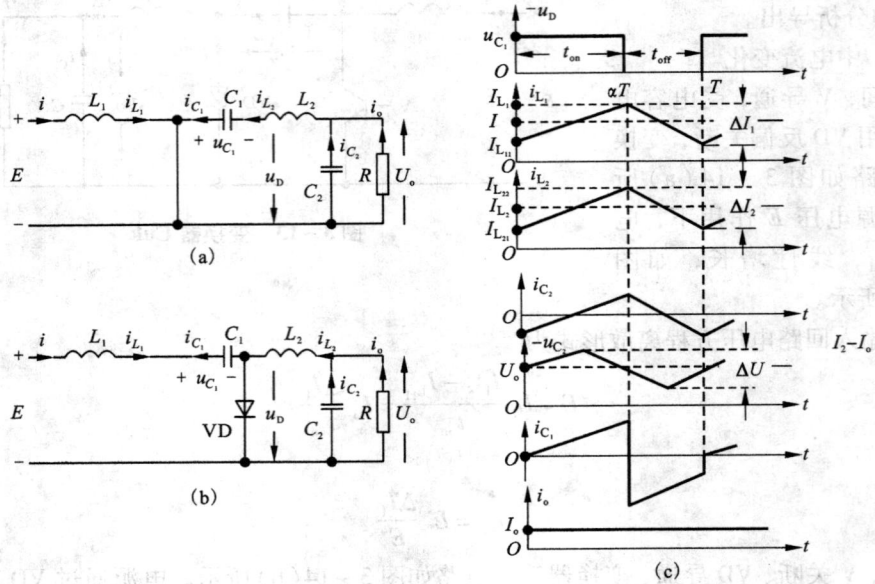

图 3－14　Cuk 变换器工作模式及电流连续时各点波形

（a）导通（t_{on}）模式；（b）关断（t_{off}）模式；（c）各点波形

故有

$$t_{off} = - L_2 \frac{\Delta I_2}{U_o} \tag{3-47}$$

同样将 $t_{on} = \alpha T$，$t_{off} = (1-\alpha)T$ 代入式（3－45）、式（3－47），可求得

$$U_{c_1} = \frac{U_o(1-2\alpha)}{\alpha} \tag{3-48}$$

式（3－48）与式（3－43）分别从电容 C_1 两侧电感 L_1、L_2 电流变化的角度描述同一个电容电压平均值 U_{c_1}，故有

$$\frac{E(1-2\alpha)}{\alpha} = - \frac{U_o(1-2\alpha)}{\alpha}$$

即

$$\frac{U_o}{E} = - \frac{\alpha}{1-\alpha} \tag{3-49}$$

这就是 Cuk 变换器的输入、输出电压关系，与 Boost-Buck 变换器相同，也是当导通比 $\alpha \leqslant 0.5$ 时，$|U_o| < |E|$，降压；当 $\alpha > 0.5$ 时，$|U_o| > |E|$，升压，且输出电压与输入电压反极性。

按同样处理原则可求得变换器的输入、输出电流平均值间关系

$$\frac{I_o}{I} = \frac{1-\alpha}{\alpha} \tag{3-50}$$

2. 电感、电容估算

Cuk 变换器共有 L_1、L_2、C_1、C_2 四个参数需要设计，它们可从允许的电感电流纹波和电

容电压纹波来估算。

（1）L_1、L_2 估算

根据式（3-39）、式（3-41），有

$$T = \frac{L_1 \Delta I_1}{E} + \frac{L_1 \Delta I_1}{E - U_{c_1}} = \frac{L_1 \Delta I_1 (2E - U_{c_1})}{E(E - U_{c_1})}$$

得

$$\Delta L_1 = -\frac{E(E - U_{c_1})}{f L_1 (2E - U_{c_1})} = \frac{\alpha E}{f L_1} \qquad (3-51)$$

根据式（3-45）、式（3-47）有

$$T = \frac{L_2 \Delta I_2}{U_{c_1} - U_o} - \frac{L_2 \Delta I_2}{U_o} = \frac{L_2 \Delta I_2 (2E - U_{c_1})}{U_o (U_{c_1} - U_o)}$$

得

$$\Delta L_2 = -\frac{(1 - \alpha) U_o}{f L_2} = \frac{\alpha E}{f L_2} \qquad (3-52)$$

（2）C_1、C_2 估算

在关断（t_{off}）模式下，电容 C_1 充电电流 $i_{C_1} = i_{L_1}$ 在 $I_{L12} \sim I_{L11}$ 变化，则电容电压 U_{C_1} 的脉动为

$$\Delta U_{C_1} = \frac{1}{C_1} \int_0^{t_{\text{off}}} I \mathrm{d}t = \frac{I}{C_1} t_{\text{off}} = \frac{I}{C_1}(1 - \alpha) T = \frac{1}{C_1 f}(1 - \alpha) \qquad (3-53)$$

与此同时，若设负载电流平直，$i_o = I_o$，这意味电感 L_2 中的脉动电流 Δi_{L_2} 全部被电容 C_2 吸收，即 $i_{C_2} = \Delta i_{L_2}$。这样 $T/2$ 周期内通过 C_2 电流的平均值为 $I_{L_2} = \Delta I_2 / 4$，则电容电压 U_{C_2} 的脉动为

$$\Delta U_{C_2} = \frac{1}{C_2} \int_0^{\frac{T}{2}} I_{C_2} \mathrm{d}t = \frac{1}{C_2} \int_0^{\frac{T}{2}} \frac{\Delta I_2}{4} \mathrm{d}t = \frac{\Delta I_2 T}{8 C_2}$$

根据式（3-52）得

$$\Delta U_{C_2} = \frac{\alpha E}{8 C_2 L_2 f^2} \qquad (3-54)$$

Cuk 变换器与 Boost-Buck 变换器的变换功能相同，但也有差异：

①Cuk 变换器输入电源电流和输出负载电流均连续，脉动小，有利于滤波。

②Cuk 变换器借助电容传输能量，Boost-Buck 变换器借助电感传输能量，故 Cuk 变换器的电容 C_1 中脉动电流大，要求电容量大。

③Cuk 变换器 V 导通时电流要流过电感 L_1 和 L_2，故功率开关的峰值电流大。

实操训练

一、实验目的

1. 熟悉直流斩波电路及升、降压电路的工作原理。

2. 掌握 IGBT 器件的应用；驱动模块 EXB841 电路的驱动与保护环节的测试。

3. 掌握脉宽调制电路的调试及负载电压波形的分析。

二、实验电路及工作原理

1. 实验电路如图 3 – 15 所示。

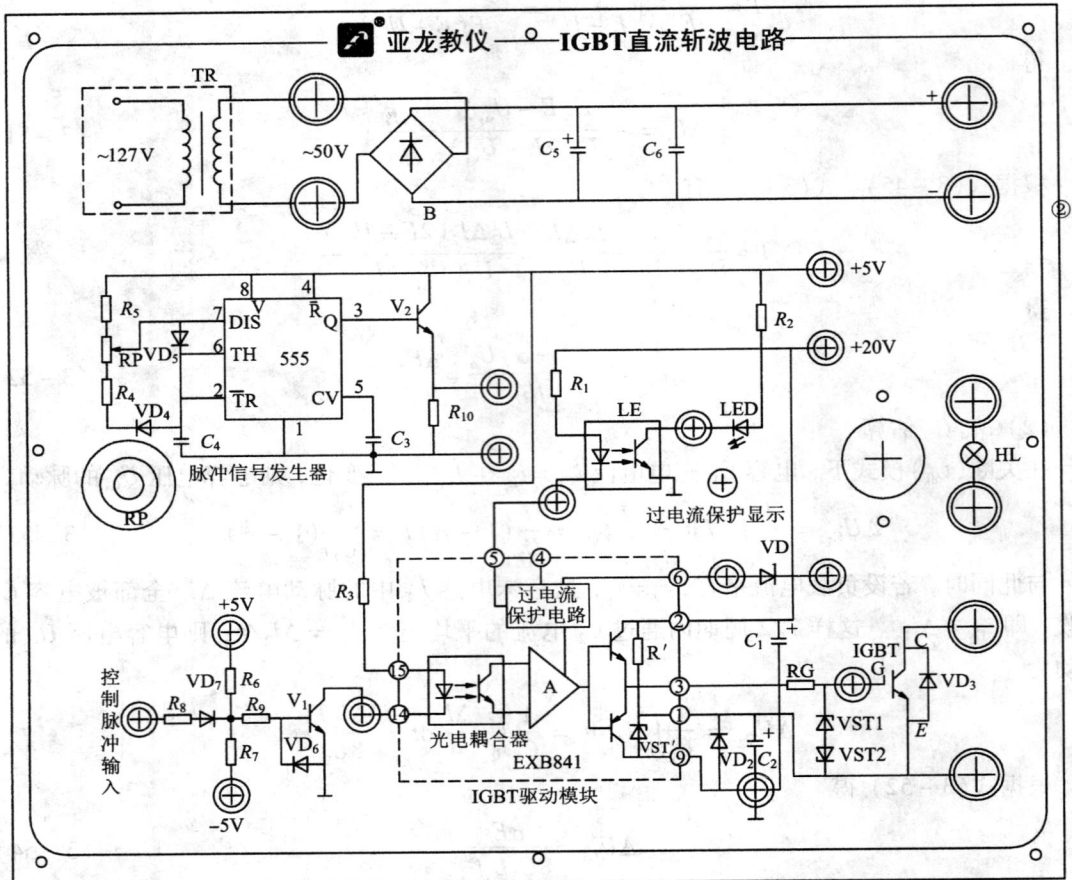

图 3 – 15 IGBT 直流斩波电路(单元 3)

2. 实验电路的工作原理。

三、实验设备

1. 亚龙 YL – 209 型实验装置单元 3。

2. 电源：+20 V，+5 V，–5 V 三组。接实验装置下方直流电源。

3. 示波器。

4. 万用表。

5. 变阻器。

四、实验内容与步骤

1. 直流斩波降压电路

（1）直流斩波降压电路如图3 - 16所示。对照图3 - 15和图3 - 16，完成直流斩波降压电路连线。

（2）将（ + 20 V， + 5 V， - 5 V）接入线路板相应电源插口。注意电压 + 、- 极性不可接错。

（3）测量各电压的幅值是否正确。

（4）用示波器和万用表测量主电路（50 V整流电路）输出电压的幅值和波形。

（5）调节RP，用示波器测量脉冲的宽度和幅值，观察它们的变化，并作记录。

（6）在脉冲信号电压及主电路电压（幅值与波形）正常的情况下，接上负载（灯泡）及脉冲输入信号。

（7）使占空比为50%时，测量负载平均电压 U_L 的幅值与波形，并测量IGBT管UCB和UGE数值。

（8）使占空比分别为15% 、30% ，最大98%时，重复步骤7，即再测 U_L，U_{CB}，U_{GE}的数值。

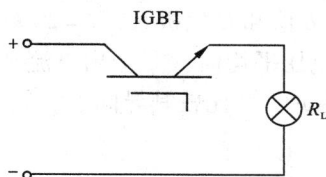

图3 - 16　直流斩波降压电路

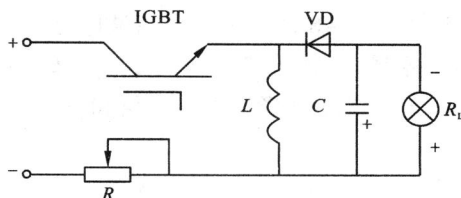

图3 - 17　直流斩波升降压电路

2. 验证EXB841驱动模块的保护功能

负载电压最高时，将二极管 VD_1 至IGBT管集电极的连线断开（设置人为IGBT过载信号），观察保护电路工作情况（测量负载电压及 U_{GE}、U_{CE}电压），并作记录。

3. 直流斩波升降压电路

（1）图3 - 17为直流斩波升降压电路示意图。对照图3 - 15和图3 - 17，完成直流斩波升降压电路连线。图中 C 为电解电容（1000 μF/450 V），VD为功率二极管，L 为电感线图（此处可借用380 V/50 V整流变压器二次侧绕组），R 为变阻器，以防流过IGBT的电流过大（电流 $I < 1$ A）。

升降压电路的工作原理是，当IGBT导通时，有电流通过电感 L，当IGBT截止时，电感 L 保持电流不变的特性，将向电容 C 充电，电容两端电压即负载 R_L 上的电压。电感 L 的电流愈大，储存的磁场能量愈大，则放电时在电容 C 生成的电压就愈高。调节变阻器阻值 R，改变电感电流，即可改变电容（亦即负载 R_L）的电压。由于负载电压是靠电感放电形式的，所以其极性是下正上负。

（2）重复实验1中的步骤（7）与（8）。

五、实验报告要求

1. 整理记录直流斩波降压电路在占空比分别为15% ，30% ，50% ，98%时负载平均电压

U_L 的数值与波形和 IGBT 管 U_{GE}、U_{CE} 数值。

2. 整理记录直流斩波升、降压电路在占空比分别为 15%，30%，50% 和 98% 时负载平均电压的数值，极性与波形。

3. 分析 EXB841 驱动模块的过流保护作用。

习题及思考

1. 简述图 3 – 4 所示的降压斩波电路工作原理。

2. 在图 3 – 4 所示的降压斩波电路中，已知 $E = 100$ V，$R = 10$ Ω，L 值极大，$E_M = 30$ V，$T = 50$ μs，$t_{on} = 20$ μs，计算输出电压平均值 U_o，输出电流平均值 I_o。

3. 在图 3 – 8 所示的降压斩波电路中，$E = 100$ V，$L = 1$ mH，$R = 0.5$ Ω，$E_M = 10$ V，采用脉宽调制控制方式，$T = 20$ μs，当 $t_{on} = 5$ μs 时，计算输出电压平均值 U_o，输出电流平均值 I_o，计算输出电流的最大和最小值瞬时值并判断负载电流是否连续。当 $t_{on} = 3$ μs 时，重新进行上述计算。

4. 简述图 3 – 8 所示升压斩波电路的基本工作原理。

5. 在图 3 – 8 所示的升压斩波电路中，已知 $E = 50$ V，L 值和 C 值极大，$R = 20$ Ω，采用脉宽调制控制方式，当 $T = 40$ μs，$t_{on} = 25$ μs 时，计算输出电压平均值 U_o，输出电流平均值 I_o。

6. 分别简述升降压斩波电路和 Cuk 斩波电路的基本原理，并比较其异同点。

模块四　交流电力控制电路

任务　交流调压电路实训

交流 – 交流(AC – AC)变换是一种可以改变电压大小、频率、相数的交流 – 交流电力变换技术。只改变电压大小或仅对电路实现通断控制而不改变频率的电路,称为交流调压电路和交流调功电路或交流无触点开关。从一种频率交流变换成另一种频率交流的电路则称为交 – 交变频器,它有别于交 – 直 – 交二次变换的间接变频,是一种直接变频电路。为了解决相控式晶闸管型交 – 交变频器输入、输出波形差,谐波严重的弊病,在基于双向自关断功率开关的基础上目前正在研究一种矩阵式变换器,它是一种具有优良输入、输出特性的特殊形式交 – 交变频器。本章将分知识点介绍交流调压(交流调功或交流无触点开关)、交 – 交变频及矩阵式变换器的相关内容。

交流调压电路采用两个单向晶闸管反并联[图 4 – 1(a)]或双向晶闸管[图 4 – 1(b)],实现对交流电正、负半周的对称控制,达到方便地调节输出交流电压大小的目的,或实现交流电路的通、断控制。因此交流调压电路可用于异步电动机的调压调速、恒流软启动,交流负载的功率调节、灯光调节,供电系统的无功调节;用作交流无触点开关、固态继电器等,应用领域十分广泛。

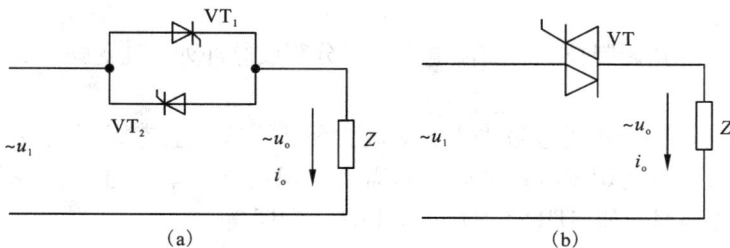

图 4 – 1　交流调压电路

交流调压电路一般有三种控制方式,其原理如图 4 – 2 所示。

(1)通断控制

通断控制是在交流电压过零时刻导通或关断晶闸管,使负载电路与交流电源接通几个周波,然后再断开几个周波,通过改变导通周波数与关断周波数的比值,实现调节交流电压大小的目的。

通断控制时输出电压波形基本为正弦波形、无低次谐波,但由于输出电压时有时无,电压调节不连续,会分解出分数次谐波。如用于异步电机调压调速,会因电机经常处于重合闸

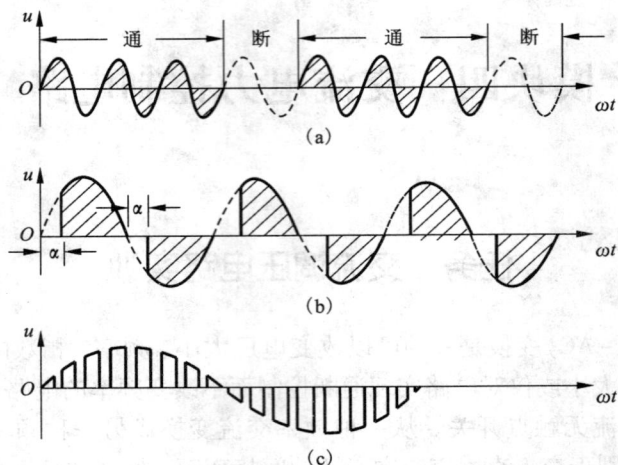

图 4 – 2　交流调压电路控制方式

(a)通断控制；(b)相位控制；(c)斩波控制

过程而出现大电流冲击，因此很少采用。一般用于电炉调温等交流功率调节的场合。

（2）相位控制

相位控制与可控整流的移相触发控制相似，在交流的正半周时触发导通正向晶闸管、负半周期时触发导通反向晶闸管，且保持两晶闸管的移相角相同，以保证向负载输出正、负半周期对称的交流电压波形。

相位控制方法简单，能连续调节输出电压大小。但输出电压波形非正弦，含有丰富的低次谐波，在异步电机调压调速应用中会引起附加谐波损耗，产生脉动转矩等。

（3）斩波控制

斩波控制利用脉宽调制技术将交流电压波形分割成脉冲列，改变脉冲的占空比即可调节输出电压大小。

斩波控制输出电压大小可连续调节，谐波含量小，基本上克服了相位及通断控制的缺点。由于实现斩波控制的调压电路半周期内需要实现较高频率的通、断，不能采用晶闸管，须采用高频全控型器件，如 GTR、GTO、MOSFET, IGBT 等。

实际应用中，采取相位控制的晶闸管型交流调压电路应用最广，本模块将分别讨论单相及三相交流调压电路。

知识点 1　单相交流调压电路

单相交流调压电路原理图如图 4 – 1 所示，其工作情况与负载性质密切相关。

一、电阻性负载

纯电阻负载时交流调压电路输出电压 $u_。$、输出电流 $i_。$ 波形如图 4 – 3 所示。电路工作过程是：在电源电压 u_1 正半周、移相控制角 α 时刻，触发导通晶闸管 VT_1，使正半周的交流电

压 ωt 施加到负载电阻上，电流、电压波形相同。当电压过零时，VT_1 因电流为零而关断。在控制角为 $\pi + \alpha$ 时触发导通 VT_2，u_1 负半周交流电压施加在负载上，当电压再次过零时，VT_2 因电流为零而关断，完成一个周波的对称输出。

当 $\alpha = 0$ 时，输出电压 $u_0 = u_1$ 最大；当 $\alpha = \pi$ 时，$u_o = 0$。改变控制角 α 大小可获得大小可调的交流电压输出，其波形为"缺块"正弦波。正因为电压波固的单相交流调压形有缺损，才改变了输出电压有效值，达到了调压的电阻负载时波形目的，但也因波形非正弦带来了谐波问题。

交流输出电压 u_o 有效值 U 与控制角 α 的关系为

图 4-3 单相交流调压电阻负载时波形

$$U = \sqrt{\frac{1}{\pi}\int_{\alpha}^{\pi}(\sqrt{2}U_1\sin\omega t)^2 d\omega t} = U_1\sqrt{\frac{1}{2\pi}\sin2\alpha + \frac{\pi - \alpha}{\pi}} \tag{4-1}$$

式中：U_1 为输入交流电压 u_1 的有效值。

负载电流 i_o 有效值为 $I = U/R$，则交流调压电路输入功率因数为

$$\cos\varphi = \frac{P}{S} = \frac{UI}{U_1I} = \frac{U}{U_1} = \sqrt{\frac{1}{2\pi}\sin2\alpha + \frac{\pi - \alpha}{\pi}} \tag{4-2}$$

对图 4-3 所示电阻负载下输出电压 u_o 进行谐波分析。由于正、负半波对称，频谱中将不含直流及偶次谐波，其傅里叶级数表示为

$$u_o(\omega t) = \sum_{n=1,3,5,\cdots}^{\infty}(a_n\cos n\omega t + b_n\sin n\omega t) \tag{4-3}$$

式中：

$$a_1 = \frac{\sqrt{2}U_1}{2\pi}(\cos2\alpha - 1)$$

$$b_1 = \frac{\sqrt{2}U_1}{2\pi}[\sin2\alpha - 2(\pi - \alpha)]$$

$$a_n = \frac{\sqrt{2}U_1}{\pi}\left(\frac{1}{n+1}[\cos(n+1)\alpha - 1] - \frac{1}{n-1}[\cos(n-1)\alpha - 1]\right\}, n = 3,5,7,\cdots$$

$$b_n = \frac{\sqrt{2}U_1}{\pi}\left\{\frac{1}{n+1}\sin(n+1)\alpha - \frac{1}{n-1}\sin(n-1)\alpha\right\}, n = 3,5,7,\cdots$$

基波和各次谐波电压有效值为

$$U_{on} = \frac{1}{\sqrt{2}}\sqrt{a_n^2 + b_n^2}, n = 1,3,5,7,\cdots \tag{4-4}$$

根据式(4-4)，可以绘出基波和各次谐波电压有效值随控制角 α 的变化曲线，如图 4-4 所示，其中电压基值取为 U_1。可以看出，随 α 增大，波形畸变严重，谐波含量增大。由于带电阻负载，电流、电压同相位，图 4-4 关系也适合于电流谐波分析。

综上所述，单相交流调压电路带电阻性负载时，控制角 α 移相范围为 $0 \sim \pi$，晶闸管导通

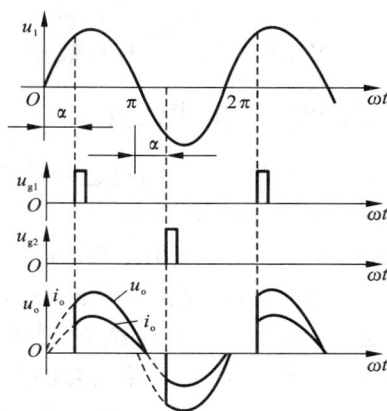

角 $\theta = \pi - \alpha$，输出电压有效值调节范围为 $0 \sim U_1$，可以采用单窄脉冲实现有效控制。

二、电感—电阻性负载

单相交流调压电路带电感－电阻性负载及各处波形如图 4 - 5 所示。

由于电感的储能作用，负载电流 i_o 会在电源电压 u_1 过零后再延迟一段时间后才能降为零，延迟的时间与负载的功率因数角 $\varphi = \arctan(\omega L / R)$ 有关。晶闸管的关断是在电流过零时刻，因此，晶闸管的导通时间，不仅与触发控制角 α 有关，还与负载的功率因数角 φ 有关，必须根据 α 与 φ 的关系分别讨论。

为分析方便，将 VT_1 导通时刻取作为时间坐标 $\omega t = 0$ 的原点，这样电源电压可以表达为基波和各次谐波电压有效值为

$$u_1 = \sqrt{2} U_1 \sin(\omega t + \alpha) \quad (4-5)$$

在 VT_1 导通的 θ 角范围内，可写出电路方程

$$L \frac{di_o}{dt} + R i_o = \sqrt{2} U_1 \sin(\omega t + \alpha) \quad (4-6)$$

在初始条件 $\omega t = 0$，$i_o(0) = 0$ 下，方程解为

$$i_o(t) = i_{o1}(t) + i_{o2}(t)$$

$$= \frac{\sqrt{2} U_1}{\sqrt{R^2 + (\omega L)^2}} e^{-t/\tau} \sin(\alpha - \varphi) \quad (4-7)$$

式中：i_o 为负载电流的稳定分量，它滞后于电压一个功率因数角 φ；i_{o2} 为以时间常数 $\tau = L/R$ 衰减的自由分量，其初始值与 α、φ 有关，i_o、i_{o1}、i_{o2} 波形如图 4 - 5(b) 所示。

由于 $\omega t = \theta$ 时，$i_o(0) = 0$，代入这个边界件可得

$$\sin(\theta + \alpha - \beta) = (e^{\frac{-\theta}{\tan \varphi}}) \sin(\alpha - \varphi) \quad (4-8)$$

这是一个关于 θ 的超越方程，表达了导通角 $\theta = f(\alpha, \varphi)$ 的关系。由于 $\theta = \pi$ 时意味负载电流 i_o 连续，$\theta < \pi$ 时意味 i_o 断续，因此也表达了电流连续与否的运行状态。根据 α、φ 大小关系，θ 角或电路运行状态将有所不同。

（1）当 $\varphi < \alpha < \pi$ 时，利用 φ 作参变量，可得不同负载特性下 $\theta = f(\alpha, \varphi)$ 曲线族，如图 4 - 6 所示。对于任一阻抗角 φ 的负载，当 $\alpha = \pi$ 时 $\theta = 0$，$u_o = 0$，当 α 从 π 至 φ 逐步减小

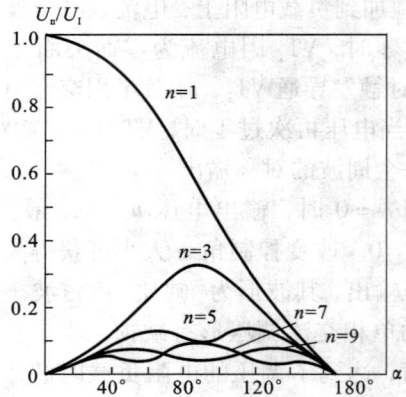

图 4 - 4　电阻负载下单相交流调压
输出电压谐波比例

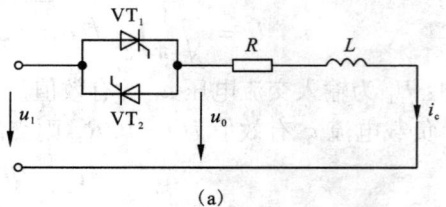

(a)

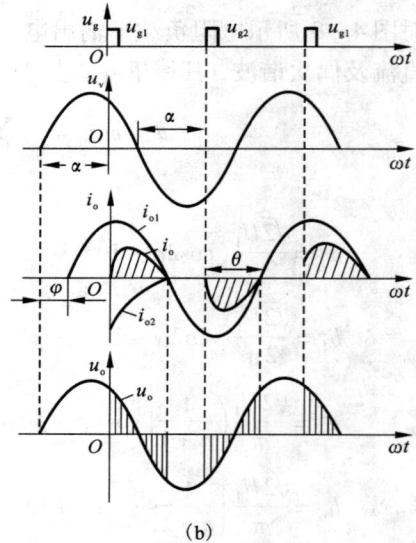

(b)

图 4 - 5　电感－电阻负载时，单相交流调压
电路及电压、电流波形

（a）单相交流调压电路；（b）电压、电流波形

时（不包括 $\alpha = \varphi$ 这个点），θ 逐步从零增大到接近 π，负载上电压有效值 U_o 也从零增大到接近 U_1，负载电流 i_o 断续，输出电压 u_o 为缺块正弦波，电路有调压功能，如图 $4-7$（a）所示。

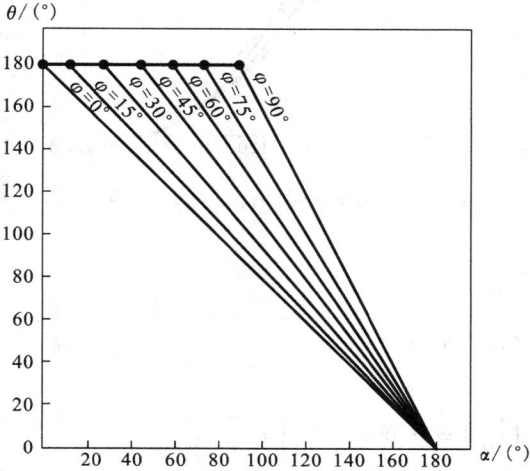

图 $4-6$　$\alpha > \varphi$ 时，$\theta = f(\alpha, \varphi)$ 关系

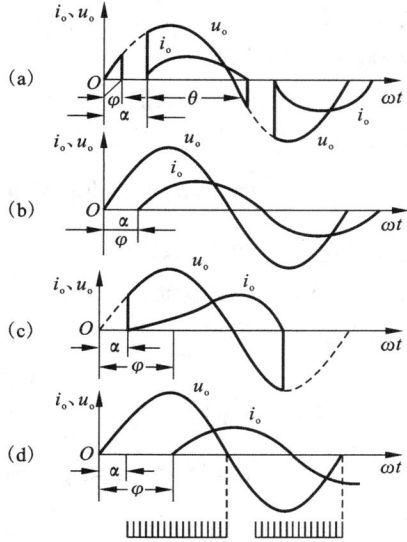

图 $4-7$　不同的 α，φ 时，$u_o = i_o$ 波形

（a）$\varphi < \alpha < \pi$；（b）$\alpha = \varphi$；

（c）$0 < \alpha < \varphi$（窄脉冲）；（d）$0 < \alpha < \varphi$（宽脉冲）

（2）当 $\alpha = \varphi$ 时，i_o 电流中只有稳态分量时，电流正弦、连续，$\theta = \pi$。电路一工作便进入稳态，$u_o = u_1$，输出电压波形正弦，调压电路不起调压作用，处于"失控"状态。此时 $\theta = f(\alpha, \varphi)$ 关系如图 $4-6$ 中 $\theta = 180°$ 中的孤立点所示，波形如图 $4-7$（b）所示。

（3）当 $0 < \theta < \varphi$ 且采用窄脉冲触发时，由式（$4-8$）可解出 $\theta > \pi$，即每个晶闸管导通时间将超过半周期。由于反并联的两晶闸管触发脉冲 u_{g1}、u_{g2} 相位严格互差 $180°$，故在 u_{g2} 到来时 VT_1 仍在导通，其管压降构成对 VT_2 的反向阳极电压，VT_2 不能导通。而当 VT_1 关断后虽使 VT_2 的反偏电压消失，但 u_{g2} 的窄脉冲也已消失，VT_2 仍不能导通，造成各个周期内只有同一个晶闸管 VT_1 导通的"单管整流"状态，输出电流为单向脉冲波，含有很大的直流分量，如图 $4-7$（c）所示。这会对电机、电源变压器之类小电阻、大电感性质负载带来严重危害，此时应考虑改用宽脉冲触发方式。

（4）当 $0 < \alpha < \varphi$ 且采用宽脉冲触发时，特别是采用后沿固定、前沿可调、最大脉冲宽度可达 $180°$ 的脉冲列触发时，可以保证反并联的两晶闸管均可靠导通，电流波形连续，如图 $4-7$（d）所示。与 $\alpha = \varphi$ 时不同的是无论触发角 α 多大，晶闸管均在 $\omega t = \varphi$ 处导通。由于电流连续 $u_o = u_1$ 无电压调节功能，也处于"失控"状态。

综上所述，交流调压器带电感－电阻负载时，为使电路工作正常，需保证：

① $\varphi \leqslant \alpha \leqslant \pi$。

② 采用宽度大于 $60°$ 的宽脉冲或后沿固定、前沿可调、最大宽度可达 $180°$ 的脉冲列触发。

例 1：一个交流单相晶闸管调压电路，用以控制送至电阻 $R = 0.23\ \Omega$、电抗 $\omega L = 0.23\ \Omega$

的阻－感负载上的功率。设电源电压有效值 $U_1 = 230$ V，晶闸管电流有效值标么值 I_T 和移相触角 α、负载功率因数角机之间关系如图 4-8 所示。试求：

（1）移相控制范围。

（2）负载电流最大有效值。

（3）最大功率和功率因数。

（4）当 $\alpha = \dfrac{\pi}{2}$ 时，晶闸管的有效值、

导通角 θ 及电源侧功率因数 $\cos\varphi$。

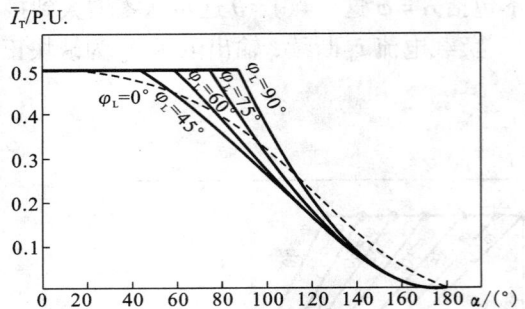

图 4-8 当 $\alpha > \varphi$ 时，α、φ 与 I_T 关系

解 （1）移相控制范围。

当输出电压为零时：

$$\theta = 0°, \quad \alpha = \alpha_{max} = \pi$$

当输出最大电压时

$$\theta = 180°, \quad \alpha = \alpha_{max} = \varphi_L = \arctan\left(\frac{\omega L}{R}\right) = \arctan\left(\frac{0.23}{0.23}\right) = \frac{\pi}{4}$$

故

$$\frac{\pi}{4} \leqslant \alpha \leqslant \pi$$

（2）负载电流最大有效值 I_{omax}。

当 $\alpha = \varphi_L$ 时，电流连续，为正弦波，则

$$I_{omax} = \frac{U_1}{\sqrt{R^2 + (\omega L)^2}} = \frac{230}{\sqrt{(0.23)^2 + (0.23)^2}} = 707(A)$$

（3）最大功率和功率因数如下

$$P_{omax} = I_{omax}^2 \cdot R = (707)^2 \times 0.23 = 115 \times 10^3(W)$$

$$(\cos\varphi)_{max} = \frac{P_{omax}}{U_1 I_{omax}} = \frac{115 \times 10^3}{230 \times 707} = 0.707 \tag{4-9}$$

（4）当 $\alpha = \dfrac{\pi}{2}$，$\varphi_L = \dfrac{\pi}{4}$ 时，查图 4-8 得晶闸管电流有效值标么值 $I_T = 0.31$。

晶闸管电流有效值基值为

$$I_{Tb} = \frac{\sqrt{2} U_1}{\sqrt{R^2 + (\omega L)^2}} = \frac{\sqrt{2} \times 230}{\sqrt{(0.23)^2 + (0.23)^2}} = 1000(A) \tag{4-10}$$

故晶闸管电流有效值为

$$I_T = \bar{I}_T \cdot I_{Tb} = 0.31 \times 1000 = 310(A)$$

当 $\alpha = \dfrac{\pi}{2}$，$\varphi_L = \dfrac{\pi}{4}$ 时，查图 4-8 得 $\theta = 125°$。

输出电流有效值为

$$I_o = \sqrt{2} I_T = \sqrt{2} \times 310 = 438.4(A) \tag{4-11}$$

电源输入有功功率为

$$P_1 = RI_o^2 = 0.23 \times (438.4)^2 = 44.21 \times 10^3 (\text{W})$$

有功功率为 44.21×10^3，电源侧功率因数为

$$\cos\varphi = \frac{\text{有功功率}}{\text{视在功率}} = \frac{44.21 \times 10^3}{230 \times 438.4} = 0.438$$

知识点2　三相交流调压电路

工业中交流电源多为三相系统，交流电机也多为三相电机，应采用三相交流调压器实现调压。三相交流调压电路与三相负载之间有多种连接方式，其中以三相 Y 连接调压方式最为普遍。

一、Y 型三相交流调压电路

图 4-9 为 Y 型三相交流调压电路，这是一种最典型、最常用的三相交流调压电路，它的正常工作须满足：

(1)三相中至少有两相导通才能构成通路，且其中一相为正向晶闸管导通，另一相为反向晶闸管导通。

(2)为保证任何情况下的两个晶闸管同时导通，应采用宽度大于 $60°$ 的宽脉冲(列)或双窄脉冲来触发。

(3)从 VT_1 至 VT_6 相邻触发脉冲相位应互差 $60°$。

为简单起见，仅分析该三相调压电路接电固的 Y 接三相交流调压电路。阻性负载(负载功率因数角 $\varphi = 0°$)时，不同触发控制角 α 下负载上的相电压、电流波形，如图 4-9 所示。

(1) $\alpha = 0°$ 时的波形如图 4-9(a)所示。当 $\alpha = 0°$ 时触发导通 VT_1，以后每隔 $60°$ 依次触发导通 VT_2、VT_3、VT_4、VT_5、VT_6。在 $\omega t = 0° \sim 60°$ 区间内，u_A、u_C 为正，u_B 为负，VT_5、VT_6、VT_1 同时导通；在 $\omega t = 60° \sim 120°$ 区间内，VT_6、VT_1、VT_2 同时导通……由于任何时刻均有三只晶闸管同时导通，且晶闸管全开放，负载上获得全电压。各相电压、电流波形正弦、三相平衡。

(2) $\alpha = 30°$ 时波形如图 4-9(b)所示。此时情况复杂，需划分子区间来分析。

① $\omega t = 0° \sim 30°$：$\omega t = 0$ 时，u_A 变正，VT_R 关断，但 u_{g1} 未到位，VT_1 无法导通，A 相负载电压 $u_{R1} = 0$。

② $\omega t = 30° \sim 60°$：$\omega t = 30°$ 时，触发导通 VT_1；B 相 VT_6、C 相 VT_5 均仍承受正向阳极电压保持导通。由于 VT_5、VT_6、VT_1 同时导通，三相均有电流，此子区间内 A 相负载电压 $u_{R_A} = u_A$(电源 A 相电压)。

③ $\omega t = 60° \sim 90°$：$\omega t = 60°$ 时，u_C 过零，VT_5 关断；VT_2 无触发脉冲不导通，三相中仅 VT_6、VT_1 导通。此时线电压 u_{AB} 施加在 R_A、R_B 上，故此子区间内 A 相负载电压 $u_{R_A} = \dfrac{u_{AB}}{2}$。

④ $\omega t = 90° \sim 120°$：$\omega t = 90°$ 时，VT_2 触发导通，此时 VT_6、VT_1、VT_2 同时导通，此子区间内 A 相负载电压 $u_{R_A} = u_A$。

⑤ $\omega t = 120° \sim 150°$：$\omega t = 120°$ 时，u_B 过零，VT_6 关断；仅 VT_1、VT_2 导通，此子区间内 A 相电压 $u_{R_A} = \dfrac{u_{AC}}{2}$。

⑥$\omega t = 150° \sim 180°$：$\omega t = 150°$时，$VT_3$ 触发导通，此时 VT_1、VT_2、VT_3 同时导通，此子区间内 A 相电压 $u_{R_A} = u_A$。

负半周可按相同方式分子区间做出分析，从而可得如图 4 - 9(b)中阴影区所示一个周波的 A 相负载电压 u_{R_A} 波形。A 相电流波形与电压波形成比例。

（3）用同样分析法可得 $\alpha = 60°$、$90°$、$120°$时 A 相电压波形，如图 4 - 9(c)、图 4 - 9(d)、图 4 - 9(e)所示。$\alpha > 150°$时，因 $u_{AB} < 0$，虽 VT_6、VT_1 有触发脉冲但仍无法导通，交流调压器不工作，故控制角移相范围为 $0° \sim 150°$。

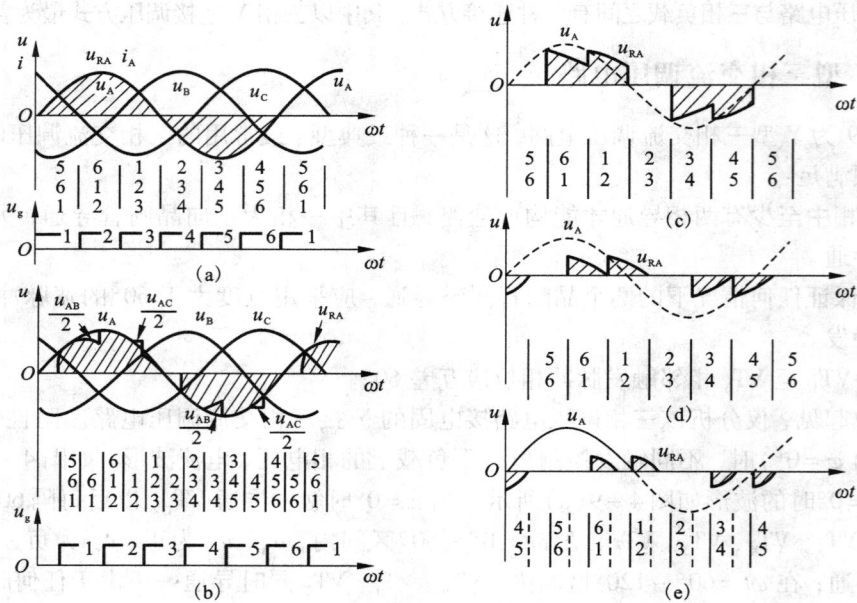

图 4 - 9　Y 连接三相交流调压电路输出电压、电流波形（电阻负载）
(a)$\alpha = 0°$；(b)$\alpha = 30°$；(c)$\alpha = 60°$；(d)$\alpha = 90°$；(e)$\alpha = 120°$

当三相调压电路接电感负载时，波形分析很复杂。由于输出电压与电流间存在相位差，电压过零瞬间电流不为零，晶闸管仍导通，其导通角。不仅与控制角 α 有关，还和负载功率因数角 φ 有关。如果负载是异步电动机，其功率因数角还随电机运行工况而变化。

二、其他形式三相交流调压电路

（1）交流调功电路

采用交流调压电路，在交流电压过零时刻将负载与电源接通几个周波再断开几个周波，实现交流电压的整周波通断控制。通过改变接通周波数与断开周波数的比例，实现负载平均功率的调节，称为交流调功电路，其控制思想如图 4 - 9(a)所示。

由于晶闸管导通都在电源电压过零时刻，这样负载电压、电流均为完整正弦波，不会对电网产生高次、低次谐波的污染。但是可以以导通与关断总时间为周期分解出分数次谐波来，因而从严格意义上讲还是有一定的干扰，图 4 - 10 为图 4 - 9(a)通、断周波数下（通二个周波、断一个周波）电阻性负载电流频谱，图中 I_k 为 k 次谐波有效值，I_{om} 为导通时负载电流幅值。可以看出，电流中不含整数倍电源频率的谐波，但含有非整数倍频率谐波，且在电源频率附近非整数倍频率谐波含量较大。

如前所述，这种调功电路主要用于电炉的温度控制。

（2）交流无触点开关

如果将反并联的两只单向晶闸管或单只双向晶闸管串入交流电路，代替机械开关起接通和关断电路的作用，就构成了交流无触点开关。这种电力电子开关无触点，无开关过程的电弧，响应快，其工作频率比机械开关高，有很多优点。但由于导通时有管压降，关断时有阳极漏电流，因而还不是一种理想的开关，但已显示出其广阔的应用前景。

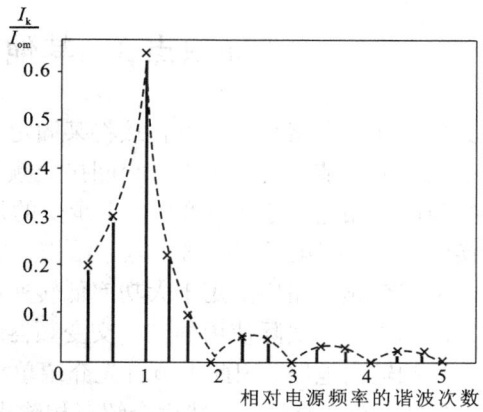

图 4 – 10 图 4 – 9(a)开通、关断方式下电阻负载电流频谱

交流无触点开关主电路与交流调压电路相同，但其开通与关断是随机的，可以分为任意接通模式和过零接通模式。前者可在任何时刻使晶闸管触发导通，后者只能在交流电源电压过零时才能触发晶闸管，因而有一定的开通延时，如 50 Hz 交流电网中，最大开通时延约 10 ms。关断时，由于晶闸管的擎住特性，不能在触发脉冲封锁时立即关断；感性负载又要等到电流过零时才能关断，均有一定的关断时延。

图 4 – 11(a)是一种简单交流无触点开关 a 当控制开关 S 闭合时，电源 u_1 正、负半周分别通过二极管 VD_1、VD_2 和 S 接通晶闸管 VT_1、VT_2 的门极，使相应晶闸管交替导通。如果 S 断开，晶闸管因门极开路而不能导通，相当于交流电路关断。

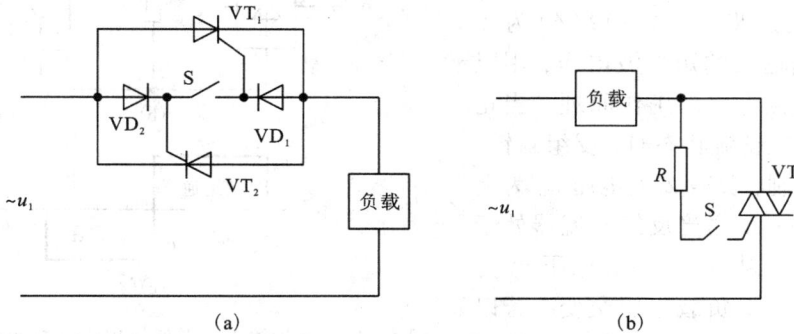

图 4 – 11 晶闸管交流电力开关
（a）简单交流无触点开关；（b）双向晶闸管作交流无触点开关电路图

采用双向晶闸管做交流无触点开关电路如图 4 – 11(b)所示。在控制开关 S 闭合时，在电源 u_1 正半周，双向晶闸管 VT 以 I^+ 方式触发导通，电源负半周时以 I^+ 方式触发导通，负载上因此获得交流电压。如果 S 断开，VT 因门极开路而不能导通，负载上电压为零，相当于交流开关断开。

知识点 3　　其他交流电力控制电路

交－交变频电路是一种可直接将某固定频率交流变换成可调频率交流的频率交换电路，无需中间直流环节。与交－直－交间接变频相比，提高了系统变换效率。又由于整个变频电路直接与电网相连，各晶闸管元件上承受的是交流电压，故可采用电网电压自然换流，无需强迫换流装置，简化了变频器主电路结构，提高了换流能力。

交－交变频电路广泛用于大功率低转速的交流电动机调速传动，交流励磁变速恒频发电机的励磁电源等。实际使用的交－交变频器多为三相输入－三相输出电路，但其基础是三相输入－单相输出电路，因此本节首先介绍单相输出电路的工作原理、触发控制、四象限运行性能及输入、输出特性等；然后介绍三相输出电路结构、输入、输出特性及其改善措施；最后介绍一种新型的绿色变频电路——矩阵式交－交变换器，使读者了解交－交变频技术的最新发展动向。

一、三相输入－单相输出交－交变频电路

1. 基本工作原理

三相输入－单相输出交－交变频器原理如图 4－12 所示，它是由两组反并联的三相晶闸管可控整流桥和单相负载组成。其中图 4－12(a)接入了足够大的输入滤波电感，输入电流近似矩形波，称电流型电路；图 4－12(b)则为电压型电路，其输出电压可为矩形波，亦可通过控制成为正弦波；图 4－12(c)为图 4－12(b)电路输出的矩形波电压，用以说明交－交变频电路的工作原理。当正组变流器工作在整流状态时，反组封锁，以实现无环控制，负载 Z 上电压 u_o 为上（＋）、下（－）；反之当反组变流器处于整流状态而正组封锁时，负载电压 u_o 为上（－）、下（＋），负载电压交变。若以一定频率控制正、反两组变流器交替工作（切换），则向负载输出交流电压的频率 f_o 就等于两组变流器的切换频率，而输出电压 u_o 大小则取决于晶闸管的触发角 α。

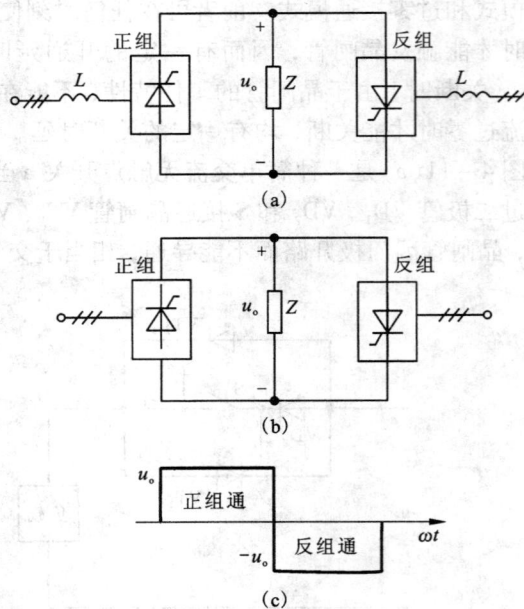

图 4－12　三相输入－单相输出交－交变频器原理图
(a)电流源型；(b)电压电源；(c)输出电压

交－交变频电路根据输出电压波形不同可分为方波型和正弦波型。方波型控制简单，正、反两桥工作时维持晶闸管触发角 α 恒定不变，但其输出波形不好，低次谐波大，用于电动机调速传动时会增大电机损耗，降低运行效率，特别增大转矩脉动，很少采用。因此以下仅讨论正弦型交－交变频电路。

2. 工作状态

三相－单相正弦型交－交变频电路如图 4－13 所示，它由两个三相桥式可控整流电路构成。如果输出电压的半周期内使导通组变流器晶闸管的触发角发生变化，如从 $\alpha = 90°$ 逐渐减小到 $\alpha = 0°$，然后再逐渐增大到 $\alpha = 90°$，则相应变流器输出电压的平均值就可以按正弦规律从零变到最大，再减小至零，形成平均意义上的正弦波电压波形输出，如图 4－14 所示。可以看出，输出电压的瞬时值波形不是平滑的正弦波，而是由片段电源电压波形拼接而成。在一个输出周期中所包含的电源电压片段数越多，波形就越接近正弦，通常要用六脉波的三相桥式电路或十二脉波变流电路来构成交－交变频器。

在无环流工作方式时，变频电路正、反两组变流器轮流向负载供电。为了分析两组变流器的工作状态，忽略输出电压、电流中的高次谐波，因此可将图 4－13 电路等效成图 4－15(a) 所示的理想形式，其中交流电源表示变流器输出的基波正弦电压，二极管体现电流的单向流动特性，负载 Z 为感性，负载阻扰(功率因数)角为 φ。

图 4－15(b) 给出了一个周期内负载电压 u_o、负载电流 i_o 波形，正、反两组变流器的电压 u_P、u_N 和电流 i_P、i_N 以及正、反两组变流器的工作状态。如图所示，在负载电流的正半周 $t_1 \sim t_3$ 区间，正组变流器导通，反组变流器被封锁。在 $t_1 \sim t_2$ 区间，正组变流器导通后输出电压、电流均为正，故正组变流器向外输出功率，工作于整流状态；在 $t_2 \sim t_3$ 区间，负载电流方向不变，仍是正组变流器导通，输出电压却反了向，因此负载向正组变流器反馈功率，正组变流器工作于逆变状态。在 $t_3 \sim t_4$ 区间，负载电流反向，反组变流器导通、正组变流器被封锁，负载电压、电流均为负，故反组变流器处于整流状态。在 $t_4 \sim t_5$ 区间，电流方向不变，仍为反组导通，但输出电压反向，反组变流器工作于逆变状态。

从以上分析可知，交－交变频电路中，正、反组变流器的导通由电流方向来决定，与电压极

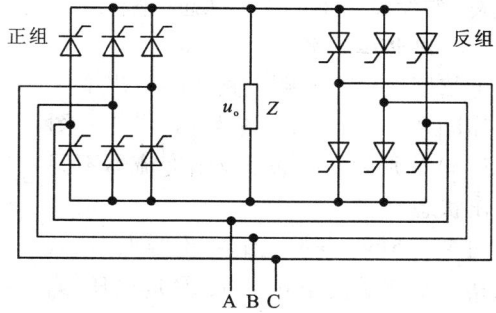

图 4－13　三相－单相正弦型交－交变频电路

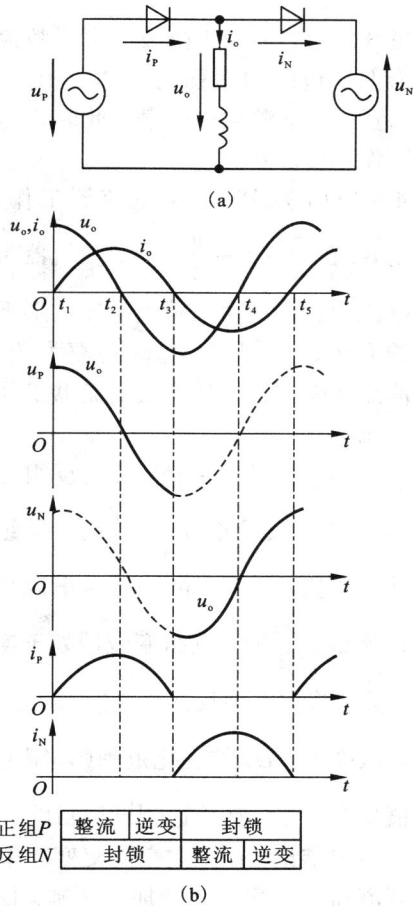

(a)

正组 P	整流	逆变	封锁	
反组 N	封锁		整流	逆变

(b)

图 4－14　交－交变频电路工作状态

性元关；每组变流器的工作状态（整流或逆变）则是由输出电压与电流是否同极性来决定。

3. 输出电压波形

正弦型交－交变频电路实际输出电压波形如图 4－15 所示，图 4－15(a)～图 4－15(d)分别表示了正、反组变流器不同的工作状态。

图 4－15(a)表示正组变流器工作，A 点处其晶闸管触发角 $\alpha_P = 0$，平均电压 U_d 最大。随着 α_P 的增大，U_d 值减小，当 $\alpha_P = \dfrac{\pi}{2}$ 时，$U_d = 0$。半周内平均输出电压如图中虚线所示，为一正弦波。由于整流电压波形上部包围的面积比下部面积大，总功率为正，从电源供向负载，此时正组变流器工作在整流状态。

图 4－15(b)仍为正组变流器工作，但触发角 α_P 在 $\dfrac{\pi}{2} \sim \pi \sim \dfrac{\pi}{2}$ 变化，变流器输出平均电压为负值。由于整流电压波形下部包围的面积比上部大，总的功率为负，从负载流流向电源，此时正组变流器工作在逆变状态。

图 4－15(c)、图 4－15(d)为反组变流器工作。当其触发角 $\alpha_N < \dfrac{\pi}{2}$ 时，反组变流器处于整流状态，总的功率由电源输向负载；当 $\alpha_N > \dfrac{\pi}{2}$ 时，反组变流器处于逆变状态，负载将向电源反馈功率。

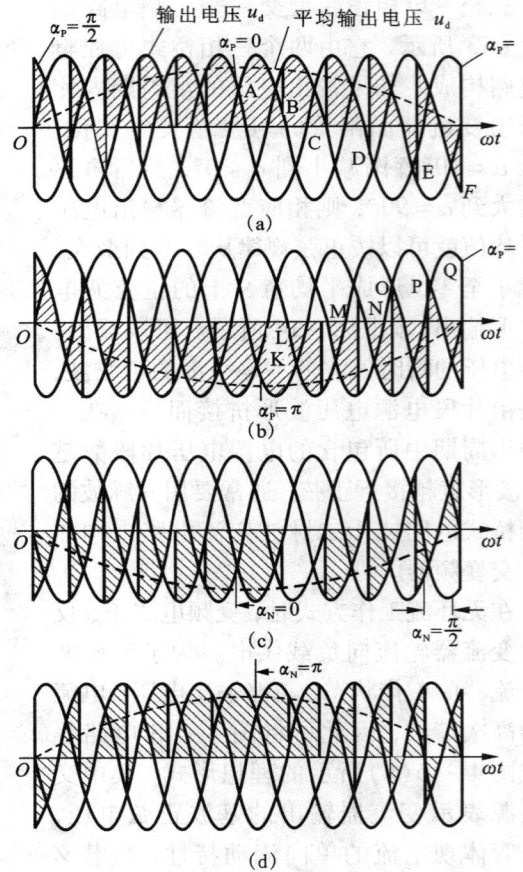

图 4－15　正组反组整流及逆变状态图
(a)正组整流状态；(b)正组逆变状态；
(c)反组整流状态；(d)反组逆变状态

如果改变 α_P、α_N 的变化范围（调制深度），使它们在 $0 \sim \dfrac{\pi}{2}$ 范围内调节，输出平均电压正弦波幅值也会改变，从而达到调压目的。

由此得出结论：正弦波交－交变频电路是由两组反并联的可控整流器组成，运行中正、反两组变流器的 α 角要不断加以调制，使输出电压平均值为正弦波；同时，正、反两组变流器也需按规定频率不停地进行切换，以输出可变频率交流。

4. 余弦支点控制法

要实现交－交变频电路输出电压波形正弦化，必须不断改变晶闸管的触发角 α，其方法很多，但应用最为广泛的是余弦交点控制法。该方法的基本思想是使构成交－交变频器的各可控整流器输出电压尽可能接近理想正弦波形，使实际输出电压波形与理想正弦波之间的偏差最小。

图 4 – 16 为余弦交点控制法波形原理图。交 – 交变频电路中任一相负载在任一时刻都要经过一个正组和一个反组的整流器接至三相电源，根据导通晶闸管的不同，加在负载上的瞬时电压可能是 u_{ab}、u_{ac}、u_{bc}、u_{ba}、u_{ca}、u_{cb} 6 种线电压，它们在相位上互差 60°。如分别用 $u_1 \sim u_6$ 来表示，则有

$$u_1 = \sqrt{2}U\sin\omega t$$

$$u_2 = \sqrt{2}U\sin\left(\omega t - \frac{\pi}{3}\right)$$

$$u_3 = \sqrt{2}U\sin\left(\omega t - \frac{2\pi}{3}\right)$$

$$u_4 = \sqrt{2}U\sin(\omega t - \pi) \tag{4 – 12}$$

$$u_5 = \sqrt{2}U\sin\left(\omega t - \frac{4\pi}{3}\right)$$

$$u_6 = \sqrt{2}U\sin\left(\omega t - \frac{5\pi}{3}\right)$$

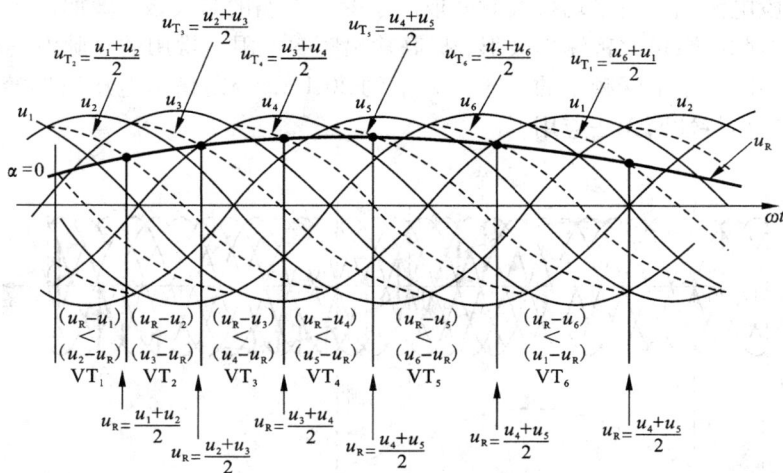

图 4 – 16　余弦交点控制法波形原理图

设 $u_R = \sqrt{2}U_1\sin\omega_1 t$ 为期望输出的理想正弦电压波形。为使实际输出正弦电压波形的偏差尽可能小，应随时将第一个晶闸管导通时的电压偏差 $u_R - u_1$ 与下一个管子导通时的偏差 $u_2 - u_R$ 相比较，如 $(u_R - u_1) < (u_2 - u_R)$，则第一个管子继续导通；如 $(u_R - u_1) > (u_2 - u_R)$，则应及时切换至下一个管子使其导通。因此 u_1 换相至 u_2 的条件为

$$u_R - u_1 = u_2 - u_R$$

即

$$u_R = \frac{u_1 + u_2}{2} \tag{4 – 13}$$

同理由 u_i 换相至 u_{i+1} 的条件应为

$$u_R = \frac{u_i + u_{i+1}}{2} \tag{4 – 14}$$

当 u_i 和 u_{i+1} 都为正弦波时，$u_R = \dfrac{u_i + u_{i+1}}{2}$ 也应为正弦波，如图 4 – 16 各虚线所示。这些正弦波的峰值正好处于 u_{i+1} 波上相当于触发角 $\alpha = 0°$ 的位置上，故此波即为 u_{i+1} 波触发角 α 的余弦函数，常称为 u_{i+1} 的同步波。由于换相点应满足 $u_R = u_T = \dfrac{u_i + u_{i+1}}{2}$ 的条件，故应在 u_R 和 u_T 的交点上发出触发脉冲，导通相应晶闸管元件，从而使交 – 交变频电路输出接近于正弦波的瞬时电压波形如图 4 – 17 中 u_o 粗实线波形所示，相应阻 – 感性负载下的输出电流波形 i_o 则相当接近正弦波。图 4 – 17 中的①区间为反组逆变状态；②、⑤区间为切换死区；③区间为正组整流状态；④区间为正组逆变状态；⑤区间为反组整流状态。

5. 输入、输出特性

（1）输出频率上限

交 – 交变频电路输出电压是由多段电源电压片段"拼凑"而成。一个输出周期内拼接的电源电压段数越多，输出电压波形越接近正弦。当输出频率增高时，输出电压一周内所包含的电源电压段数减少，波形将严重偏离正弦，致使输出电力谐波增加，因而限制了最高输出频率。由于每段电源电压的平均持续时间取决于变流电路的脉波数，增加构成交 – 交变频电路的两组变流器脉波数可改善输出波形，提高输出频率上限。常用的 6 脉波三相桥式变频电路的上限频率不能高于电网频率的 1/3 ~ 1/2，约 20 Hz，否则输出电压波形畸变严重，过多低次谐波恶化输出特性而无法应用。

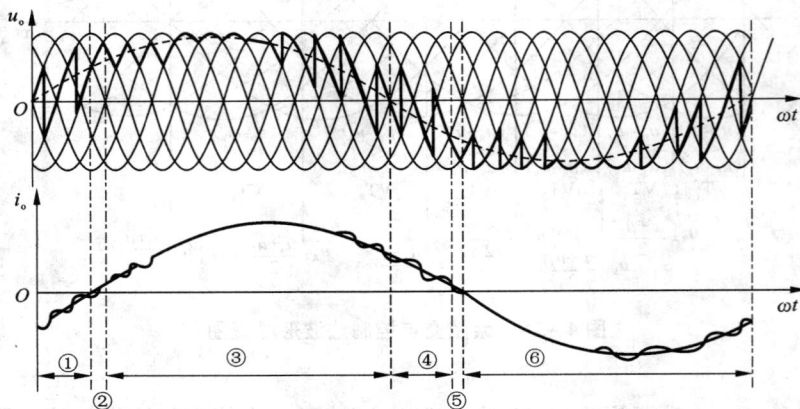

图 4 – 17　正弦型交 – 交变频电路输出电压 u_o、电流 i_o 波形

（2）输入功率因数

由于交 – 交变频电路采用移相触发控制，晶闸管换流时需要从电网吸收感性无功，致使不论负载功率因数超前还是滞后，输入功率因数总是滞后。

在正弦波交 – 交变频电路余弦交点法移相触发控制中，期望输出的理想正弦电压为 $u_R = \sqrt{2}U_1 \sin\omega_1 t$，每次触发时该触发角 α_i 下输出电压为 $u_i = U_{do}\cos\alpha_i$，U_{do} 也为 $\alpha_i = 0$ 时整流电压。当 $u_i = u_R$ 时可以确定

$$\cos\alpha_i = \frac{\sqrt{2}U_1}{U_{do}}\sin\omega_1 t = \gamma\sin\omega_1 t \qquad (4-15)$$

式中：$\gamma = \dfrac{\sqrt{2}U_1}{U_{do}}$ 为输出电压比，它是一个影响输入功率因数的重要因数。

图 4-18 给出不同 γ 下，交-交变频电路输出电压在 $\omega_1 t = (0\sim2\pi)$ 的一个周期内移相触发角 α 的变化规律，它反映了输入功率因数的变化。γ 越小，输出电压越低，半周期内 α 的平均值越接近 90°，功率因数就越低。

图 4-19 则给出输入位移因数与负载功率因数间的关系，输入位移因数即为输入的基波功率因数。可以看出，即使负载功率因数为 1 且满电压输出（$\gamma=1$），输入位移因数也低于 1。随着负载功率因数的降低和输出电压比 γ 的减小，输入位移因数将会更低。

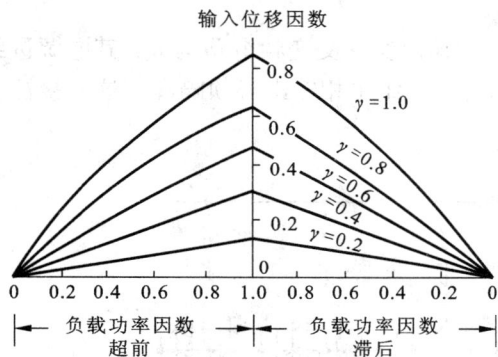

图 4-18　不同 γ 下，α 与 $\omega_1 t$ 的关系

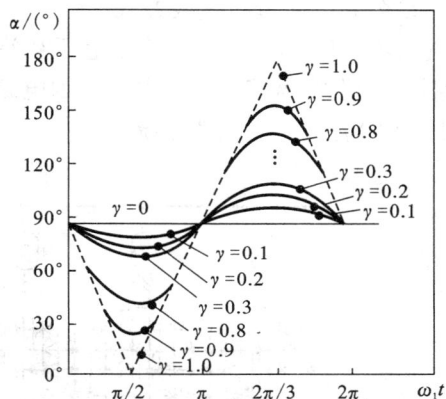

图 4-19　输入、输出功率因数间关系

（3）输出电压谐波

交-交变频电路输出电压谐波成分非常复杂，和输入频率 f_i、输出频率 f_o、电路脉波数均有关。采用三相桥式变流器的单相交-交变频电路输出电压中主要谐波频率为 $6f_i\pm f_o$，$6f_i\pm 3f_o$，$6f_i\pm 5f_o$，$\cdots$，$12f_i\pm f_o$，$12f_i\pm 3f_o$，$12f_i\pm 5f_o$，$\cdots$ 包含 3 次谐波，但它们构成三相输出时会被抵消。若采用无环流控制时，由于确保正、反两桥安全切换所需死区的影响，还将出现 $5f_o$、$7f_o$ 等次谐波。

（4）输入电流谐波

由于交-交变频电路输入电流波形及幅值均按正弦规律被调制，和可控整流电路相比，其输入电流频谱要复杂得多。采用三相桥式变流器的单相交-交变频电路的输入电流频率为

$$f_{in} = |(6k\pm1)f_i\pm2lf_o| \qquad (4-16)$$

和

$$f_{in} = f_i + 2kf_o \qquad (4-17)$$

式中：$k=1,2,3,\cdots$；$l=1,2,\cdots$

二、三相输入 – 三相输出交 – 交变频电路

三相输出交 – 交变频电路由三个输出电压相位互差 120°的单相输出交 – 交变频电路按照一定方式连接而成，主要用于低速、大功率交流电机变频调速传动，有时还被应用于特大功率的交流励磁电源。

1. 三相输出连接方式

三相输出交 – 交变频电路有两种主要接线方式，如图 4 – 20(a)、图 4 – 20(b)所示。

（1）输出 Y 接方式

三组单相输出交 – 交变频电路 Y 接，中点为 O；三相交流电动机绕组亦为 Y 接，中点为 O′。由于三组输出连接在一起，电源进线必须采用变压器隔离。这种接法可用于较大容量交流调速系统。

（2）公共交流母线进线方式

它是由三组彼此独立、输出电压互差 120°的单相输出交 – 交变频电路构成，其电源进线经交流进线电抗器接至公用电源。因电源进线端公用，三组单相输出必须隔离。这种接法主要用于中等容量交流调速系统。

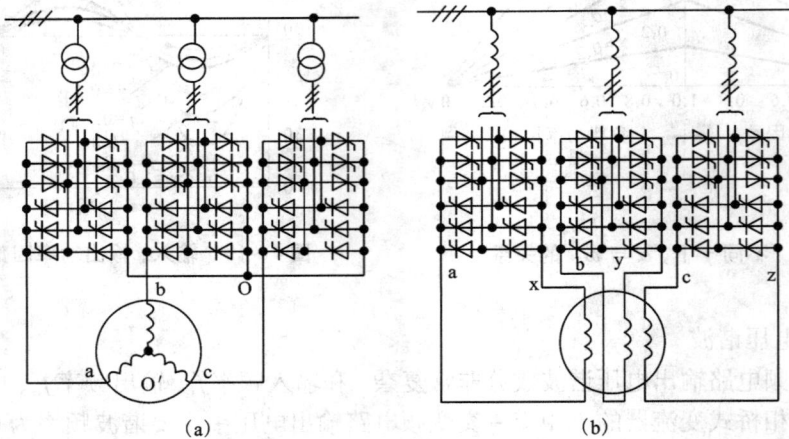

图 4 – 20　三相输出交 – 交变频电路连接方式

（a）输出 Y 接方式；（b）公共交流母线进线方式

2. 输入、输出特性

三相输出交 – 交变频电路的输出频率上限和输出电压谐波成分与单相输出交 – 交变频电路相同。三相输出交 – 交变频电路总的输入电流由三个单相输出交 – 交变频电路的输入电流同一相输入电流合成得到，此时有的谐波会因相位关系相互削弱或抵消，因此谐波种类将有所减少，总谐波幅值也有所下降。其谐波频率为

$$f_{in} = |(6k \pm 1)f_i \pm 6lf_o| \tag{4-18}$$

和

$$f_{in} = f_i + 6kf_o \tag{4-19}$$

式中：$k = 1, 2, 3, \cdots$; $l = 1, 2, \cdots$

当正、反组变换器采用三相桥式电路时，输出电流谐波频率为 $f_i \pm 6f_o$、$5f_i$，$5f_i \pm 6f_o$，$7f_i$，$7f_i \pm 6f_o$、$11f_i$，$11f_i \pm 6f_o$、$13f_i$，$13f_i \pm 6f_o$、$f_i \pm 12f_o$ 等。其中以 $5f_i$ 次谐波幅值最大。

三相输出交 – 交变频电路输入功率因数由以下定义计算

$$PF = \frac{P}{S} = \frac{P_a + P_b + P_c}{S} \qquad (4-20)$$

即三相电路总有功功率可为每相电路有功功率之和，但视在功率不能简单相加，应由总输入电流、输入电压有效值之积来算。由于三相电路输入电流谐波有所减小，三相总视在功率比三个单相视在功率之和小，故三相输出交 – 交变频电路总输入功率因数比单相输出交的交变频电路有所改善。

3. 改善输入功率因数和提高输出电压的措施

要改善三相输出交 – 交变频电路的输入功率因数和提高输出电压，其基本思想是在各相电压中叠加零序分量成分（如直流、三次谐波等），由于它们不会出现在线电压中，因此也不会加到 Y 接负载之上。具体措施有直、交流偏置方法。

（1）直流偏置法

当交 – 交变频电路驱动交流电机作变频调速运行时，根据电机运行理论，低频低速时必须相应降低机端电压，此时变频电路输出电压幅值很低，各组变流器触发角 α 都在 90°附近，输入功率因数很低。此时如给各相输出电压上叠加相同大小的直流，可使 α 角减小，提高输入功率因数，但输出负载线电压并不改变。这种方法称直流偏置法，常用于给长期低速运行的交流电动机供电。

（2）交流偏置法

如给各相输出电压上叠加 3 次为主的谐波，使输出电压波形呈梯形波，如图 4 – 21 所示。但线电压中三次谐波等互相抵消，负载上电压仍为正弦。这种控制方式下变流器工作在高电压输出的梯形波平顶区，α 角小，输入功率因数可提高 15% 左右。

与此同时，正弦波输出控制时最大输出相电压幅值只能为 $\alpha = 0°$ 时的 U_{do}，而梯形波输出中的图 4 – 21 交流偏置法控制下，基波幅值可比 U_{do} 高 15%，故采用梯形波输出控理想输出电压波形制方式可使交 – 交变频器输出电压提高 15%。

由于梯形波输出控制相当于在相电压中加入三次等交流谐波，故称交流偏置法。

三、矩阵式变换电路

为解决传统晶闸管型相控方式的交 – 交变频电路输入、输出特性差，谐波成分大的缺陷，近年来出现了一种新型的矩阵式交 – 交变频电路。这也是交 – 交直接变频方式，电路元件需采用双向全控型器件，即正、反两个方向均可控制开通与关断的功率开关，控制方式为脉宽调制。图 4 – 22（a）为三相输入 – 三相输出变换电路，由于 9 个双向开关作 3 × 3 矩阵布置，故得其名。在目前没有商品化双向开关的条件下，可采用两只单向开关器件进行组合，图 4 – 22（b）为采用 IGBT 及快速恢复二极管的一种组合方式。

矩阵式变换电路的优点是输出电在正弦，输出频率不受输入频率限制；输入电流正弦、可与输入电压同相位，即输入功率因数为 1，也可控制成所需功率因数，能量可双向流动，适合于交流电机的四象限运行驱动，直接实现变频，元需中间直流环节及其滤波元件，变换效率高。因此这是一种电气性能十分优良、极具应用前景的频率变换电路，对它的研究、学习

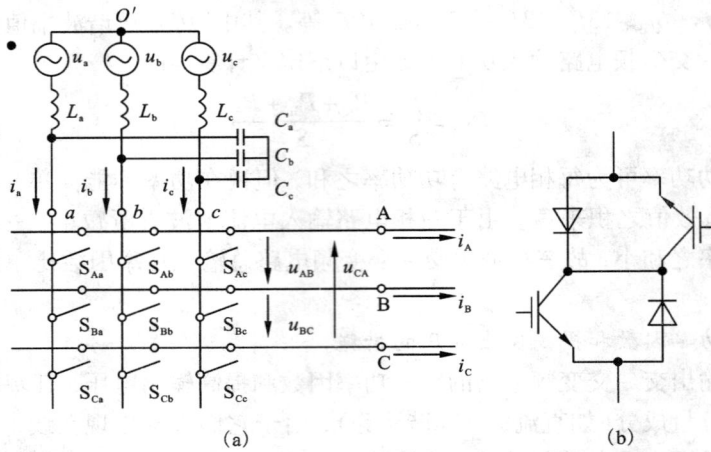

图 4 – 22　矩阵式变换器及组合双向开关

(a)矩阵式变换器；(b)组合双向开关

具有深远的学术意义和潜在的应用价值。

1. 矩阵式变换电路的等效交 – 直 – 交结构

图 4 – 22(a)所示矩阵式变换电路的运行控制机理，可以用图 4 – 23 所示的等效(虚拟)交 – 直 – 交结构来分析，采用这种等效结构可以充分利用成熟的交 – 直 – 交变换中的 PWM 控制技术，实现对矩阵式变换电路的有效控制。

为描述各开关的通、断状态，首先定义开关函数 S_{jk}：开关导通时，$S_{jk}=1$；开关断开时，$S_{jk}=0$。

对于图 4 – 23 的等效交 – 直 – 交结构，$j\in\{a,b,c,A,B,C\}$，$k\in\{P,N\}$。按照输入电压不能被短路、输出感性负载电路不能突然开路的原则，虚拟整流器同一直流母线 P 或 N 上的开关，必须有一个、也只能有一个处于导通状态，即

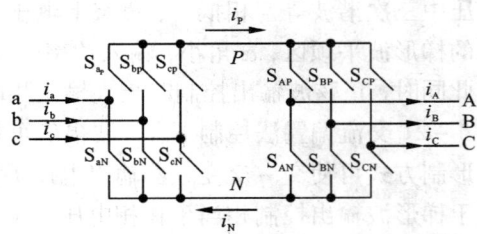

图 4 – 23　短阵式变换电路的等效交 – 直 – 交结构

$$S_{ak}+S_{bk}+S_{ck}=1,\ k\in\{P,N\}\tag{4-21}$$

对于图 4 – 22(a)的矩阵式变换电路，$j\in\{A,B,C\}$，$k\in\{a,b,c\}$。按照输入电压不能被短路、输出电路不能突然开路原则，每一输出相只能连至且必须连至一个输入相，开关函数须满足

$$S_{ja}+S_{jb}+S_{jc}=1,\ j\in\{A,B,C\}\tag{4-22}$$

等效交 – 直 – 交变换中，交 – 直整流器部分变换关系有直流母线 P、N 电压方程和输入电流方程

$$U_{\mathrm{P}} = \begin{bmatrix} S_{\mathrm{aP}} & S_{\mathrm{bP}} & S_{\mathrm{cP}} \end{bmatrix} \begin{bmatrix} U_{\mathrm{a}} \\ U_{\mathrm{b}} \\ U_{\mathrm{c}} \end{bmatrix} \tag{4-23}$$

$$U_{\mathrm{N}} = \begin{bmatrix} S_{\mathrm{aN}} & S_{\mathrm{bN}} & S_{\mathrm{cN}} \end{bmatrix} \begin{bmatrix} U_{\mathrm{a}} \\ U_{\mathrm{b}} \\ U_{\mathrm{c}} \end{bmatrix} \tag{4-24}$$

和输入电流方程

$$\begin{bmatrix} i_{\mathrm{a}} \\ i_{\mathrm{b}} \\ i_{\mathrm{c}} \end{bmatrix} = \begin{bmatrix} S_{\mathrm{aP}} \\ S_{\mathrm{bP}} \\ S_{\mathrm{cP}} \end{bmatrix} i_{\mathrm{P}} - \begin{bmatrix} S_{\mathrm{aN}} \\ S_{\mathrm{bN}} \\ S_{\mathrm{cN}} \end{bmatrix} i_{\mathrm{N}} \tag{4-25}$$

等效交 – 直 – 交变换的直 – 交逆变器部分变换关系有输出电压方程

$$\begin{bmatrix} U_{\mathrm{a}} \\ U_{\mathrm{b}} \\ U_{\mathrm{c}} \end{bmatrix} = \begin{bmatrix} S_{\mathrm{AP}} \\ S_{\mathrm{BP}} \\ S_{\mathrm{CP}} \end{bmatrix} U_{\mathrm{P}} - \begin{bmatrix} S_{\mathrm{AN}} \\ S_{\mathrm{BN}} \\ S_{\mathrm{CN}} \end{bmatrix} U_{\mathrm{N}} \tag{4-26}$$

和直流母线电流方程

$$i_{\mathrm{P}} = \begin{bmatrix} S_{\mathrm{AP}} S_{\mathrm{BP}} S_{\mathrm{CP}} \end{bmatrix} \begin{bmatrix} i_{\mathrm{A}} \\ i_{\mathrm{B}} \\ i_{\mathrm{C}} \end{bmatrix} \tag{4-27}$$

$$i_{\mathrm{N}} = - \begin{bmatrix} S_{\mathrm{AP}} S_{\mathrm{BN}} S_{\mathrm{CN}} \end{bmatrix} \begin{bmatrix} i_{\mathrm{A}} \\ i_{\mathrm{B}} \\ i_{\mathrm{C}} \end{bmatrix} \tag{4-28}$$

将式(4-23)和式(4-24)代入式(4-25)，并根据线、相电压关系

$$U_{\mathrm{AB}} = U_{\mathrm{A}} - U_{\mathrm{B}}, \ U_{\mathrm{BC}} = U_{\mathrm{B}} - U_{\mathrm{C}}, \ U_{\mathrm{CA}} = U_{\mathrm{C}} - U_{\mathrm{A}}$$

可得输出线电压表达式

$$\begin{bmatrix} U_{\mathrm{AB}} \\ U_{\mathrm{BC}} \\ U_{\mathrm{CA}} \end{bmatrix} = \begin{bmatrix} [S_{\mathrm{ap}}S_{\mathrm{AP}} + S_{\mathrm{aN}}S_{\mathrm{AN}} - (S_{\mathrm{aP}}S_{\mathrm{BP}} + S_{\mathrm{aN}}S_{\mathrm{BN}})] \\ [S_{\mathrm{aP}}S_{\mathrm{BP}} + S_{\mathrm{aN}}S_{\mathrm{BN}} - (S_{\mathrm{aP}}s_{\mathrm{CP}} + S_{\mathrm{aN}}S_{\mathrm{CN}})] \\ [S_{\mathrm{aP}}S_{\mathrm{CP}} + S_{\mathrm{aN}}S_{\mathrm{CN}} - (S_{\mathrm{aP}}s_{\mathrm{AP}} + S_{\mathrm{aN}}S_{\mathrm{AN}})] \end{bmatrix}$$

$$\begin{bmatrix} S_{\mathrm{bP}}S_{\mathrm{AP}} + S_{\mathrm{bN}}S_{\mathrm{AN}} - (S_{\mathrm{bP}}S_{\mathrm{BP}} + S_{\mathrm{bN}}S_{\mathrm{BN}})] & [S_{\mathrm{cP}}S_{\mathrm{AP}} + S_{\mathrm{cN}}S_{\mathrm{AN}} - (S_{\mathrm{cP}}S_{\mathrm{BP}} + S_{\mathrm{cN}}S_{\mathrm{BN}})] \\ [S_{\mathrm{bP}}S_{\mathrm{BP}} + S_{\mathrm{bN}}S_{\mathrm{BN}} - (S_{\mathrm{bP}}s_{\mathrm{CP}} + S_{\mathrm{bN}}S_{\mathrm{CN}})] & [S_{\mathrm{cP}}S_{\mathrm{BP}} + S_{\mathrm{cN}}S_{\mathrm{BN}} - (S_{\mathrm{cP}}s_{\mathrm{CP}} + S_{\mathrm{cN}}S_{\mathrm{CN}})] \\ [S_{\mathrm{bP}}S_{\mathrm{CP}} + S_{\mathrm{bN}}S_{\mathrm{CN}} - (S_{\mathrm{bP}}s_{\mathrm{AP}} + S_{\mathrm{bN}}S_{\mathrm{AN}})] & [S_{\mathrm{cP}}S_{\mathrm{CP}} + S_{\mathrm{cN}}S_{\mathrm{CN}} - (S_{\mathrm{cP}}s_{\mathrm{AP}} + S_{\mathrm{cN}}S_{\mathrm{AN}})] \end{bmatrix} \begin{bmatrix} U_{\mathrm{a}} \\ U_{\mathrm{b}} \\ U_{\mathrm{c}} \end{bmatrix} \tag{4-29}$$

将式(4-27)和式(4-28)代入式(4-25)，可得输入电流表达式

$$\begin{bmatrix} i_{\mathrm{a}} \\ i_{\mathrm{b}} \\ i_{\mathrm{c}} \end{bmatrix} = \begin{bmatrix} S_{\mathrm{aP}}S_{\mathrm{AP}} + S_{\mathrm{aN}}S_{\mathrm{AN}} & S_{\mathrm{aP}}S_{\mathrm{BP}} + S_{\mathrm{aN}}S_{\mathrm{BN}} & S_{\mathrm{aP}}S_{\mathrm{CP}} + S_{\mathrm{aN}}S_{\mathrm{CN}} \\ S_{\mathrm{bP}}S_{\mathrm{AP}} + S_{\mathrm{bN}}S_{\mathrm{AN}} & S_{\mathrm{bP}}S_{\mathrm{BP}} + S_{\mathrm{bN}}S_{\mathrm{BN}} & S_{\mathrm{bP}}S_{\mathrm{CP}} + S_{\mathrm{bN}}S_{\mathrm{CN}} \\ S_{\mathrm{cP}}S_{\mathrm{AP}} + S_{\mathrm{cN}}S_{\mathrm{AN}} & S_{\mathrm{cP}}S_{\mathrm{BP}} + S_{\mathrm{cN}}S_{\mathrm{BN}} & S_{\mathrm{cP}}S_{\mathrm{CP}} + S_{\mathrm{cN}}S_{\mathrm{CN}} \end{bmatrix} \begin{bmatrix} i_{\mathrm{A}} \\ i_{\mathrm{B}} \\ i_{\mathrm{C}} \end{bmatrix} \tag{4-30}$$

实际矩阵式变换电路实现的是交 – 交直接变换关系，即

$$\begin{bmatrix} U_{AB} \\ U_{BC} \\ U_{CA} \end{bmatrix} = \begin{bmatrix} S_{Aa} - S_{Ba} & S_{Ab} - S_{Bb} & S_{Ac} - S_{Bc} \\ S_{Ba} - S_{Ca} & S_{Bb} - S_{Cb} & S_{Bc} - S_{Cc} \\ S_{Ca} - S_{Aa} & S_{Cb} - S_{Ab} & S_{Cc} - S_{Ac} \end{bmatrix} \begin{bmatrix} U_a \\ U_b \\ U_c \end{bmatrix} \qquad (4-31)$$

和

$$\begin{bmatrix} i_a \\ i_b \\ i_c \end{bmatrix} = \begin{bmatrix} S_{Aa} & S_{Ba} & S_{Ca} \\ S_{Ab} & S_{Bb} & S_{Cb} \\ S_{Ac} & S_{Bc} & S_{Cc} \end{bmatrix} \begin{bmatrix} i_A \\ i_B \\ i_C \end{bmatrix} \qquad (4-32)$$

通过式(4-31)与式(4-29)对比,以及式(4-32)与式(4-30)对比,可以导出实际矩阵式变换电路与等效交-直-交变换结构开关函数之间的对应关系

$$S_{jk} = S_{jP} S_{kP} + S_{jN} S_{kN} \qquad (4-33)$$

式中: $j \in \{A, B, C\}$; $k \in \{a, b, c\}$。

限定条件为

$$1 \leqslant S_{Gm} + S_{Jn} + S_{Kl} \qquad (4-34)$$

式中: $G, J, K \in \{A, B, C\}$; $m, n, l \in \{a, b, c\}$, 且 $G \neq J \neq K$, $m \neq n \neq l$。

按照等效交-直-交结构的间接变换原则,这个限定条件意味着矩阵变换电路的三根输出线只能连接到一根或两根输入线上,不能分别连接到三根不同的输入线上。

2. 矩阵式变换电路的等效交-直-交空间矢量调制

由于矩阵式变换电路可以等效成虚拟交-直,交变换电路,因此可以采用成熟且性能优越的空间矢量调制(space vector modulation,SVM)来实现其控制。

针对虚拟逆变器部分的控制,为了获得频率可调的三相输出线电压,应定义一个输出线电压参考矢量 $U_{ref} = \sqrt{3} U_{om} e^{j(\omega_0 t - \varphi_0)}$,如图4-24所示。这是一个以 ω_0 角速度围绕矢量中心连续旋转的空间矢量,可以采用6种有效电压空间矢量按三段逼近法来合成,从而获得所需输出频率 $f_0 = \dfrac{\omega_0}{2\pi}$ 的三相正弦输出线电压。同理针对虚拟整流器部分,也可采用复空间表达方式定义输入相电流空间矢量,实现输入电流空间矢量调制。

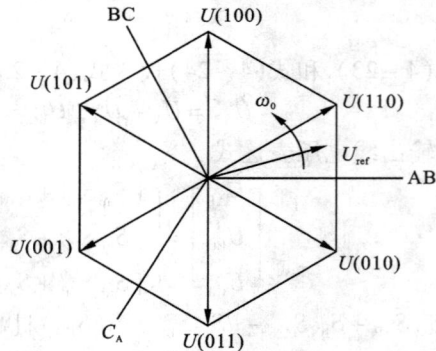

图4-24　电压空间矢量和输出线电压参考矢量

经过对等效交-直-交变换的逆变部分采用输出线电压空间矢量调制、对整流部分采用输入相电流空间矢量调制后,根据开关函数的对应关系,可以综合出矩阵式变换电路交-交直接变换控制所需双空间矢量PWM调制方式。这种相互嵌套的双空间矢量PWM调制方式既可保证输出线电压的良好正弦性,又能保证输入相电流的良好正弦性,实现了矩阵式交-交变换的最终目标。

3. 矩阵式变换电路输入、输出波形

图 4 - 25 给出了短阵式变换电路作为变频电源驱动异步电动机负载时的输入相电压、相电流及输出线电压、线电流波形。可以看出，输入相电压、相电流正弦且基本同相位，输出线电压呈正弦脉宽调制、线电流波形正弦，输入电流和输出电压中基波占绝对主要地位，具有优良的输入、输出特性。

矩阵式交 - 交变换电路的主要问题是电压传输比低，最大输出线电压理论上只能达到输入线电压最大值的 0. 866。如何在保证良好输入、输出特性的前提下提高电压传输比一直是短阵式变换电路研究中的一个重要理论与实践问题。

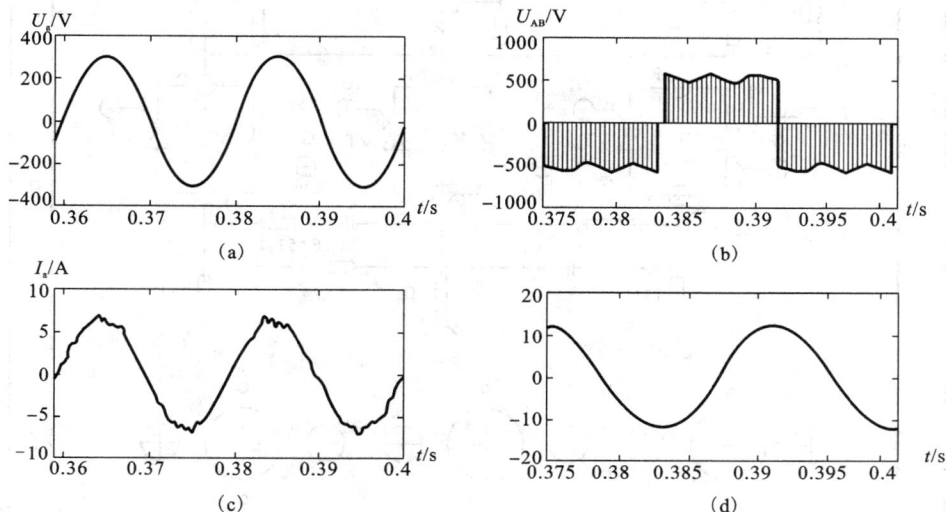

图 4 - 25　矩阵式变换电路输入、输出电压、电流波形

(a)输出相电压 U_a 波形图；(b)输出线电压 U_{AB} 波形图($f_0 = 60$ Hz)；

(c)输出相电流 I_0 波形图；(d)输出线电流 I_A 波形图($f_0 = 60$ Hz)

实操训练

一、实验目的

1. 熟悉三相交流调压电路的工作原理。

2. 掌握三相交流调压电路的联线、整定与调试。

3. 研究三相交流调压电路(电阻负载时)，在不同导通角下电压的有效值与波形。

二、实验电路与工作原理

三相交流调压电路如图 4 - 26 所示。

它与三相全控桥式整流电路的区别在于：①每相为两个晶闸，反并联供电；②自然换流

点为电压的过零点；③三相并行输出；④当控制角 α 较小时，同时会有三个晶闸管处于导通；当 α 较大时，便是两个晶闸管同时导通。⑤ 输出电压波形不同。下面以 $\alpha = 0°$ 及 $\alpha = 60°$ 时的情况加以说明。

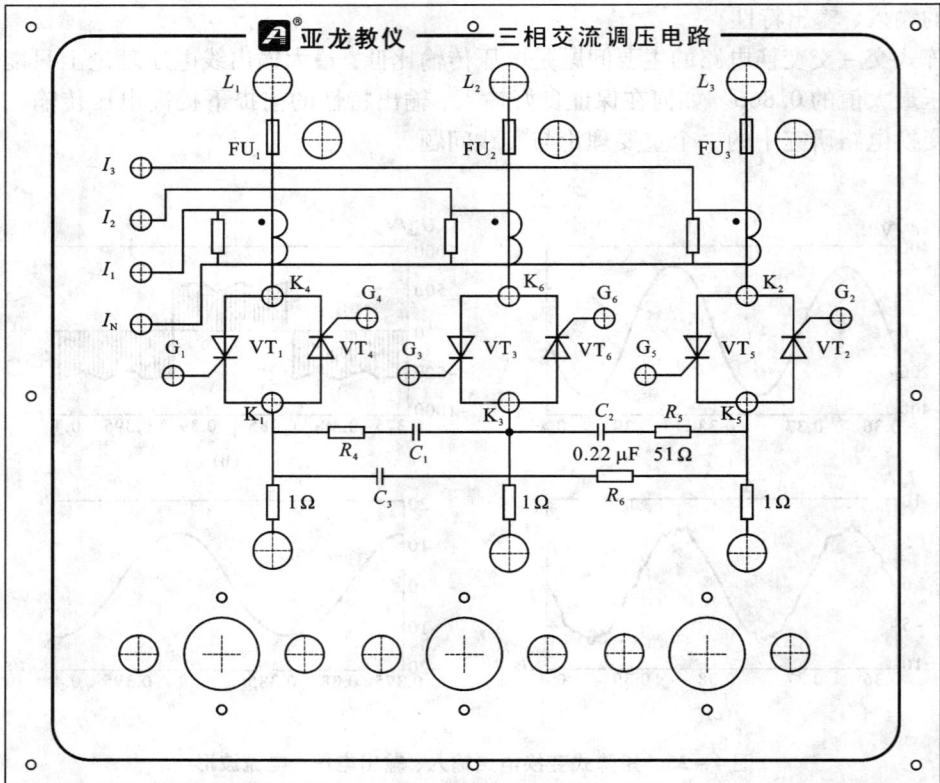

图 4 - 26　三相交流调压电路(单元 11)

1. 控制角 $\alpha = 0°$

与三相整流电路不同，$\alpha = 0°$ 时，即在相应每相电压的过零处给管子加触发脉冲，这相当于将晶闸管看成二极管，这时三相均有正反方向电流，它相当于一般的三相交流电路，各相电流为 $i_\Phi = \dfrac{U_{2\Phi}}{R}$。

晶闸管子导通顺序为 VT_1、VT_2、VT_3、VT_4、VT_5、VT_6，脉冲间隔为 $60°$，每管导通角 $\theta = 180°$，除换流点外，任何时刻都有 3 个晶闸管导通。

2. 控制角 $\alpha = 60°$

晶闸管导通情况，U 相的电流波形，如图 4 - 27 所示。ωt_1 时刻触发 VT_1 导通，VT_1 与 VT_6 构成电流回路，此时在线电压 u_{NV} 作用下，对星形接法负载，有 $i_U = \dfrac{U_{UV}}{2R}$。ωt_2 时刻，VT_2 触发，负载电压为 u_{UW}，此时 U 相电流为 $i_U = \dfrac{U_{UV}}{2R}$。ωt_3 时刻，VT_3 触发，VT_1 关断，VT_4 还未

导通，所以 $i_U=0$。ωt_4 时刻，VT_4 触发导通，i_U 在 u_{UV} 电压作用下，经 VT_3、VT_4 构成回路，同理在 $\omega t_5 \sim \omega t_6$ 期间，u_{UW} 电压经 VT_4、VT_5 构成回路，i_U 电流波形如图中剖面线所示。

同样分析可得到 i_V、i_W 波形。

三、实验设备

1. 亚龙 YL – 209 型实验装置单元（11）。

2. 双踪示波器。

3. 万用表。

4. 三个白炽灯，接成三相三角形负载。

四、实验内容与步骤

1. 将隔离变压器连成 Dy11 接法，同步变压器联成 Yy10 接法，不接负载，将它们的一次测接上 220 V/127 V 电源，用示波器观测 U_{A1}、U_A、U_{SA} 的幅值与波形，是否正常。用万用表测量 + 12 V，+ 15 V 及 +24 V 电源电压是否正常。给定电压 U_C 由外面稳压电源供电。

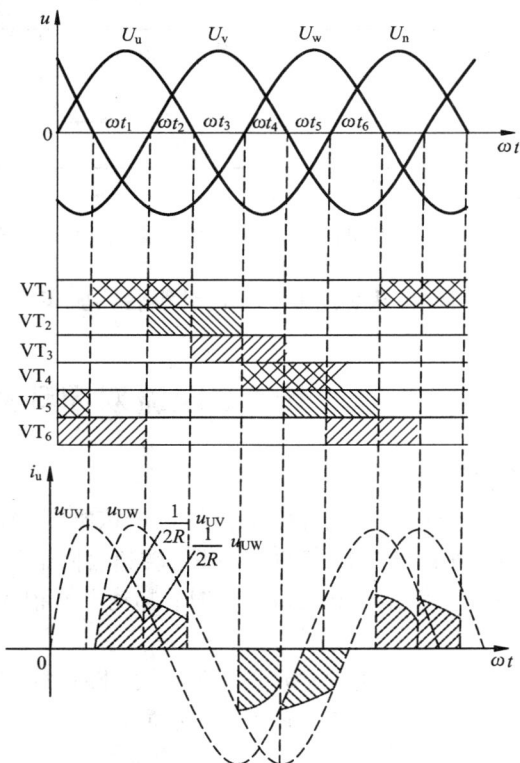

图 4 – 27　$\alpha = 60°$ 时晶闸管导通情况及线电流波形

2. 切断电源，将三相调压电路上端接隔离变压器二次测 47 V 挡，（低电压较安全）。下端接三角形（白炽灯）负载。

3. 触发电路单元，接上电源，接入同步电压，先使 $U_C=4$ V 左右，用示波器观察 N_1 的脉冲（是否为间隔 60° 的双脉冲列），然后调节 U_C 为最小（$U_C=0$），再调节 RP_1，使 N_1 的脉冲则好消失（锯齿波电压幅值为 $7.8 \sim 7.9$ V）。

4. 调节 RP_2、RP_3，使 N_2、N_3 的锯齿波斜率与 N_1 相同。

5. 测量 N_1、N_2 和 N_3 的输出脉冲及各脉冲变压器输出的脉冲是否正常（幅值与波形）若正常，则断开电源，将脉冲变压器的输出，接至对应的 $VT_1 \sim VT_6$ 元件的 G、K 极。

6. 接通电源，调节 U_C，分别使 $\alpha = 0°$ 和 $\alpha = 60°$，用交流电表和示波器测量线电压的有效值 I 和线电压、线电流波形。

五、实验报告要求

1. $\alpha = 0°$ 和 $\alpha = 60°$ 时，负载 UV 线电压的有效值 U_{UV} 与波形，U 相线电流的波形，填入表 4 – 1。

表 4 - 1 数据表

控制角 α	线电压有效值 U_{UV}	线电压波形	线电流波形
0°			
60°			

2. 分析 $\alpha = 0°$ 时和 $\alpha = 60°$ 波形差异很大的原因。

六、扩展实验（由学生自己组合实验单元进行实验）

转速、电流双闭环交流调压调速系统

1. 工作原理

三相异步电动机调压调速的理论依据是当电动机电压降低时，电动机的机械特性会变软，即在相同负载转矩的条件下，转速会降低。

由于三相异步电动机起动时，起动电流很大，所以要设置电流负反馈环节，以限制最大电流。

由于调压调速时，机械特性很软，即负载转矩增加时，转速下降较多。因此要设置转速负反馈环节，以改善机械特性（变硬）。

2. 实验设备

（1）亚龙 YL - 209 型实验台各单元。

（2）三相异步电动机（亚龙特制），额定功率 $P_N = 125$ W，额定转速 $n_N = 1400$ r/min，接法 Y/△，电压 380 V/220 V。此时隔离变压器取 127 V 挡（对应线电压为 220 V，所以三相异步电动机接成△形）。

（3）双踪示波器。

（4）万用表。

3. 实验内容与步骤

（1）此实验是在完成前一个实验的基础上进行的，即在其的基础上以三相异步电动机取代白炽灯，在触发单元前增加电流调节器和转速调节器，再增加电流负反馈、转速负反馈和过电流保护环节。

（2）实验步骤与前一实验大致相同（由学生自己拟定）。

4. 实验报告

（1）在不同负载下的调压调速特性

测功机 $I_G = 0$ A、$I_G = 0.8$ A 及 $I_G = 1.2$ A 条件下，调压调速特性。

①当 $I_G = 0$，填表 4 - 2。

表4-2 数据表

线电压(U_l/V)	220	160	140	120	100
转速$n/(\text{r}\cdot\text{min}^{-1})$					

②$I_G = 0.8$ A，填表4-3。

表4-3 数据表

线电压(U_l/V)	220	160	140	120	100
转速$n/(\text{r}\cdot\text{min}^{-1})$					

③$I_G = 1.2$ A，填表4-4。

表4-4 数据表

线电压(U_l/V)	220	160	140	120	100
转速$n/(\text{r}\cdot\text{min}^{-1})$					

（2）画出在$I_G = 0$ A、$I_G = 0.8$ A及$I_G = 1.2$ A时的调压调速特性曲线$n = f(U_l)$。

习题及思考

1. 一调光台灯由单相交流调压电路供电，设该台灯可看作电阻负载，在$\alpha = 0$时输出功率为最大值，试求功率为最大输出功率的80%，50%时的开通角α。

2. 一单相交流调压器，电源为工频220 V，阻感串联作为负载，其中$R = 5$ Ω，$L = 2$ mH。试求：①开通角α的变化范围；②负载电流的最大有效值；③最大输出功率及此时电源侧的功率因数；④当$\alpha = \dfrac{\pi}{2}$时，晶闸管电流有效值，晶闸管导通角和电源侧功率因数。

3. 交流调压电路和交流调功电路有什么区别？二者各运用于什么样的负载？为什么？

4. 什么是TCR？什么是TSC？它们的基本原理是什么？各有何特点？

5. 单相交-交变频电路和直流电动机传动用的反并联可控整流电路有什么不同？

6. 交-交变频电路的最高输出频率是多少？制约输出频率提高的因素是什么？

7. 交-交变频电路的主要特点和不足是什么？其主要用途是什么？

8. 三相交-交变频电路有哪两种接线方式？它们有什么区别？

9. 在三相交-交变频电路中，采用梯形波输出控制的好处是什么？为什么？

10. 试述矩阵式变频电路的基本原理和优缺点。为什么说这种电路有较好的发展前景？

*模块五　PWM 控制技术

任务一　PWM 控制的基本原理

　　PWM(pulse width modulation)控制就是对脉冲的宽度进行调制的技术,即通过对一系列脉冲的宽度进行调制,来等效地获得所需要波形(含形状和幅值)。PWM 控制技术对读者来说并不完全陌生,直流斩波电路实际上采用的就是 PWM 技术。这种电路把直流电压"斩"成一系列脉冲,改变脉冲的占空比来获得所需的输出电压。改变脉冲的占空比就是对脉冲宽度进行调制,只是因为输入电压和所需要的输出电压都是直流电压,因此脉冲既是等幅的,也是等宽的,仅仅是对脉冲的占空比进行控制,这是 PWM 控制中最为简单的一种情况。交 –交变换电路中涉及 PWM 控制技术的地方有两处:一处是斩控式交流调压电路,另一处是矩阵式变频电路。斩控式交流调压电路的输入电压和输出电压都是正弦波交流电压,且二者频率相同,只是输出电压的幅值要根据需要来调节。因此,斩控后得到的 PWM 脉冲的幅值是按正弦波规律变化的,而各脉冲的宽度是相等的,脉冲的占空比根据所需要的输出输入电压比来调节。矩阵式变频电路的情况更为复杂,其输入电压和输出电压也都是正弦波交流,但二者频率不等,且输出电压是由不同的输入线电压组合而成的,因此 PWM 脉冲既不等幅,也不等宽。前面在讲述上述电路时,并未涉及 PWM 控制的基本原理,讲述也很简单。在学过本章任务一的 PWM 控制的基本原理后,读者将会对上述电路的控制方法和原理有更深入的理解。

　　PWM 控制技术在逆变电路中的应用最为广泛,对逆变电路的影响也最为深刻。现在大量应用的逆变电路中,绝大部分都是 PWM 型逆变电路。可以说 PWM 控制技术正是有赖于在逆变电路中的应用,才发展得比较成熟,才确定了它在电力电子技术中的重要地位。正因为如此,本章主要以逆变电路为控制对象来介绍 PWM 控制技术。在前面,仅介绍了逆变电路的基本拓扑和工作原理,而没有涉及 PWM 控制技术。实际上,离开了 PWM 控制技术,对逆变电路的介绍就是不完整的。因此,把本章内容和前面的内容结合起来,才能使读者对逆变电路有较为全面的了解。

　　近年来,PWM 技术在整流电路中也开始应用,并显示了突出的优越性。因此,本章讲述其基本工作原理。

一、PWM 控制的基本原理

　　在采样控制理论中有一个重要的结论:冲量相等而形状不同的窄脉冲加在具有惯性的环节上时,其效果基本相同。冲量即指窄脉冲的面积。这里所说的效果基本相同,是指环节的输出响应波形基本相同。如果把各输出波形用傅里叶变换分析,则其低频段非常接近,仅在高频段略有差异。例如图 5 – 1(a)、图 5 – 1(b)、图 5 – 1(c)所示的三个窄脉冲形状不同,其中图 5 - 1(a) 为矩形脉冲，图 5 - 1(b) 为三角形脉冲，5 - 1(c) 为正弦半波脉冲，但它们的面积(即冲量)都等于 1，那么，当它们分别加在具有惯性的同一个环节上时，其输出响应基本相同。当窄脉冲变为图 5 - 1(d) 的单位脉冲函数 $\delta(t)$ 时，环节的响应即为该环节的脉冲过渡函数。

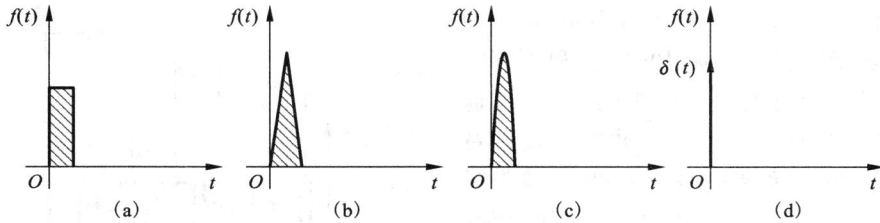

图 5 - 1　形状不同而冲量相同的各种窄脉冲
(a)矩形脉冲；(b)三角形脉冲；(c)正弦半波脉冲；(d)单位脉冲函数 $\delta(t)$

图 5 - 2(a) 的电路是一个具体的例子。图中 $e(t)$ 为电压窄脉冲，其形状和面积分别如图 5 - 1(a)、图 5 - 1(b)、图 5 - 1(c)、图 5 - 1(d) 所示，为电路的输入。该输入加在可以看成惯性环节的 RL 电路上，设其电流 $i(t)$ 为电路的输出。图 5 - 2(b) 给出了不同窄脉冲时 $i(t)$ 的响应波形。从波形可以看出，在 $i(t)$ 的上升段，脉冲形状不同时 $i(t)$ 的形状也略有不同，但其下降段则几乎完全相同。脉冲越窄，各 $i(t)$ 波形的差异也越小。如果周期性地施加上述脉冲，则响应 $i(t)$ 也是周期性的。用傅里叶级数分解后将可看出，各 $i(t)$ 在低频段的特性将非常接近，仅在高频段有所不同。

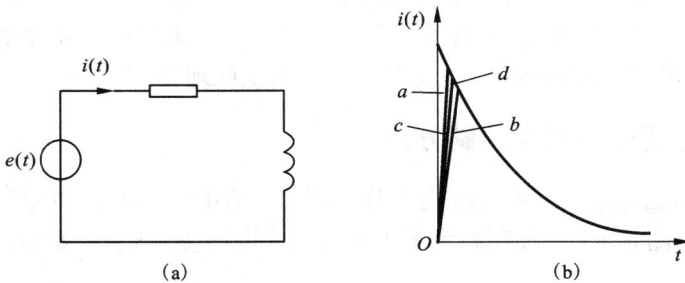

图 5 - 2　冲量相同的各种窄脉冲的响应波形

　　上述原理可以称之为面积等效原理，它是 PWM 控制技术的重要理论基础。下面分析如何用一系列等幅不等宽的脉冲来代替一个正弦半波。把图 5 - 3(a) 的正弦半波分成 N 等分，就可以把正弦半波看成是由 N 个彼此相连的脉冲序列所组成的波形。这些脉冲宽度相等，都等于 π/N，但幅值不等，且脉冲顶部不是水平直线，而是曲线，各脉冲的幅值按正弦规律变化。如果把上述脉冲序列利用相同数量的等幅而不等宽的矩形脉冲代替，使矩形脉冲的中点和相应正弦波部分的中点重合，且使矩形脉冲和相应的正弦波部分面积(冲量)相等，就得到图 5 - 3(b) 所示的脉冲序列。这就是 PWM 波形。可以看出，各脉冲的幅值相等，而宽度是按正弦规律变化的。根据面积等效原理，PWM 波形和正弦半波是等效的。对于正弦波的负半周，也可以用同样的方法得到 PWM 波形。像这种脉冲的宽度按正弦规律变化和正弦波等效的 PWM 波形，也称 SPWM（sinusoidal PWM）波形。

要改变等效输出正弦波的幅值时，只要按照同一比例系数改变上述各脉冲的宽度即可。PWM 波形可分为等幅 PWM 波和不等幅 PWM 波两种。由直流电源产生的 PWM 波通常是等幅 PWM 波。如直流斩波电路及本章主要介绍的 PWM 逆变电路，其 PWM 波都是由直流电源产生，由于直流电源电压幅值基本恒定，因此 PWM 波是等幅的。后面将要介绍的 PWM 整流电路中，其 PWM 波也是等幅的。第一部分讲述的斩控式交流调压电路，第四部分的矩阵式变频电路，其输入电源都是交流，因此所得到的 PWM 波也是不等幅的。不管是等幅 PWM 波还是不等幅 PWM

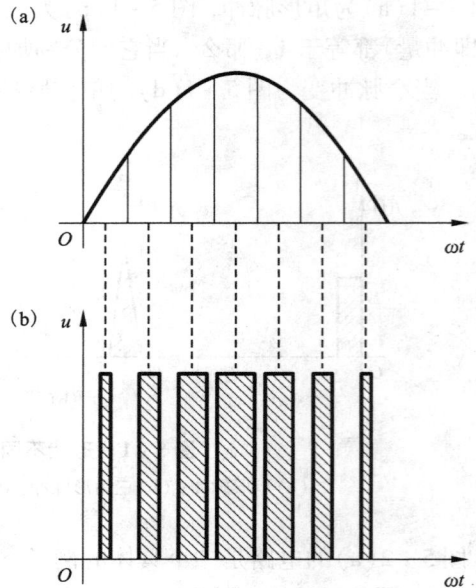

图 5 - 3　用脉冲代替正弦半波

波，都是基于面积等效原理来进行控制的，因此其本质是相同的。

上面所列举的 PWM 波都是 PWM 电压波。除此之外，也还有 PWM 电流波。例如，电流型逆变电路的直流侧是电流源，如对其进行 PWM 控制，所得到的 PWM 波就是 PWM 电流波。

直流斩波电路得到的 PWM 波是等效直流波形，SPWM 波得到的是等效正弦波形。这些都是应用十分广泛的 PWM 波。本章讲述的 PWM 控制技术实际上主要是 SPWM 控制技术。除此之外，PWM 波形还可以等效成其他所需要的波形，如等效成所需要的非正弦交流波形等，其基本原理和 SPWM 控制相同，也是基于等效面积原理。

二、PWM 逆变电路及其控制方法

PWM 控制技术在逆变电路中的应用十分广泛，目前中小功率的逆变电路几乎都采用了 PWM 技术。逆变电路是 PWM 控制技术最为重要的应用场合，因此，本节的内容构成了本章的主体。

PWM 逆变电路和模块二介绍的逆变电路一样，也可分为电压型和电流型两种。目前实际应用的 PWM 逆变电路几乎都是电压型电路，因此，本节主要讲述电压型 PWM 逆变电路的控制方法。

1.计算法和调制法

根据上文讲述的 PWM 控制的基本原理，如果给出了逆变电路的正弦波输出频率、幅值和半个周期内的脉冲数，PWM 波形中各脉冲的宽度和间隔就可以准确计算出来。按照计算结果控制逆变电路中各开关器件的通断，就可以得到所需要的 PWM 波形。这种方法称之为计算法。可以看出，计算法是很繁琐的，当需要输出的正弦波的频率、幅值或相位变化时，结果都要变化。

与计算法相对应的是调制法，即把希望输出的波形作为调制信号，把接受调制的信号作为载波，通过信号波的调制得到所期望的 PWM 波形。通常采用等腰三角波或锯齿波作为载波，其中等腰三角波应用最多。因为等腰三角波上任一点的水平宽度和高度成线性关系且左右对称，当它与任何一个平缓变化的调制信号波相交时，如果在交点时刻对电路中开关器件的通断进行控制，就可以得到宽度正比于信号波幅值的脉冲，这正好符合 PWM 控制的要求。在调制信号波为正弦波时，所得到的就是 SPWM 波形，这种情况应用最广，本节主要介绍这种控制方法。当调制信号不是正弦波，而是其他所需要的波形时，也能得到与之等效的 PWM 波。

　　由于实际中应用的主要是调制法，下面结合具体电路对这种方法作进一步说明。

　　图 5 - 4 是采用 IGBT 作为开关器件的单相桥式电压型逆变电路。设负载为阻感负载，工作时 V_1 和 V_2 的通断状态互补，V_3 和 V_4 的通断状态也互补。具体的控制规律如下：在输出电压 u_o 的正半周，让 V_1 保持通态，V_2 保持断态，V_4 和 V_4 交替通断。由于负载电流比电压滞后，因此在电压正半周，电流有一段

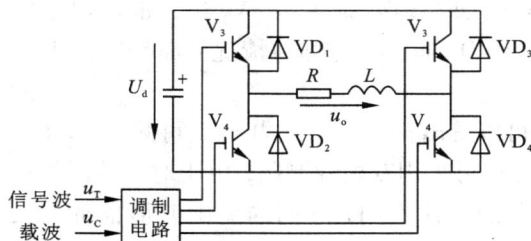

图 5 - 4　单相桥式 PWM 逆变电路

区间为正，一段区间为负。在负载电流为正的区间，V_1 和 V_4 导通时，负载电压 u_o 载波等于直流电压 U_d；V_4 关断时，负载电流通过 V_1 和 VD_3 续流，$u_o = 0$。在负载电流为负的区间，仍 V_1 和 V_4 导通时，因 i_o 为负，故 i_o 实际上从 VD_1 和 VD_4 流过，仍有 $u_o = U_d$；V_4 关断，V_4 开通后，i_o 从 V_4 和 VD_1 续流，$u_o = 0$。这样，u_o 总可以得到 U_d 和零两种电平。同样，在 V_1 保持断态，V_4 和 V_4 交替通断，负载电压 u_o 可以得到 $-U_d$ 和零两种电平。

　　控制 V_3 和 V_4 通断的方法如图 5 - 5 所示。调制信号 u_r 为正弦波，载波 u_c 在 u_r 的正半周为正极性的三角波，在 u_r 的负半周为负极性的三角波。在 u_r 和 u_c 的交点时刻控制 IGBT 的通断。在 u_r 的正半周，V_1 保持通态，V_2 保持断态，当 $u_r > u_c$ 时使 V_4 导通，V_3 关断，$u_o = U_d$；当 $u_r < u_c$ 时使 VT_4 关断，VT_3 导通，$u_o = 0$。在 u_r 的负半周，V_1 保持断态，V_2 保持通态，当 $u_r < u_c$ 时使 V_4 导通，V_4 关断，$u_o = -U_d$；当 $u_r > u_c$ 时使 V_3 关断，V_4 导通，$u_o = 0$。这样，就得到了 SPWM 波形 u_o。图中的虚线 u_{of} 表示 u_o 中的基波分

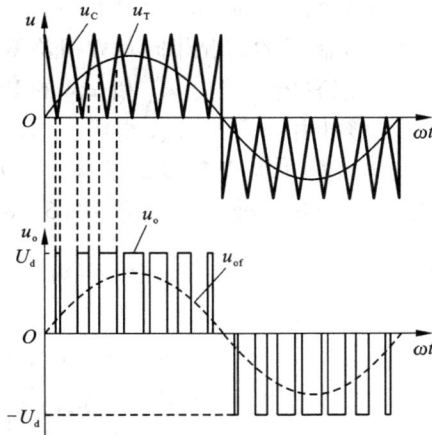

图 5 - 5　单极性 PWM 控制方式波形

量。像这种在 u_r 的半个周期内三角波载波只在正极性或负极性一种极性范围内变化，所得到的 PWM 波形也只在单个极性范围变化的控制方式称为单极性 PWM 控制方式。

　　和单极性 PWM 控制方式相对应的是双极性控制方式。图 5 - 4 的单相桥式逆变电路在采用双极性控制方式时的波形如图 5 - 6 所示。采用双极性方式时，在 u_r 的半个周期内，三角波载波不再是单极性的，而是有正有负，所得的 PWM 波也是有正有负。在 u_r 的一个周期内，输出的 PWM 波只有 $\pm U_d$ 两种电平，而不象单极性控制时还有零电平。仍然在调制信号

u_r 和载波信号 u_c 的交点时刻控制各开关器件的通断。在 u_r 的正负半周,对各开关器件的控制规律相同。即当 $u_r > u_c$ 时,给 V_1 和 V_4 以导通信号,给 V_2 和 V_3 以关断信号,这时如 $i_o > 0$,则 V_1 和 V_4 通,如 $i_o < 0$,则 VD_1 和 VD_4 通,不管哪种情况,都是输出电压 $u_o = U_d$。当 $u_r < u_c$ 时,给 V_2 和 V_3 以导通信号,给 V_1 和 V_4 以关断信号,这时如 $i_o > 0$,则 V_2 和 V_3 通,如 $i_o < 0$,则 VD_2 和 VD_3 通,不管哪种情况,都是输出电压 $u_o = -U_d$。

可以看出,单相桥式电路既可采取单极性调制,也可采用双极性调制,由于对开关器件通断控制的规律不同,它们的输出波形也有较大的差别。

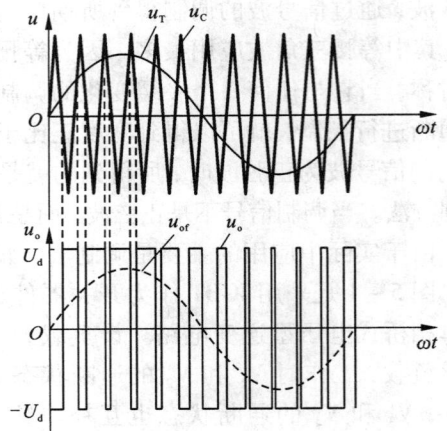

图 5-6　双极性 PWM 控制方式波形

图 5-7 是三相桥式 PWM 型逆变电路,这种电路都是采用双极性控制方式。U、V 和 W 三相的 PWM 控制通常公用一个三角波载波 u_c,三相的调制信号 u_{rU}、u_{rV} 和 u_{rW} 依次相差120°。U、V 和 W 各相功率开关器件的控制规律相同,现以 U 相为例来说明。当 $u_{rU} > u_c$ 时,给上桥臂 V_1 以导通信号,给下桥臂 V_4 以关断信号,则 U 相相对于直流电源假想中点 N′ 的输出电压 $u_{UN'} = U_d/2$。当 $u_r u < u_c$ 时,给 V_4 以导通信号,给 V_1 以关断信号,则仍 $u_{UN'} = -U_d/2$。V_1 和 V_4 的驱动信号始终是互补的。当给 $V_1(V_4)$ 加导通信号时,可能是 $V_1(V_4)$ 导通,也可能是二极管 $VD_1(VD_4)$ 续流导通,这要由阻感负载中电流的方向来决定,这和单相桥式 PWM 型逆变电路在双极性控制时的情况相同。V 相及 W 相的控制方式都和 U 相相同。电路的波形如图 5-8 所示。可以看出,$u_{UN'}$、$u_{VN'}$ 和 $u_{WN'}$ 的 PWM 波形都只有 $\pm U_d/2$ 两种电平。图中的线电压波形 u_{UN} 的波形可由仍 $u_{UN'} - u_{VN'}$ 得出。可以看出,当臂 1 和 6 导通时,$u_{UN} = U_d$,当臂 3 和 4 导通时,$u_{UV} = -U_d$,当臂 1 和 3 或臂 4 和 6 导通时,$u_{UV} = 0$。因此,逆变器的输出线电压 PWM 波由 $\pm U_d$ 和 0 三种电平构成。图 5-8 中的负载相电压 u_{UN} 可由下式求得

$$u_{UN} = u_{UN'} - \frac{u_{UN'} + u_{VN'} + u_{WN'}}{3}$$

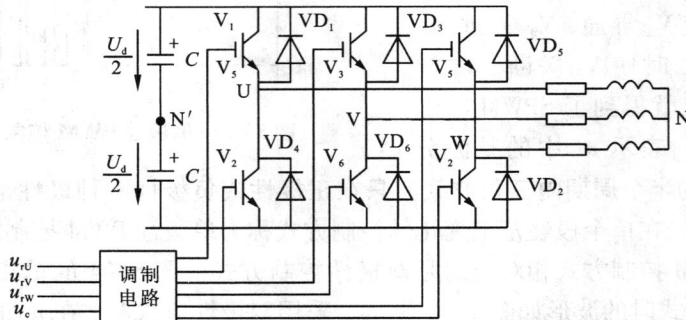

图 5-7　三相桥式 PWM 型逆变电路

从波形图和上式可以看出，负载相电压的 PWM 波由 $(\pm 2/3) U_d$、$(\pm 1/3) U_d$ 和 0 共 5 种电平组成。

在电压型逆变电路的 PWM 控制中，同一相上下两臂的驱动信号都是互补的。但实际上为了防止上下两个臂直通而造成短路，在上下两臂通断切换时要留一小段上下臂都施加关断信号的死区时间。死区时间的长短主要由功率开关器件的关断时间来决定。这个死区时间将会给输出的 PWM 波形带来一定影响，使其稍稍偏离正弦波。

上面着重讲述了用调制法产生 PWM 波形。下面再介绍一种特定谐波消去法（selected harmonic elimination PWM，SHEPWM）。这种方法是计算法中一种较有代表性的方法：

图 5-9 是图 5-7 的三相桥式 PWM 逆变电路中 $u_{UN'}$ 的波形。图 5-9 中，在输出电压的半个周期内，器件开通和关断各 3 次（不包括 0 和 π 时刻），共有 6 个开关时刻可以控制。实际上，为了减少谐波并简化控制，要尽量使波形具有对称性。首先，为了消除偶次谐波，应使波形正负两半周期镜对称，即

逆变电路波形

$$u(\omega t) = -u(\omega t + \pi) \qquad (5-1)$$

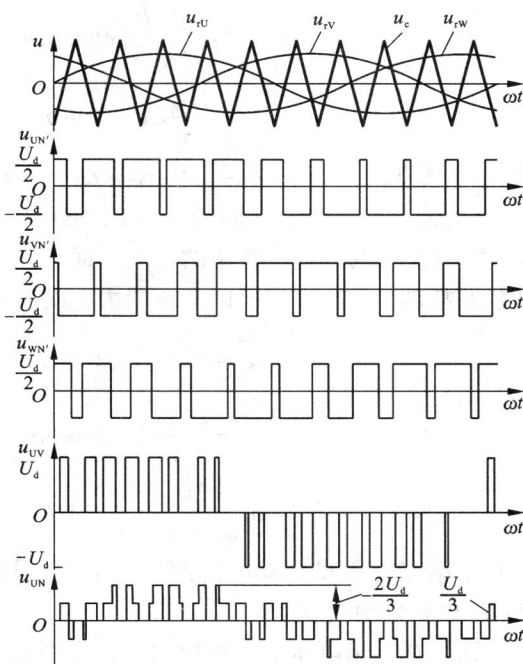

图 5-8　三相桥式

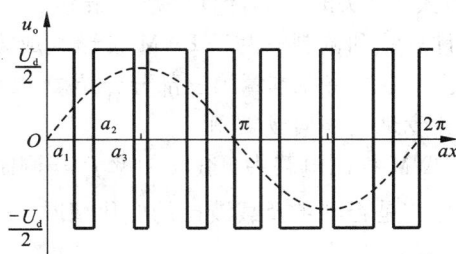

图 5-9　特定谐波消去法的输出波形

其次，为了消除谐波中的余弦项，简化计算过程，应使波形在正半周期内前后 1/4 周期以 $\pi/2$ 为轴线对称，即

$$u(\omega t) = u(\pi - \omega t) \qquad (5-2)$$

同时满足式（6-1）和式（6-2）的波形称为 1/4 周期对称波形。这种波形可用傅里叶级数表示为

$$u(\omega t) = \sum_{n=1,3,5,\cdots}^{\infty} a_n \sin n\omega t \qquad (5-3)$$

因为图 5-9 的波形是 1/4 周期对称的，所以在一个周期内的 12 个开关时刻（不包括 0 和 π 时刻）中，能够独立控制的只有 α_1、α_2 和 α_3 共 3 个时刻。该波形的 a_n 为

$$a_n = \frac{4}{\pi} \left[\int_0^{a_1} \frac{U_d}{2} \sin n\omega t \mathrm{d}\omega t + \int_{a_1}^{a_2} \left(-\frac{U_d}{2} \sin n\omega t \right) \mathrm{d}\omega t + \right.$$

$$\int_{a_2}^{a_3} \frac{U_d}{2}\sin n\omega t\mathrm{d}\omega t + \int_{a_3}^{\frac{\pi}{2}}\left(-\frac{U_d}{2}\sin n\omega t\right)\mathrm{d}\omega t\Big]$$

$$= \frac{2U_d}{n\pi}(1 - 2\cos n\alpha_1 + 2\cos n\alpha_2 - 2\cos n\alpha_3) \qquad (5-4)$$

式中：$n = 1，3，5，\cdots$式（6 - 4）中含有 α_1、α_2 和 α_3 三个可以控制的变量，根据需要确定基波分量 a_1 的值，再令两个不同的 $a_n = 0$，就可以建立三个方程，联立可求得 α_1、α_2 和 α_3。这样，即可以消去两种特定频率的谐波。通常在三相对称电路的线电压中，相电压所含的 3 次谐波相互抵消，因此通常可以考虑消去 5 次和 7 次谐波。这样，可得如下联立方程

$$\left.\begin{aligned}\alpha_1 &= \frac{2U_d}{\pi}(1 - 2\cos\alpha_1 + 2\cos\alpha_2 - 2\cos\alpha_3)\\ \alpha_5 &= \frac{2U_d}{5\pi}(1 - 2\cos5\alpha_1 + 2\cos5\alpha_2 - 2\cos5\alpha_3)\\ \alpha_7 &= \frac{2U_d}{7\pi}(1 - 2\cos7\alpha_1 + 2\cos7\alpha_2 - 2\cos7\alpha_3)\end{aligned}\right\} \qquad (5-5)$$

对于给定的基波幅值 a_1，求解上述方程可得一组 α_1、α_2 和 α_3。基波幅值 a_1 改变时，α_1、α_2 和 α_3 也相应地改变。

上面是在输出电压的半周期内器件导通和关断各 3 次时的情况。一般来说，如果在输出电压半个周期内开关器件开通和关断各 k 次，考虑到 PWM 波 1/4 周期对称，共有 k 个开关时刻可以控制。除去用一个自由度来控制基波幅值外，可以消去 $(k-1)$ 个频率的特定谐波。当然，k 越大，开关时刻的计算也越复杂。

除计算法和调制法两种 PWM 波形生成方法外，还有一种由跟踪控制产生 PWM 波形的方法，这种方法将在本章第三部分介绍。

2. 异步调制和同步调制

在 PWM 控制电路中，载波频率 f_c 与调制信号频率 f_r 之比 $N = f_c/f_r$ 称为载波比。根据载波和信号波是否同步及载波比的变化情况，PWM 调制方式可分为异步调制和同步调制两种。

（1）异步调制

载波信号和调制信号不保持同步的调制方式称为异步调制。图 5 - 8 的波形就是异步调制三相 PWM 波形。在异步调制方式中，通常保持载波频率 f_c 固定不变，因而当信号波频率 f_r 变化时，载波比 N 是变化的。同时，在信号波的半个周期内，PWM 波的脉冲个数不固定，相位也不固定，正负半周期的脉冲不对称，半周期内前后 1 周期的脉冲也不对称。当信号波频率较低时，载波比 N 较大，一周期内的脉冲数较多，正负半周期脉冲不对称和半周期内前后 1 周期脉冲不对称产生的不利影响都较小，PWM 波形接近正弦波。当信号波频率增高时，载波比 N 减小，一周期内的脉冲数减少，PWM 脉冲不对称的影响就变大，有时信号波的微小变化还会产生 PWM 脉冲的跳动。这就使得输出 PWM 波和正弦波的差异变大。对于三相 PWM 型逆变电路来说，三相输出的对称性也变差。因此，在采用异步调制方式时，希望采用较高的载波频率，以使在信号波频率较高时仍能保持较大的载波比。

（2）同步调制

载波比 N 等于常数，并在变频时使载波和信波保持同步的方式称为同步调制。在基本同步调制方式中，信号波频率变化时载波比 N 不变，信号波一个周期内输出的脉冲数是固定

的，脉冲相位也是固定的。在三相 PWM 逆变
电路中，通常公用一个三角波载波，且取载波
比 N 为 3 的整数倍，以使三相输出波形严格
对称。同时，为了使一相的 PWM 波正负半周
期对称，N 应取奇数。图 5 - 10 的例子是 N = 9
时的同步调制三相 PWM 波形。

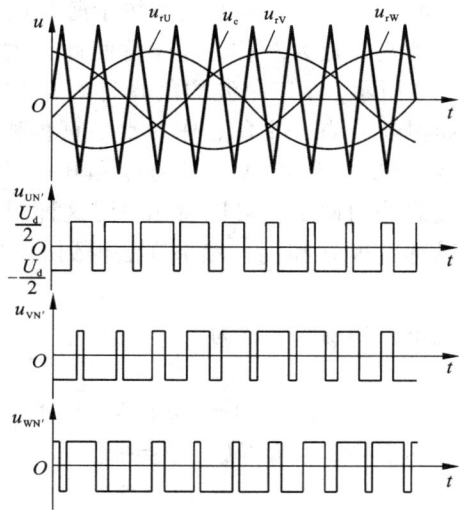

图 5 - 10　同步调制三相

当逆变电路输出频率很低时，同步调制时
的载波频率 f_c 也很低。f_c 过低时由调制带来
的谐波不易滤除。当负载为电动机时也会带
来较大的转矩脉动和噪声。当逆变电路输出
频率很高时，同步调制时的载波频率 f_c 会过
高，使开关器件难以承受。

为了克服上述缺点，可以采用分段同步调
制的方法。即把逆变电路的输出频率范围划
分成若干个频段，每个频段内都保持载波比 N
为恒定，不同频段的载波比不同。在输出频率高的频段采用较低的载波比，以使载波频率不
致过高，限制在功率开关器件允许的范围内。在输出频率低的频段采用较高的载波比，以使
载波频率不致过低而对负载产生不利影响。各频段的载波比取 3 的整数倍且为奇数为宜。

图 5 - 11 给出了分段同步调制的一个例
子，各频段的载波比标在图中。为了防止载
波频率在切换点附近的来回跳动，在各频率
切换点采用了滞后切换的方法。图中切换点
处的实线表示输出频率增高时的切换频率，
虚线表示输出频率降低时的切换频率，前者
略高于后者而形成滞后切换。在不同的频率
段内，载波频率的变化范围基本一致，f_c 在
1.4 ~ 2.0 kHz 之间。

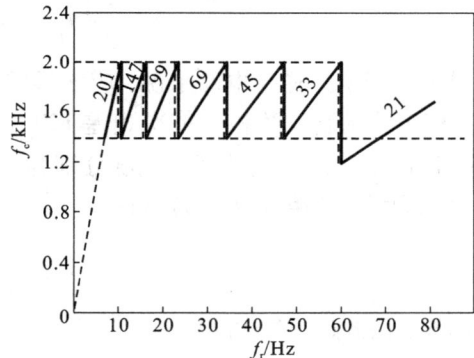

图 5 - 11　分段同步调制方式举例

同步调制方式比异步调制方式复杂一
些，但使用微机控制时还是容易实现的。有
的装置在低频输出时采用异步调制方式，而在高频输出时切换到同步调制方式，这样可以把
两者的优点结合起来，和分段同步方式的效果接近。

3. 规则采样法

按照 SPWM 控制的基本原理，在正弦波和三角波的自然交点时刻控制功率开关器件的通
断，这种生成 SPWM 波形的方法称为自然采样法。自然采样法是最基本的方法，所得到的
SPWM 波形很接近正弦波。但这种方法要求解复杂的超越方程，在采用微机控制技术时需花
费大量的计算时间，难以在实时控制中在线计算，因而在工程上实际应用不多。

规则采样法是一种应用较广的工程实用方法，其效果接近自然采样法，但计算量却比自
然采样法小得多。图 5 - 12 为规则采样法说明图。取三角波两个正峰值之间为一个采样周期
T_c。在自然采样法中，每个脉冲的中点并不和三角波一周期的中点（即负峰点）重合。而规则

采样法使两者重合，也就是使每个脉冲的中点都以相应的三角波中点为对称，这样就使计算大为简化。如图 5 - 12 所示，在三角波的负峰时刻 t_D 对正弦信号波采样而得到 D 点，过 D 点作一水平直线和三角波分别交于 A 点和 B 点，在 A 点时刻 t_A 和 B 点时刻 t_B 控制功率开关器件的通断。可以看出，用这种规则采样法得到的脉冲宽度 a 和用自然采样法得到的脉冲宽度非常接近。

设正弦调制信号波为

$$u_r = a\sin\omega_r t$$

式中：a 称为调制度，$0 \leqslant a < 1$；ω_r 为正弦信号波角频率。从图 5 - 12 中可得如下关系式

$$\frac{1 + a\sin\omega_r t_D}{\delta/2} = \frac{2}{T_c/2}$$

因此可得

$$\delta = \frac{T_c}{2}(1 + a\sin\omega_r t_D) \qquad (5-6)$$

在三角波的一周期内，脉冲两边的间隙宽度 δ' 为

$$\delta' = \frac{1}{2}(T_c - \delta) = \frac{T_c}{4}(1 - a\sin\omega_r t_D) \qquad (5-7)$$

对于三相桥式逆变电路来说，应该形成三相 SPWM 波形。通常三相的三角波载波是公用的，三相正弦调制波的相位依次相差 120°。设在同一三角波周期内三相的脉冲宽度分别为 δ_U、δ_V 和 δ_W，脉冲两边的间隙宽度分别为 δ'_U、δ'_V 和 δ'_W，由于在同一时刻三相正弦调制波电压之和为零，故由式(6 - 6)可得

$$\delta_U + \delta_U + \delta_U = \frac{3T_c}{2} \qquad (5-8)$$

同样，由式(6 - 7)可得

$$\delta'_U + \delta'_U + \delta'_U = \frac{3T_c}{4} \qquad (5-9)$$

利用式(6 - 8)、式(6 - 9)可以简化生成三相 SPWM 波形时的计算。

4. PWM 逆变电路的谐波分析

PWM 逆变电路可以使输出电压、电流接近正弦波，但由于使用载波对正弦信号波调制，也产生了和载波有关的谐波分量。这些谐波分量的频率和幅值是衡量 PWM 逆变电路性能的重要指标之一，因此有必要对 PWM 波形进行谐波分析。这里主要分析常用的双极性 SPWM 波形。

同步调制可以看成异步调制的特殊情况，因此只分析异步调制方式就可以了。采用异步调制时，不同信号波周期的 SPWM 波形是不相同的，因此无法直接以信号波周期为基准进行傅里叶分析。以载波周期为基础，再利用贝塞尔函数可以推导出 PWM 波的傅里叶级数表达式，但这种分析过程相当复杂，而其结论却是很简单而直观的。因此，这里只给出典型分析

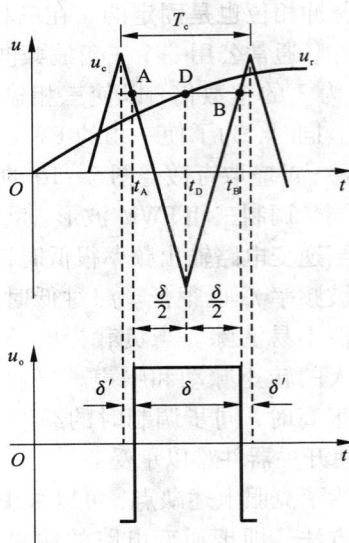

图 5 - 12 规则采样法

结果的频谱图，从中可以对其谐波分布情况有一个基本的认识。

图 5 - 13 给出了不同调制度时的单相桥式 PWM 逆变电路在双极性调制方式下输出电压的频谱图。其中所包含的谐波角频率为

$$n\omega_c \pm k\omega_r \tag{5-10}$$

式中：$n = 1, 3, 5, \cdots$ 时，$k = 0, 2, 4, \cdots$；$n = 2, 4, 6, \cdots$ 时，$k = 1, 3, 5, \cdots$

可以看出，其 PWM 波中不含有低次谐波，只含有角频率为 ω_c 及其附近的谐波，以及 $2\omega_c$、$3\omega_c$ 等及其附近的谐波。在上述谐波中，幅值最高影响最大的是角频率为 ω_c 的谐波分量。

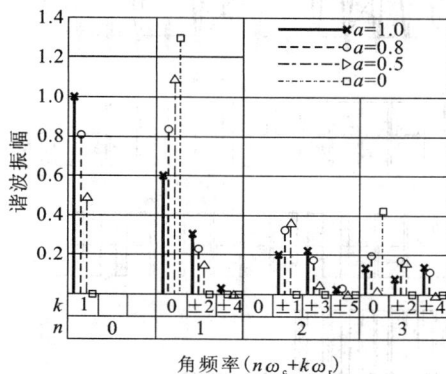

图 5 - 13　单相 PWM 桥式逆变

电路输出电压频谱图

图 5 - 14　三相桥式 PWM 逆变电路

输出线电压频谱图

三相桥式 PWM 逆变电路可以每相各有一个载波信号，也可以三相公用一个载波信号。这里只分析应用较多的公用载波信号时的情况。在其输出线电压中，所包含的谐波角频率为

$$n\omega_c \pm k\omega_r \tag{5-10}$$

式中：$n = 1, 3, 5, \cdots$ 时，$k = 3(2m - 1) \pm 1$，$m = 1, 2, \cdots$；$n = 2, 4, 6, \cdots$ 时，

$$k = \begin{cases} 6m + 1 & m = 0, 1, \cdots \\ 6m - 1 & m = 1, 2, \cdots \end{cases}$$

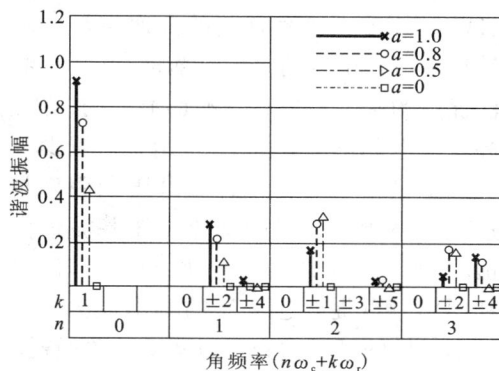

图 5 - 14 给出了不同调制度 a 时的三相桥式 PWM 逆变电路输出线电压的频谱图。和图 5 - 13 单相电路时的情况相比较，共同点是都不含低次谐波，一个较显著的区别是载波角频率 ω_c 整数倍的谐波没有了，谐波中幅值较高的是 $\omega_c \pm 2\omega_r$ 和 $2\omega_c \pm \omega_r$。

上述分析都是在理想条件下进行的。在实际电路中，由于采样时刻的误差以及为避免同一相上下桥臂直通而设置的死区的影响，谐波的分布情况将更为复杂。一般来说，实际电路中的谐波含量比理想条件下要多一些，甚至还会出现少量的低次谐波。从上述分析中可以看出，SPWM 波形中所含的谐波主要是角频率为 ω_c、$2\omega_c$ 及其附近的谐波。一般情况下 $\omega_c \gg \omega_r$，所以 PWM 波形中所含的主要谐波的频率要比基波频率高得多，是很容易滤除的。载波频率越高，SPWM 波形中谐波频率就越高，所需滤波器的体积就越小。另外，一般的滤波器都有一定的带宽，如按载波频率设计滤波器，载波附近的谐波也可滤除。如滤波器设计为高通滤波器，且按载波角频率 ω_c 来设计，那么角频率为 $2\omega_c$、$3\omega_c$ 等及其附近的谐波也就同时

被滤除了。

当调制信号波不是正弦波,而是其他波形时,上述分析也有很大的参考价值。在这种情况下,对生成的 PWM 波形进行谐波分析后,可发现其谐波由两部分组成。一部分是对信号波本身进行谐波分析所得的结果,另一部分是由于信号波对载波的调制而产生的谐波。后者的谐波分布情况和前面对 SPWM 波所进行的谐波分析是一致的。

5. 提高直流电压利用率和减少开关次数

从上一节的谐波分析可知,用正弦信号波对三角波载波进行调制时,只要载波比足够高,所得到的 PWM 波中不含低次谐波,只含和载波频率有关的高次谐波。输出波形中所含谐波的多少是衡量 PWM 控制方法优劣的基本标志,但不是唯一的标志。提高逆变电路的直流电压利用率、减少开关次数也是很重要的。直流电压利用率是指逆变电路所能输出的交流电压基波最大幅值 U_{1m} 和直流电压 U_d 之比,提高直流电压利用率可以提高逆变器的输出能力。减少功率器件的开关次数可以降低开关损耗。

对于正弦波调制的三相 PWM 逆变电路来说,在调制度 a 最大值为 1 时,输出相电压基波幅值为 $U_d/2$,输出线电压的基波幅值为 $(\sqrt{3}/2)U_d$,即直流电压利用率仅为

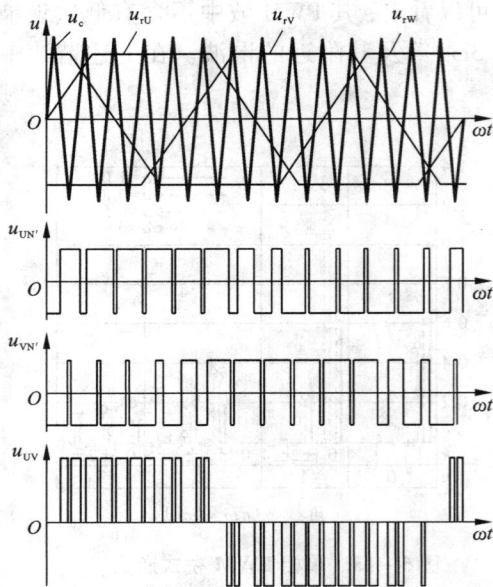

图 5-15   梯形波为调制信号的控制

0.866。这个直流电压利用率是比较低的,其原因是正弦调制信号的幅值不能超过三角波幅值。实际电路工作时,考虑到功率器件的开通和关断都需要时间,如不采取其他措施,调制度不可能达到 1。因此,采用这种正弦波和三角波比较的调制方法时,实际能得到的直流电压利用率比 0.866 还要低。

不用正弦波,而采用梯形波作为调制信号,可以有效地提高直流电压利用率。因为当梯形波幅值和三角波幅值相等时,梯形波所含的基波分量幅值已超过了三角波幅值。采用这种调制方式时,决定功率开关器件通断的方法和用正弦波作为调制信号波时完全相同。图 5-15 给出了这种方法的原理及输出电压波形。这里对梯形波的形状用三角化率 $\sigma = U_t/U_{to}$ 来描述,其中 U_t 为以横轴为底时梯形波的高,U_{to} 为以在调制度况为最大值 1 时,输出相电压的横轴为底边把梯形两腰延长后相交所形成的三角形的高。$\sigma = 0$ 时梯形波变为矩形波,$\sigma = 1$ 时梯形波变为三角波。由于梯形波中含有低次谐波,故调制后的 PWM 波仍含有同样的低次谐波。设由这些低次谐波(不包括由载波引起的谐波)产生的波形畸变率为 δ,则三角化率 σ 不同时,δ 和直流电压利用率 U_{1m}/U_d 也不同。图 5-16 给出了 δ 和 U_{1m}/U_d 随 σ 变化的情况,图 5-17 给出了 σ 变化时各次谐波分量幅值 U_{nm} 和基波幅值 U_{1m} 之比。从图 5-16 可以看出,$\sigma = 0.8$ 左右时谐波含量最少,但直流电压利用率也较低。当 $\sigma = 0.4$ 时,谐波含量也较少,δ 约为 3.6%,而直流电压利用率为 1.03,是正弦波调制时的 1.19 倍,其综合效果是比较好的。图 5-15 即为 $\sigma = 0.4$ 时的波形。

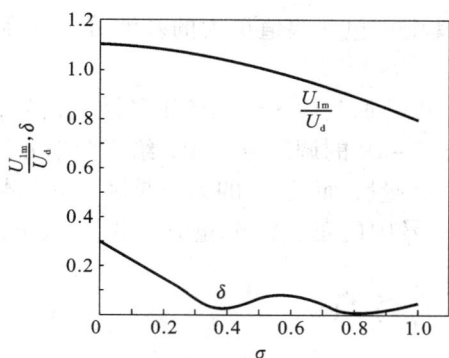

图 5－16　σ 变化时的 δ 和直流电压利用率

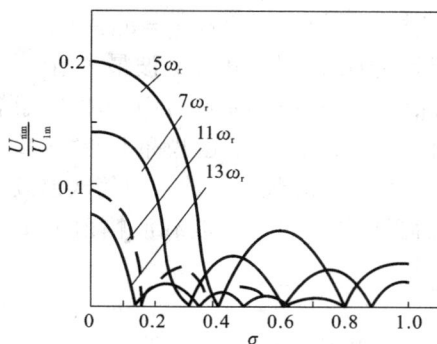

图 5－17　σ 变化时的各次谐波含量

从图 5－17 中可以看出，用梯形波调制时，输出波形中含有 5 次、7 次等低次谐波，这是梯形波调制的缺点。实际使用时，可以考虑当输出电压较低时用正弦波作为调制信号，使输出电压不含低次谐波；当正弦波调制不能满足输出电压的要求时，改用梯形波调制，以提高直流电压利用率。

前面所介绍的各种 PWM 控制方法用于三相逆变电路时，都是对三相输出相电压分别进行控制的。这里所说的相电压是指逆变电路各输出端相对于直流电源中点的电压。实际上负载常常没有中点，即使有中点一般也不和直流电源中点相连接，因此对负载所提供的是线电压。在逆变电路输出的三个线电压中，独立的只有两个。对两个线电压进行控制，适当地利用多余的一个自由度来改善控制性能，这就是线电压控制方式。

线电压控制方式的目标是使输出的线电压波形中不含低次谐波，同时尽可能提高直流电压利用率，也应尽量减少功率器件的开关次数。线电压控制方式的直接控制手段仍是对相电压进行控制，但其控制目标却是线电压。相对线电压控制方式，当控制目标为相电压时称为相电压控制方式。

如果在相电压正弦波调制信号中叠加适当大小的 3 次谐波，使之成为鞍形波，则经过 PWM 调制后逆变电路输出的相电压中也必然包含 3 次谐波，但三相的 3 次谐波相位相同。在合成线电压时，各相电压的 3 次谐波相互抵消，线电压为正弦波。如图 5－18 所示，在调制信号中基波 u_{r1} 正峰值附近恰为 3 次谐波 u_{r3} 的负半波，两者相互抵

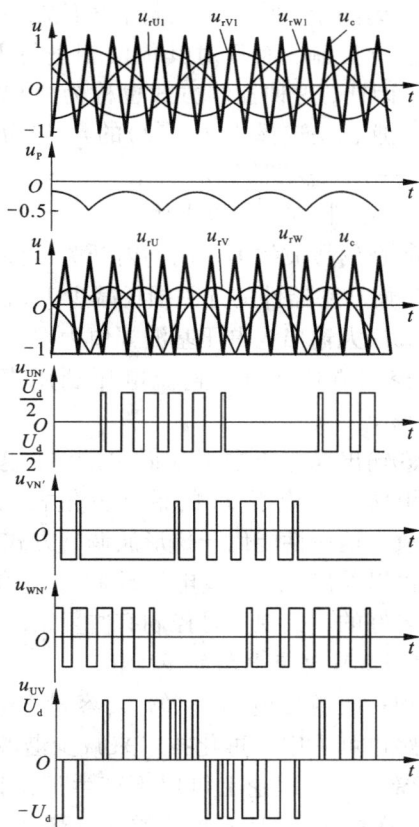

图 5－18　叠加 3 次谐波的调制信号

消。这样，就使调制信号 $u_r = u_{r1} + u_{r3}$ 成为鞍形波，其中可包含幅值更大的基波分量 u_{r1} 而使 u_r 的最大值不超过三角波载波最大值。

除可以在正弦调制信号中叠加 3 次谐波外，还可以叠加其他 3 倍频于正弦波的信号，也可以再叠加直流分量，这些都不会影响线电压。在图 5 - 19 的调制方式中，给正弦信号所叠加的信号 u_P 中既包含 3 的整数倍次谐波，也包含直流分量，而且 u_P 的大小是随正弦信号的大小而变化的。设三角波载波幅值为 1，三相调制信号中的正弦波分量分别为 u_{rU1}、u_{rV1} 和 u_{rW1}，并令

$$u_P = -\min(u_{rU1}, u_{rV1}, u_{rW1}) - 1 \tag{6-12}$$

则三相的调制信号分别为

$$\left.\begin{array}{l} u_{rU} = u_{rU1} + u_P \\ u_{rV} = u_{rV1} + u_P \\ u_{rW} = u_{rW1} + u_P \end{array}\right\} \tag{6-13}$$

可以看出，不论 u_{rU1}、u_{rV1} 和 u_{rW1} 幅值的大小，u_{rU}、u_{rV} 和 u_{rW} 中总有 1/3 周期的值是和三角波负峰值是相等的，其值为 -1。在这 1 个周期中，并不对调制信号值为 -1 的一相进行控制，而只对其他两相进行 PWM 控制，因此，这种控制方式也称为两相控制方式。这也是选择式(6 - 12)的 u_P 作为叠加信号的一个重要原因。从图 5 - 19 可以看出，这种控制方式有以下优点：

① 在信号波的 1/3 周期内开关器件不动作，可使功率器件的开关损耗减少 1/3。

② 最大输出线电压基波幅值为 U_d，和相电压控制方法相比，直流电压利用率提高了 15%。

③ 输出线电压中不含低次谐波，这是因为相电压中相应于 u_P 的谐波分量相互抵消的缘故。这一性能优于梯形波调制方式。

可以看出，这种线电压控制方式的特性是相当好的。其缺点是控制有些复杂。

6. PWM 逆变电路的多重化

和一般逆变电路一样，大容量 PWM 逆变电路也可采用多重化技术来减少谐波。采用 SPWM 技术理论上可以不产生低次谐波，

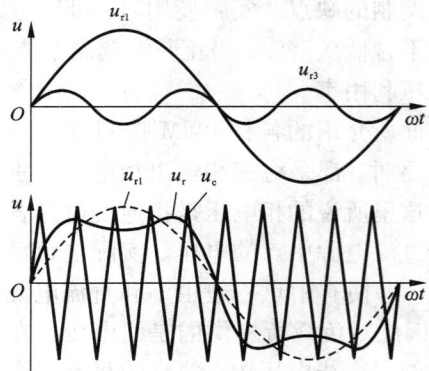

图 5 - 19　线电压控制方式举例

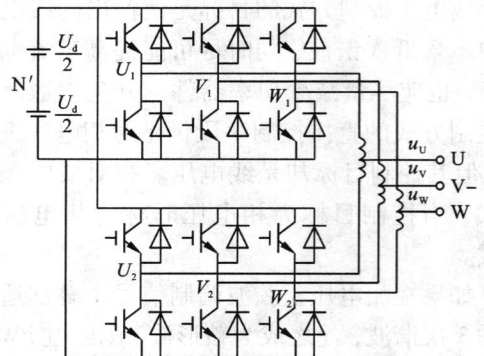

图 5 - 20　二重型逆变电路

因此，在构成 PWM 多重化逆变电路时，一般不再以减少低次谐波为目的，而是为了提高等效开关频率，减少开关损耗，减少和载波有关的谐波分量。

PWM 逆变电路多重化联结方式有变压器方式和电抗器方式，图 5 - 20 是利用电抗器联接的二重 PWM 逆变电路的例子，电路的输出从电抗器中心抽头处引出。图中两个单元逆变

电路的载波信号相互错开 180°，所得到的输出电压波形如图 5 - 21 所示。图中，输出端相对于直流电源中点 N′ 的电压 $u_{UN'} = (u_{U1N'} + u_{U2N'})/2$，已变为单极性 PWM 波了。输出线电压共有 0、（±1/2）U_d、±U_d 5 个电平，比非多重化时谐波有所减少。对于多重化电路中合成波形用的电抗器来说，所加电压的频率越高，所需的电感量就越小。一般多重化电路中电抗器所加电压频率为输出频率，因而需要的电抗器较大。而在多重 PWM 型逆变电路中，电抗器上所加电压的频率为载波频率，比输出频率高得多，因此只要很小的电抗器就可以了。

　　二重化后，输出电压中所含谐波的角频率仍可表示为 $n\omega_c + k\omega_r$，但其中当 n 为奇数时的谐波已全部被除去，谐波的最低频率在 $2\omega_c$ 附近，相当于电路的等效载波频率提高了一倍。

三、PWM 跟踪控制技术

　　前面介绍了计算法和调制法两种 PWM 波形生成方法，重点讲述的是调制法。本节介绍的是第三种方法，即跟踪控制方法。这种方法不是用信号波对载波进行调制，而是把希望输出的电流或电压波形作为指令信号，把实际电流或电压波形作为反馈信号，通过两者的瞬时值比较来决定逆变电路各功率开关器件的通断，使实际的输出跟踪指令信号变化。因此，这种控制方法称为跟踪控制法。跟踪控制法中常用的有滞环比较方式和三角波比较方式。

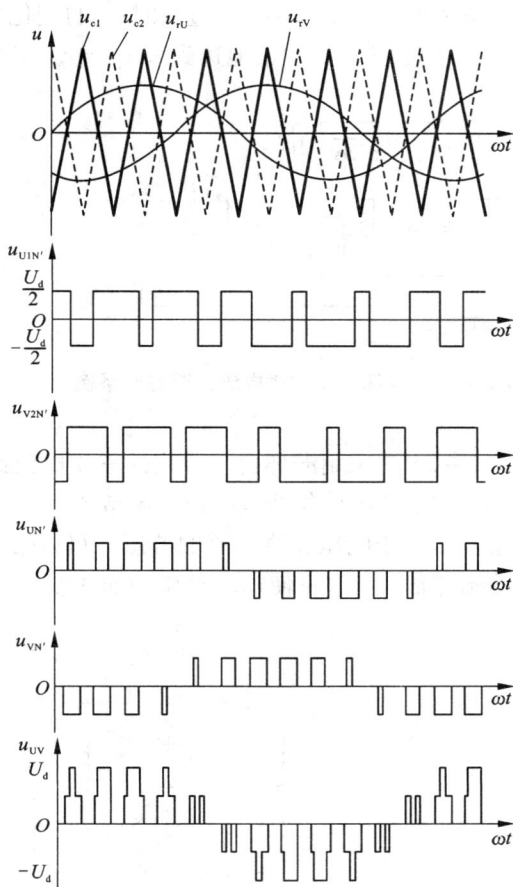

图 5 - 21　二重型逆变电路输出波形

1. 滞环比较方式

跟踪型 PWM 变流电路中，电流跟踪控制应用最多。图 5 - 22 给出了采用滞环比较方式的 PWM 电流跟踪控制单相半桥式逆变电路原理图。图 5 - 23 给出了其输出电流波形。如图 5 - 22 所示，把指令电流 i^* 和实际输出电流 i 的偏差 $i^* - i$ 作为带有滞环特性的比较器的输入，通过其输出来控制功率器件 V_1 和 V_2 的通断。设 i 的正方向如图所示。当 i 为正时，V_1 导通，则 i 增大；VD_2 续流导通，则 i 减小。当 i 为负时，V_2 导通，则 i 的绝对值增大，VD_1 续流导通时，则 i 的绝对值减小。上述规律可概括为：当 V_1（或 VD_1）导通时，i 增大，当 V_2（或 VD_2）导通时，i 减小。这样，通过环宽为 $2\Delta I$ 的滞环比较器的控制，i 就在 $i^* + \Delta I$ 和 $i^* - \Delta I$ 的范围内，呈锯齿状地跟踪指令电流 i^*。滞环环宽对跟踪性能有较大的影响。环宽过宽时，开关动作频率低，但跟踪误差增大；环宽过窄时，跟踪误差减小，但开关的动作频率过高，甚至会超过开关器件的允许频率范围，开关损耗随之增大。和负载串联的电抗器 L 可起到限制电流变化率的作用。L 过大时，i 的变化率过小，对指令电流的跟踪变慢；L 过小时，i 的变化率过大，$i^* - i$ 频繁地达到 $\pm\Delta I$，开关动作频率过高。

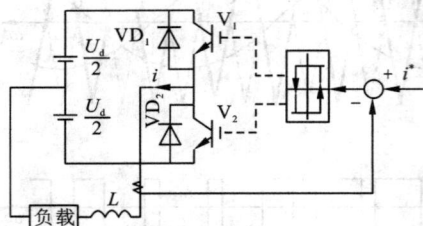

图 5－22 滞环比较方式电流跟踪控制举例　　图 5－23 滞环比较方式的指令电流和输出电流

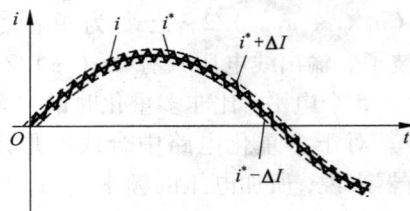

图 5－24 是采用滞环比较方式的三相电流跟踪型 PWM 逆变电路，它由和图 5－22 相同的三个单相半桥电路组成，三相电流指令信号 i_U^*、i_V^* 和 i_W^* 依次相差 120°。图 5－25 给出了该电路输出的线电压和线电流的波形。可以看出，在线电压的正半周和负半周内，都有极性相反的脉冲输出，这将使输出电压中的谐波分量增大，也使负载的谐波损耗增加。

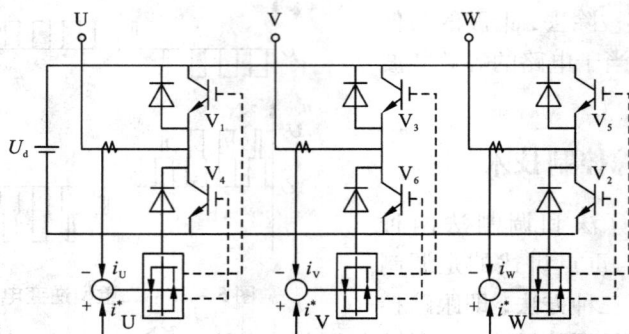

图 5－24　三相电流跟踪型 PWM 逆变电路

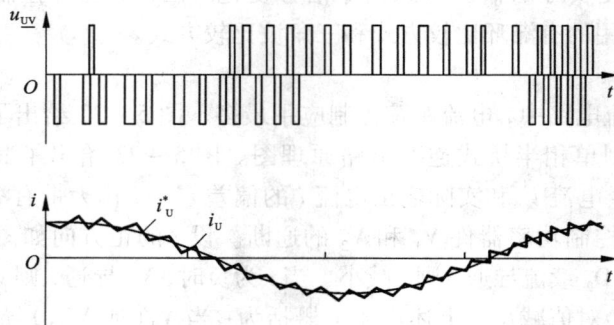

图 5－25　三相电流跟踪型 PWM 逆变电路输出波形

采用滞环比较方式的电流跟踪型 PWM 变流电路有如下特点：

①硬件电路简单；

②属于实时控制方式，电流响应快；

③不用载波，输出电压波形中不含特定频率的谐波分量；

④和计算法及调制法相比，相同开关频率时输出电流中高次谐波含量较多；

⑤属于闭环控制，这是各种跟踪型 PWM 变流电路的共同特点。

采用滞环比较方式也可以实
现电压跟踪控制，图 5 - 26 给出了
一个例子。把指令电压 u^* 和半桥
逆变电路的输出电压 u 进行比较，
通过滤波器滤除偏差信号中的谐
波分量，滤波器的输出送入滞环比
较器，由比较器的输出控制主电路
开关器件的通断，从而实现电压跟
踪控制。和电流跟踪控制电路相
比，只是把指令信号和反馈信号从

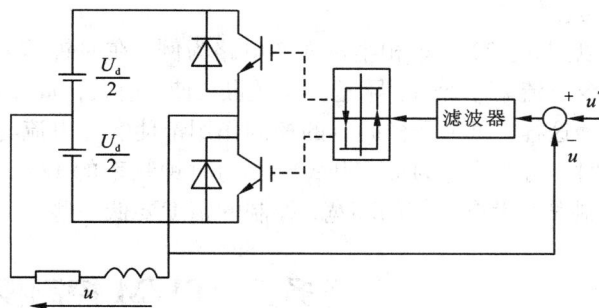

图 5 - 26　电压跟踪控制电路举例

电流变为电压。另外，因输出电压是 PWM 波形，其中含有大量的高次谐波，故必须用适当的
滤波器滤除。

当上述电路的指令信号 $u^* = 0$ 时，输出电压 u 为频率较高的矩形波，相当于一个自励振
荡电路。u^* 为直流信号时，u 产生直流偏移，变为正负脉冲宽度不等，正宽负窄或正窄负宽
的矩形波，正负脉冲宽度差由 u^* 的极性和大小决定。当 u^* 为交流信号时，只要其频率远低
于上述自励振荡频率，从输出电压 u 中滤除由功率器件通断所产生的高次谐波后，所得的波
形就几乎和 u^* 相同，从而实现电压跟踪控制。

2. 三角波比较方式

图 5 - 27 是采用三角波比较方
式的电流跟踪型 PWM 逆变电路原理
图。和前面所介绍的调制法不同的
是，这里并不是把指令信号和三角波
直接进行比较而产生 PWM 波形，而
是通过闭环来进行控制的。从图中
可以看出，把指令电流 i_U^*、i_V^* 和 i_W^*
和逆变电路实际输出的电流 i_U、i_V 和
i_W 进行比较，求出偏差电流，通过放
大器 A 放大后，再去和三角波进行比
较，产生 PWM 波形。放大器 A 通常
具有比例积分特性或比例特性，其系
数直接影响着逆变电路的电流跟踪
特性。

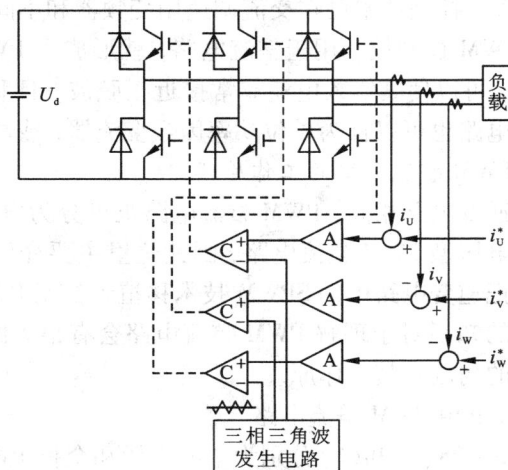

图 5 - 27　三角波比较方式电流跟踪型逆变电路

在这种三角波比较控制方式中，功率开关器件的开关频率是一定的，即等于载波频率，
这给高频滤波器的设计带来方便。为了改善输出电压波形，三角波载波常用三相三角波信

号。和滞环比较控制方式相比，这种控制方式输出电流所含的谐波少，因此常用于对谐波和噪声要求严格的场合。

除上述滞环比较方式和三角波比较方式外，PWM 跟踪控制还有一种定时比较方式。这种方式不用滞环比较器，而是设置一个固定的时钟，以固定的采样周期对指令信号和被控制变量进行采样，并根据二者偏差的极性来控制变流电路开关器件的通断。使被控制量跟踪指令信号。

以图 5 – 22 的单相半桥逆变电路为例，在时钟信号到来的采样时刻，如果实际电流 i 小于指令电流 i^*，令 V_1 导通，V_2 关断，使 i 增大；如果 i 大于 i^*，则令 V_1 关断，V_2 导通，使 i 减小。这样，每个采样时刻的控制作用都使实际电流与指令电流的误差减小。采用定时比较方式时，功率器件的最高开关频率为时钟频率的 $1/2$。和滞环比较方式相比，这种方式的电流控制误差没有一定的环宽，控制的精度要低一些。

任务二　　PWM 控制技术的应用

一、PWM 整流电路及其控制方法

目前在各个领域实际应用的整流电路几乎都是晶闸管相控整流电路或二极管整流电路。如模块二所述，晶闸管相控整流电路的输入电流滞后于电压，其滞后角随着触发延迟角 α 的增大而增大，位移因数也随之降低。同时，输入电流中谐波分量也相当大，因此功率因数很低。二极管整流电路虽然位移因数接近 1，但输入电流中谐波分量很大，所以功率因数也很低。如前所述，PWM 控制技术首先是在直流斩波电路和逆变电路中发展起来的。随着以 IGBT 为代表的全控型器件的不断进步，在逆变电路中采用的 PWM 控制技术已相当成熟。目前，SPWM 控制技术已在交流调速用变频器和不间断电源中获得了广泛的应用。把逆变电路中的 SPWM 控制技术用于整流电路，就形成了 PWM 整流电路。通过对 PWM 整流电路的适当控制，可以使其输入电流非常接近正弦波，且和输入电压同相位，功率因数近似为 1。这种整流电路也可以称为单位功率因数变流器，或高功率因数整流器。

1. PWM 整流电路的工作原理

和逆变电路相同，PWM 整流电路也可分为电压型和电流型两大类。目前研究和应用较多的是电压型 PWM 整流电路，因此这里主要介绍电压型的电路。由于 PWM 整流电路可以看成是把逆变电路中的 SPWM 技术移植到整流电路中而形成的，所以上一节讲述的 PWM 逆变电路的知识对于理解 PWM 整流电路会有很大的帮助。下面分别介绍单相和三相 PWM 整流电路的构成及其工作原理。

（1）单相 PWM 整流电路

图 5 – 28（a）和（b）分别为单相半桥和全桥 PWM 整流电路。对于半桥电路来说，直流侧电容必须由两个电容串联，其中点和交流电源连接。对于全桥电路来说，直流侧电容只要一个就可以了。交流侧电感 L_s 包括外接电抗器的电感和交流电源内部电感，是电路正常工作所必须的。电阻 R_s 包括外接电抗器中的电阻和交流电源的内阻。

下面以全桥电路为例说明 PWM 整流电路的工作原理。由 SPWM 逆变电路的工作原理可知，按照正弦信号波和三角波相比较的方法对图 5 – 28（b）中的 $V_1 \sim V_4$ 进行 SPWM 控制，就可以在桥的交流输入端 AB 产生一个 SPWM 波 u_{AB}，u_{AB} 中含有和正弦信号波同频率且幅值成比例的基波分量，以及和三角波载波有关的频率很高的谐波，而不含有低次谐波。由于电感 L_s 的滤波作用，高次谐波电压只会使交流电流 i_s 产生很小的脉动，可以忽略。

　　这样，当正弦信号波的频率和电源频率相同时，i_s 也为与电源频率相同的正弦波。在交流电源电压 u_s 一定的情况下，i_s 的幅值和相位仅由 u_{AB} 中基波分量 u_{ABf} 的幅值及其与 u_s 的相位差来决定。改变 u_{ABf} 的幅值和相位，就可以使 i_s 和 u_s 同相位、反相位、i_s 比 u_s 超前 90°，或使 i_s 和 u_s 的相位差为所需要的角度。图 5-29 的相量图说明了这几种情况，图中 $\dot{U}_s$、$\dot{U}_L$、$\dot{U}_R$ 和 $\dot{I}_s$ 分别为

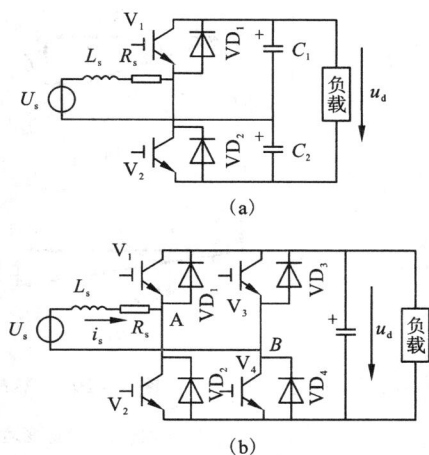

图 5-28　单相整流电路
(a)单相半桥电路；(b)单相全桥电路

交流电源电压 u_s、电感 L_s 上的电压 u_L、电阻 R_s 上的电压 u_R 以及交流电流 i_s 的相量，$\dot{U}_{AB}$ 为 u_{AB} 的相量。图 5-29(a)中，$\dot{U}_{AB}$ 滞后 $\dot{U}_s$ 的相角为 δ，$\dot{I}_s$ 和 $\dot{U}_s$ 完全同相位，电路工作在整流状态，且功率因数为 1。这就是 PWM 整流电路最基本的工作状态。图 5-29(b)中 $\dot{U}_{AB}$ 滞后 $\dot{U}_s$ 的相角为 δ，$\dot{I}_s$ 和 $\dot{U}_s$ 的相位正好相反，电路工作在逆变状态。这说明 PWM 整流电路可以实现能量正反两个方向的流动，即既可以运行在整流状态，从交流侧向直流侧输送能量；也可以运行在逆变状态，从直流侧向交流侧输送能量。而且，这两种方式都可以在单位功率因数下运行占这一特点对于需要再生制动运行的交流电动机调速系统是很重要的。图 5-29(c)中 $\dot{U}_{AB}$ 滞后 $\dot{U}_s$ 的相角为 δ，$\dot{I}_s$ 超前 $\dot{U}_s$ 的角度为 90°，电路在向交流电源送出无功功率，这时的电路被称为静止无功功率发生器(static var generator, SG)，一般不再称之为 PWM 整流电路了。在图 5-29(d)的情况下，通过对 $\dot{U}_{AB}$ 幅值和相位的控制，可以使 $\dot{I}_s$ 比 $\dot{U}_s$ 超前或滞后任一角度 φ。

　　对于单相全桥 PWM 整流电路的工作原理再作如下说明。在整流运行状态下，当 $u_s > 0$ 时，由 V_2、VD_4、VD_1、L_s 和 V_3、VD_1、VD_4、L_s 分别组成了两个升压斩波电路。以包含 V_2 的升压斩波电路为例，当 V_2 导通时，u_s 通过 V_2、VD_4 向 L_s 储能，当 V_4 关断时，L_s 中储存的能量通过 VD_1、VD_4 向直流侧电容 C 充电。当 $u_s < 0$ 时，由 V_1、VD_3、VD_2、L_s 和 V_4、VD_2、VD_3、L_s 分别组成了两个升压斩波电路，工作原理和 $u_s > 0$ 时类似。因为电路按升压斩波电路工作，所以如果控制不当，直流侧电容电压可能比交流电压峰值高出许多倍，对电力半导体器件形成威胁。另一方面，如果直流侧电压过低，例如低于 u_s 的峰值，则 u_{AB} 中就得不到图 5-29(a)中所需的足够高的基波电压幅值，或 u_{AB} 中含有较大的低次谐波，这样就不能按照需要控制 i_s，i_s 波形会发生畸变。从上述分析可以看出，电压型 PWM 整流电路是升压型整流电路，其输出直流电压可以从交流电源电压峰值附近向高调节，如要向低调节就会使电路性能恶化，以至不能工作。

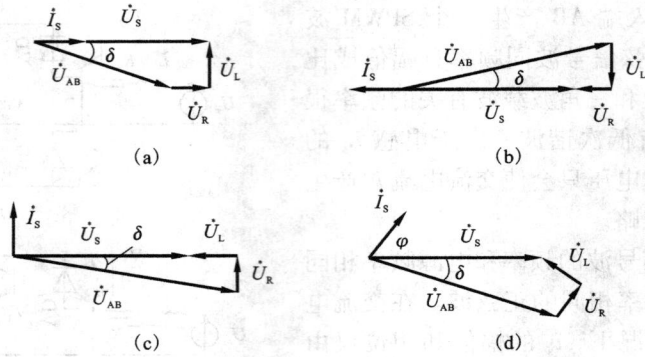

图 5 – 29　PWM 整流电路的运行方式相量图

（a）整流运行；（b）逆变运行；（c）无功补偿运行；（d）$\overset{*}{I}_s$ 超前角为 φ

（2）三相 PWM 整流电路

图 5 – 30 是三相桥式 PWM 整流电路，这是最基本的 PWM 整流电路之一，其应用也最为广泛。图中 L_s、R_s 的含义和图 5 – 28（b）的单相全桥 PWM 整流电路完全相同。电路的工作原理也和前述的单相全桥电路相似，只是从单相扩展到三相。对电路进行 PWM 控制，在桥的交流输入端 A、B 和 C 可得到 SPWM 电压，对各相电压按图 5 – 29（a）的相量图进行控制，就可以使各相电流 i_a、i_b、i_c 为正弦波且和电压相位相同，功率因数近似为 1。和单相电路相同，该电路也可以工作在图 5 – 29（b）的逆变运行状态及图 5 – 29（c）或图 5 – 29（d）的状态。

2. PWM 整流电路的控制方法

为了使 PWM 整流电路在工作时功率因数近似为 1，即要求输入电流为正弦波且和电压同相位，可以有多种控制方法。根据有没有引入电流反馈可以将这些控制方法分为两种，没有引入交流电流反馈的称为间接电流控制，引入交流电流反馈的称为直接电流控制。下面分别介绍这两种控制方法的基本原理。

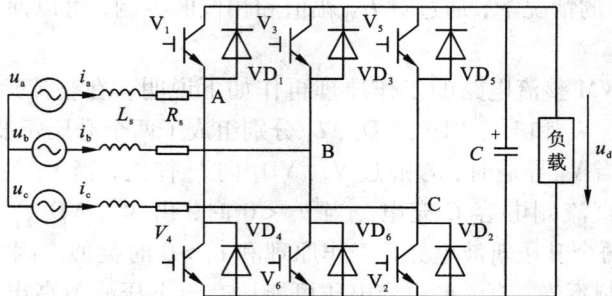

图 5 – 30　三相桥式 PWM 整流电路

（1）间接电流控制

间接电流控制也称为相位和幅值控制。这种方法就是按照图 5 – 29（a）［逆变运行时为图 5 – 29（b）］的相量关系来控制整流桥交流输入端电压，使得输入电流和电压同相位，从而得到功率因数为 1 的控制效果。

图 5－31 为间接电流控制的系统结构图，图中的 PWM 整流电路为图 5－30 的三相桥式电路。控制系统的闭环是整流器直流侧电压控制环。直流电压给定信号 u_d^* 和实际的直流电压 u_d 比较后送入 PI 调节器，PI 调节器的输出为一直流电流指令信号 i_d，i_d 的大小和整流器交流输入电流的幅值成正比。稳态时，$u_d = u_d^*$，PI 调节器输入为零，PI 调节器的输出 i_d 和整流器负载电流大小相对应，也和整流器交流输入电流的幅值相对应。当负载电流增大时，直流侧电容 C 放电而使其电压 u_d 下降，PI 调节器的输入端出现正偏差，使其输出 i_d 增大，i_d 的增大会使整流器的交流输入电流增大，也使直流侧电压 u_d 回升。达到稳态时，u_d 仍和 u_d^* 相等，PI 调节器输入仍恢复到零，而 i_d 则稳定在新的较大的值，与较大的负载电流和较大的交流输入电流相对应。当负载电流减小时，调节过程和上述过程相反。若整流器要从整流运行变为逆变运行时，首先是负载电流反向而向直流侧电容 C 充电，使 u_d 抬高，PI 调节器出现负偏差，其输出 i_d 减小后变为负值，使交流输入电流相位和电压相位反相，实现逆变运行。达到稳态时，u_d 和 u_d^* 仍然相等，PI 调节器输入恢复到零，其输出 i_d 为负值，并与逆变电流的大小相对应。

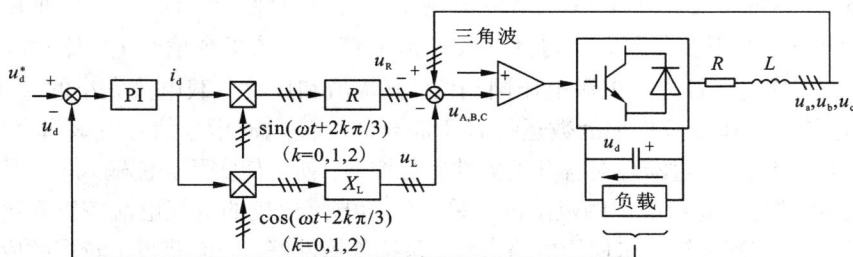

图 5－31　间接电流控制系统结构

下面再来分析控制系统中其余部分的工作原理。图中两个乘法器均为三相乘法器的简单表示，实际上两者均由三个单相乘法器组成。上面的乘法器是 i_d 分别乘以和 a、b、c 三相相电压同相位的正弦信号，再乘以电阻 R，就可得到各相电流在 R_s 上的压降 u_{Ra}、U_{Rb} 和 u_{Rc}；下面的乘法器是 i_d 分别乘以比 a、b、c 三相相电压相位超前 $\pi/2$ 的余弦信号，再乘以电感 L 的感抗，就可得到各相电流在电感 L_s 上的压降 u_{La}、u_{Lb} 和 u_{Lc}。各相电源相电压 u_a、u_b 和 u_c 分别减去前面求得的输入电流在电阻 R 和电感 L 上的压降，就可得到所需要的整流桥交流输入端各相的相电压 u_A、u_B 和 u_C 的信号，用该信号对三角波载波进行调制，得到 PWM 并关信号去控制整流桥，就可以得到需要的控制效果。对照图 5－29(a)的相量图来分析控制系统结构图，可以对图中各环节输出的物理意义和控制原理有更为清楚的认识。

从控制系统结构及上述分析可以看出，这种控制方法在信号运算过程中要用到电路参数 L_s 和 R_s。当 L_s 和 R_s 的运算值和实际值有误差时，必然会影响到控制效果。此外，对照图 5－29(a)可以看出，这种控制方法是基于系统的静态模型设计的，其动态特性较差。因此，间接电流控制的系统应用较少。

（2）直接电流控制

在这种控制方法中，通过运算求出交流输入电流指令值，再引入交流电流反馈，通过对交流电流的直接控制而使其跟踪指令电流值，因此这种方法称为直接电流控制。直接电流控制中有不同的电流跟踪控制方法,图 5 – 32 给出的是一种最常用的采用电流滞环比较方式的控制系统结构图。

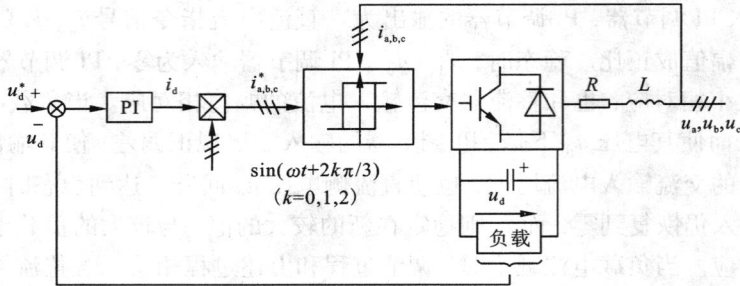

图 5 – 32　直接电流控制系统结构图

图 5 – 32 的控制系统是一个双闭环控制系统。其外环是直流电压控制环,内环是交流电流控制环。外环的结构、工作原理均和图 5 – 31 的间接电流控制系统相同,前面已进行了详细的分析,这里不再重复。外环 PI 调节器的输出为直流电流信号 i_d,i_d 分别乘以和 a、b、c 三相相电压同相位的正弦信号,就得到三相交流电流的正弦指令信号 i_a、i_b^* 和 i_c^*。可以看出,i_a、i_b^* 和 i_c^* 分别和各自的电源电压同相位,其幅值和反映负载电流大小的直流信号 i_d 成正比,这正是整流器作单位功率因数运行时所需要的交流电流指令信号占该指令信号和实际交流电流信号比较后,通过滞环对各开关器件进行控制,便可使实际交流输入电流跟踪指令值,其跟踪误差在由滞环环宽所决定的范围内。采用滞环电流比较的直接电流控制系统结构简单,电流响应速度快,控制运算中未使用电路参数,系统鲁棒性好,因而获得了较多的应用。

习题及思考

1. 试说明 PWM 控制的基本原理。

2. 设图 5 – 3 中半周期的脉冲数是 5,脉冲幅值是相应正弦波幅值的两倍,试按面积等效原理计算脉冲宽度。

3. 单极性和双极性 PWM 调制有什么区别? 三相桥式 PWM 型逆变电路中,输出相电压(输出端相对于直流电源中点的电压)和线电压 SPWM 波形各有几种电平?

4. 特定谐波消去法的基本原理是什么? 设半个信号波周期内有 10 个开关时刻(不含 0 和 π 时刻)可以控制,可以消去的谐波有几种?

5. 什么是异步调制? 什么是同步调制? 两者各有何特点? 分段同步调制有什么优点?

6. 什么是 SPWM 波形的规则化采样法? 和自然采样法比规则采样法有什么优点?

7. 单相和三相 SPWM 波形中,所含主要谐波频率为多少?

8. 如何提高 PWM 逆变电路的直流电压利用率?

9. 什么是电流跟踪型 PWM 变流电路? 采用滞环比较方式的电流跟踪型变流器有何特点?

10. 什么是 PWM 整流电路? 它和相控整流电路的工作原理和性能有何不同?

11. 在 PWM 整流电路中,什么是间接电流控制? 什么是直接电流控制?

参考文献

[1] 戴明鑫，熊信银，张步涵.电气工程基础[M].武汉：华中科技大学出版社，2005

[2] 张崇巍，张兴.PWM整流器及其控制[M].北京：机械工业出版社，2003

[3] 王兆安，黄俊.电力电子技术[M].北京：机械工业出版社，2000

[4] 王兆安，等.谐波抑制和无功功率补偿[M].北京：机械工业出版社，1998

[5] 陈坚.电力电子学：电力电子变换和控制技术[M].北京：高等教育出版社.2004

[6] 林渭勋.现代电力电子技术[M].北京：机械工业出版社，2006

[7] 谷海红，张珊靓.电力电子器件的分析与应用[J].电气开关，2006(06)

[8] 郭红霞，杨金明.IGBT的发展[J].电源世界，2006(09)

[9] 李现兵，师宇杰，王广州，王桂荣.浅谈现代电力电子器件的发展[J].变频器世界，2005(03)

[10] 李致洁.电力电子技术——电子学在工业中的应用[J].物理，1991(11)

[11] 邵丙衡.电力电子技术[M].北京：中国铁道出版社，1997

[12] 叶斌.电力电子应用技术[M].北京：清华大学出版社，2006

[13] 金海明，郑安平，等.电力电子技术[M].北京：北京邮电大学出版社，2006

图书在版编目(CIP)数据

电力电子技术/方翔主编 . —长沙:中南大学出版社, 2014.7
ISBN 978 - 7 - 5487 - 1101 - 8

Ⅰ.电... Ⅱ.方... Ⅲ.电力电子技术 Ⅳ.TM1

中国版本图书馆 CIP 数据核字(2014)第 144544 号

电力电子技术

方 翔 主编

□**责任编辑**	刘颖维 刘 灿	
□**责任印制**	易建国	
□**出版发行**	中南大学出版社	
	社址:长沙市麓山南路	邮编:410083
	发行科电话:0731-88876770	传真:0731-88710482
□**印　装**	长沙印通印刷有限公司	

□**开　本**	787×1092 1/16	□**印张** 13	□**字数** 320 千字			
□**版　次**	2014 年 7 月第 1 版	□2014 年 7 月第 2 次印刷				
□**书　号**	**ISBN 978 - 7 - 5487 - 1101 - 8**					
□**定　价**	**36.00 元**					